计算机科学与技术专业核心教材体系建设——建议使用时间

课程系列	一年级上	一年级下	二年级上	二年级下	三年级上	三年级下	四年级上	四年级下
基础系列	大学计算机基础	电子技术基础						
	离散数学(上) 信息安全导论	数字逻辑设计 数字逻辑设计实验						
	离散数学(下)							
程序系列		计算机程序设计	计算机原理					
		面向对象程序设计 程序设计实践	操作系统					
		数据结构	计算机系统综合实践					
系统系列			计算机网络					
			算法设计与分析					
应用系列			软件工程 编译原理	人工智能导论 数据库原理与技术 嵌入式系统				
			软件工程综合实践	计算机图形学				
选修系列				计算机体系结构		机器学习 物联网导论 大数据分析技术 数字图像技术		

U0387586

面向新工科专业建设计算机系列教材

程序设计的
计算思维与方法 翻转课堂版

杨 鑫 编著

清华大学出版社

北京

内 容 简 介

本书是一本结合课程思政教学理念编写的程序设计语言入门教材,旨在培养学生利用计算机分析和解决问题的能力,同时强化学生的民族精神和工程伦理。本书同时作为面向拔尖基地的创新培养配套教材,经过两年多的编写,在坚持学术严谨、规范的前提下,挖掘知识点本身的思政内涵,以思政与专业内容互融的方式,传递家国情怀和品格修养要素,培养理工科类学生应具有的科学精神、辩证思维、工匠精神、工程应用能力、职业伦理和职业素养。本书以程序设计为主线,注重理论与实践相结合,配套有习题、PPT课件等资源,创新性地增加了前置知识、场景案例、企业案例、前沿案例、易错盘点、知识拓展、翻转课堂等模块,激发学生的科创兴趣与家国情怀。本书共包含11章内容,包括C语言的基本语法、数据类型、控制结构、数组、函数、指针、结构体、文件的输入输出等基础内容,并提供了综合实训配套案例,即以C语言来开发高校学生健康信息管理系统、工业数据分析与文件信息管理系统和小车机器人应用实例等实践内容。

本书适合作为高等学校计算机及相关专业C语言课程的教学用书,也适合作为学习C语言的读者的自学教材。

图书在版编目(CIP)数据

程序设计的计算思维与方法:翻转课堂版/杨鑫编著. --北京:清华大学出版社,2024.8. --(面向新工科专业建设计算机系列教材). --ISBN 978-7-302-67010-0

Ⅰ. TP312.8

中国国家版本馆CIP数据核字第2024GH9499号

责任编辑:白立军　薛　阳
封面设计:刘　键
责任校对:王勤勤
责任印制:沈　露

出版发行:清华大学出版社
　　　　　网　　　址:https://www.tup.com.cn,https://www.wqxuetang.com
　　　　　地　　　址:北京清华大学学研大厦A座　　　　邮　　编:100084
　　　　　社　总　机:010-83470000　　　　　　　　　　邮　　购:010-62786544
　　　　　投稿与读者服务:010-62776969,c-service@tup.tsinghua.edu.cn
　　　　　质量反馈:010-62772015,zhiliang@tup.tsinghua.edu.cn
　　　　　课件下载:https://www.tup.com.cn,010-83470236
印　装　者:三河市龙大印装有限公司
经　　　销:全国新华书店
开　　　本:185mm×260mm　　印　张:22.75　　插　页:1　　字　　数:555千字
版　　　次:2024年8月第1版　　　　　　　　　　　　印　　次:2024年8月第1次印刷
定　　　价:69.80元

产品编号:104528-01

出版说明

一、系列教材背景

人类已经进入智能时代，云计算、大数据、物联网、人工智能、机器人、量子计算等是这个时代最重要的技术热点。为了适应和满足时代发展对人才培养的需要，2017 年 2 月以来，教育部积极推进新工科建设，先后形成了"复旦共识"、"天大行动"和"北京指南"，并发布了《教育部高等教育司关于开展新工科研究与实践的通知》《教育部办公厅关于推荐新工科研究与实践项目的通知》，全力探索形成领跑全球工程教育的中国模式、中国经验，助力高等教育强国建设。新工科有两个内涵：一是新的工科专业；二是传统工科专业的新需求。新工科建设将促进一批新专业的发展，这批新专业有的是依托于现有计算机类专业派生、扩展而成的，有的是多个专业有机整合而成的。由计算机类专业派生、扩展形成的新工科专业有计算机科学与技术、软件工程、网络工程、物联网工程、信息管理与信息系统、数据科学与大数据技术等。由计算机类学科交叉融合形成的新工科专业有网络空间安全、人工智能、机器人工程、数字媒体技术、智能科学与技术等。

在新工科建设的"九个一批"中，明确提出"建设一批体现产业和技术最新发展的新课程""建设一批产业急需的新兴工科专业"。新课程和新专业的持续建设，都需要以适应新工科教育的教材作为支撑。由于各个专业之间的课程相互交叉，但是又不能相互包含，所以在选题方向上，既考虑由计算机类专业派生、扩展形成的新工科专业的选题，又考虑由计算机类专业交叉融合形成的新工科专业的选题，特别是网络空间安全专业、智能科学与技术专业的选题。基于此，清华大学出版社计划出版"面向新工科专业建设计算机系列教材"。

二、教材定位

教材使用对象为"211 工程"高校或同等水平及以上高校计算机类专业及相关专业学生。

三、教材编写原则

（1）借鉴 *Computer Science Curricula* 2013（以下简称 CS2013）。CS2013的核心知识领域包括算法与复杂度、体系结构与组织、计算科学、离散结构、图形学与可视化、人机交互、信息保障与安全、信息管理、智能系统、网络与通信、操作系统、基于平台的开发、并行与分布式计算、程序设计语言、软件开发基础、软件工程、系统基础、社会问题与专业实践等内容。

(2)处理好理论与技能培养的关系,注重理论与实践相结合,加强对学生思维方式的训练和计算思维的培养。计算机专业学生能力的培养特别强调理论学习、计算思维培养和实践训练。本系列教材以"重视理论,加强计算思维培养,突出案例和实践应用"为主要目标。

(3)为便于教学,在纸质教材的基础上,融合多种形式的教学辅助材料。每本教材可以有主教材、教师用书、习题解答、实验指导等。特别是在数字资源建设方面,可以结合当前出版融合的趋势,做好立体化教材建设,可考虑加上二维码、MOOC等扩展资源。

四、教材特点

1. 满足新工科专业建设的需要

系列教材涵盖计算机科学与技术、软件工程、物联网工程、数据科学与大数据技术、网络空间安全、人工智能等专业的课程。

2. 案例体现传统工科专业的新需求

编写时,以案例驱动,任务引导,特别是有一些新应用场景的案例。

3. 循序渐进,内容全面

讲解基础知识和实用案例时,由简单到复杂,循序渐进,系统讲解。

4. 资源丰富,立体化建设

除了教学课件外,还可以提供教学大纲、教学计划等扩展资源,以方便教学。

五、优先出版

1. 精品课程配套教材

主要包括国家级或省级的精品课程和精品资源共享课程的配套教材。

2. 传统优秀改版教材

对于已经出版、得到市场认可的优秀教材,由于新技术的发展,计划给图书配上新的教学形式、教学资源的改版教材。

3. 前沿技术与热点教材

反映计算机前沿和当前热点的相关教材,例如云计算、大数据、人工智能、物联网、网络空间安全等方面的教材。

六、联系方式

联系人:白立军

联系电话:010-83470179

联系和投稿邮箱:bailj@tup.tsinghua.edu.cn

面向新工科专业建设计算机系列教材编委会

2019 年 6 月

面向新工科专业建设计算机系列教材编委会

主　任：

张尧学　清华大学计算机科学与技术系教授　中国工程院院士/教育部高等学校软件工程专业教学指导委员会主任委员

副主任：

陈　刚　浙江大学　　　　　　　　　　　　　　　　副校长/教授
卢先和　清华大学出版社　　　　　　　　　　　　　常务副总编辑、副社长/编审

委　员：

毕　胜　大连海事大学信息科学技术学院　　　　　　院长/教授
蔡伯根　北京交通大学计算机与信息技术学院　　　　院长/教授
陈　兵　南京航空航天大学计算机科学与技术学院　　院长/教授
成秀珍　山东大学计算机科学与技术学院　　　　　　院长/教授
丁志军　同济大学计算机科学与技术系　　　　　　　系主任/教授
董军宇　中国海洋大学信息科学与工程学部　　　　　部长/教授
冯　丹　华中科技大学计算机学院　　　　　　　　　院长/教授
冯立功　战略支援部队信息工程大学网络空间安全学院　院长/教授
高　英　华南理工大学计算机科学与工程学院　　　　副院长/教授
桂小林　西安交通大学计算机科学与技术学院　　　　教授
郭卫斌　华东理工大学信息科学与工程学院　　　　　副院长/教授
郭文忠　福州大学　　　　　　　　　　　　　　　　副校长/教授
郭毅可　香港科技大学　　　　　　　　　　　　　　副校长/教授
过敏意　上海交通大学计算机科学与工程系　　　　　教授
胡瑞敏　西安电子科技大学网络与信息安全学院　　　院长/教授
黄河燕　北京理工大学计算机学院　　　　　　　　　院长/教授
雷蕴奇　厦门大学计算机科学系　　　　　　　　　　教授
李凡长　苏州大学计算机科学与技术学院　　　　　　院长/教授
李克秋　天津大学计算机科学与技术学院　　　　　　院长/教授
李肯立　湖南大学　　　　　　　　　　　　　　　　副校长/教授
李向阳　中国科学技术大学计算机科学与技术学院　　执行院长/教授
梁荣华　浙江工业大学计算机科学与技术学院　　　　执行院长/教授
刘延飞　火箭军工程大学基础部　　　　　　　　　　副主任/教授
陆建峰　南京理工大学计算机科学与工程学院　　　　副院长/教授
罗军舟　东南大学计算机科学与工程学院　　　　　　教授
吕建成　四川大学计算机学院(软件学院)　　　　　　院长/教授
吕卫锋　北京航空航天大学　　　　　　　　　　　　副校长/教授
马志新　兰州大学信息科学与工程学院　　　　　　　副院长/教授

序

本书是杨鑫教授等为"新工科"相关专业编著的教材，具有严谨准确、案例丰富、形式多样、通俗易懂等一系列鲜明特色，也是编者在"课程思政"教学创新改革过程中的一次重要实践。

长期以来，我国高等院校思想政治教育主要借助"思想政治理论课程"这一显性资源，对各类专业课程教育中的隐性思想政治教育资源还没有充分挖掘，难以适应新时代高校服务国家战略和区域经济社会发展、培养高素质创新型人才的新需求。该教材的编者遵循"两性一度"标准，创新了**基于计算思维的**程序语言设计教材的编写体例，倾力打造程序设计"金课"，教学内容反映前沿性和时代性，教学形式呈现先进性和互动性，实现显性与隐性教育的有机结合，促进学生的自由全面发展，充分发挥教育教书育人的作用。

该教材不仅传授程序语言设计的知识和思想，更深入地探讨了计算思维驱动的程序设计思想在解决实际问题和任务中的作用和方法，精心设计前沿案例、场景案例、企业案例等，并通过翻转课堂的形式，将案例展现给学生，以此来注重对学生专业素质的培养，引导学生运用所学理论知识分析、发现、解决实际问题，实现知识和行动的有机统一，真正做到学以致用、知行合一，让学生在实践活动中深化认识、提升感悟、锻炼成长。在落实立德树人根本任务的过程中，加强引导学生的自我体验和感悟，塑造学生良好的道德品质，帮助学生树立正确的世界观、人生观和价值观，确保高校立德树人根本目标的实现；同时弘扬党的二十大精神，引导学生自信自强、守正创新、踔厉奋发、勇毅前行，为全面建设社会主义现代化国家、全面推进中华民族伟大复兴而团结奋斗。

专业基础课程改革是一个系统而漫长的过程，本书的出版很好地为程序设计类课程的"课程思政"教学改革提供了新的方法和思路，为新时代质量人才培养体系建设提供了强力支撑，在高校教学建设中具有大规模的推广应用价值。

前言

　　习近平总书记在党的二十大报告中指出：教育、科技、人才是全面建设社会主义现代化国家的基础性、战略性支撑。必须坚持科技是第一生产力、人才是第一资源、创新是第一动力，深入实施科教兴国战略、人才强国战略、创新驱动发展战略，这三大战略共同服务于创新型国家的建设。报告同时强调：推动战略性新兴产业融合集群发展，构建新一代信息技术、人工智能、生物技术、新能源、新材料、高端装备、绿色环保等一批新的增长引擎。当前，信息技术日益成为引领新一轮科技革命和产业变革的核心技术，在各行各业的应用场景不断拓展，极大提升了生产效率和社会福祉。

　　程序设计（Programming）是信息技术的基础，研究计算机怎样根据人类的指令和数据，执行特定的任务，以实现预期的功能和效果。它是信息技术的核心，是使计算机具有智能的根本途径，其应用遍及信息技术的各个领域。C语言是其他许多高级语言的基础，是一种通用的、结构化的、高效的程序设计语言，具有简洁、灵活、表达力强等特点，广泛应用于各种软件开发和系统编程。C语言不仅可以编写高质量的应用程序，还可以编写操作系统、编译器、数据库等底层软件。

　　在信息时代的背景下，如何正确引导青年大学生，如何种好思政课的责任田，如何回应新时代思想政治教育面临的诸多新挑战新问题，如何充分利用人工智能、程序语言等课程完成与思想政治教育的深度融合，以精准的教育教学模式满足教育对象日益增长的个性化需求，无疑是新时代思想政治教育创新发展必须深刻思考的重要命题，同时也是达成全员、全程、全方位育人和创新"十大育人"体系的客观要求。

　　本书以思政教育创新发展为目标，率先将课程思政与专业教学相融合，积极探索"思政引领＋计算思维＋编程方法＋案例驱动"的多元化教学模式。计算思维作为一种解决问题的思考方式，运用计算机科学的原理来解决问题、设计系统，并理解人类行为。编程方法则是将计算思维中得出的解决方案转换为计算机可以理解和执行的代码。本书将这两个程序设计的核心概念与思政教育的内涵相结合，在深入学习领会习近平总书记关于课程思政的系列重要论述的基础上，结合党中央、教育部的工作部署，从课程内容编排、教学案例实施等方面进行系统设计，将传道授业解惑与思政育人有效结合，围绕"四个面向"的思想，遵循"两性一度"的标准，深化"三全育人"改革，达到程序设计课程与思想政治理论课程同向同行的目的，形成协同效应。

本书共包含 11 章内容,第 1 章为"程序设计和 C 语言简介",介绍了 C 语言的发展历程和基础知识;第 2 章为"变量及表达式",介绍了数据的表现形式及其运算、运算符和表达式等内容;第 3 章为"数据的输入与输出",介绍了计算机与人简单的交互方式;第 4 章为"选择结构",讲解了 if、switch 等语句的实现以及关系运算符、逻辑运算符、条件运算符的相关知识;第 5 章为"循环结构",讲解了 for、while、do…while 等语句的实现以及循环的嵌套、改变循环执行状态的相关内容;第 6 章为"数组",主要介绍一维数组、二维数组、字符数组相关知识;第 7 章为"函数",主要介绍函数定义及嵌套调用、递归调用;第 8 章为"指针",主要介绍指针的基本概念和定义、指针引用数组、指针引用字符串等内容;第 9 章为"结构体",主要介绍结构体变量的定义和使用、结构体数组、结构体指针等内容;第 10 章为"文件的输入与输出",讲解文件的打开关闭、读写数据文件等内容;第 11 章为"程序设计创新实践",使用上述所学到的 C 语言知识,以实际案例进行综合实践训练,具体包括高校学生健康信息管理系统、工业数据分析与文件信息管理系统,以及基于 VKESRC 开发板和 Arduino 开发环境的 C 语言课程实验、差动轮小车的 C 语言编程使用方法,并配以大量的实验项目,供读者练习。

本书各章节始终贯穿"思政引领＋计算思维＋编程方法＋案例驱动"的教学模式,概念清晰、内容丰富,其中前置知识为较为容易理解的或已经学习过的知识点,需要学生做好预习,从而提高课堂学习效率;翻转课堂模块引导学生进行自主探索和资源整合,主动学习、思考、探索和运用专业知识点;企业案例是与各大民族企业实际生产开发相关的案例,旨在增强学生的民族自豪感和解决实际问题的能力;前沿案例是与计算机科学研究相关的新技术案例,激发学生的科创兴趣,同时拓宽学生视野。在教师的教学引导下,学生在有问题驱动的学习动机和多种新型教学手段和媒介引导的情况下,进行自主探索和资源整合,确定解决问题的思路和方案并最终完成既定的任务,主动学习、思考、探索和运用专业知识点,达到良好的教学效果。

除上述模块外,本书还创新性地引入了场景案例。场景案例是贯穿本章知识点的引导性案例问题,通过抗日战争时期的真实故事引出各章节知识点,让学生在故事情节中加强思政建设、在主动探索中逐步完善程序设计语言知识体系,将思政教育和程序设计语言学习有机融合。在开始学习前,我们向学生讲述抗日战争时期保密的重要性,并通过程序语言逐章节渐进式地解决一份加密的病历单的破解问题。通过前三章的内容完成解密基本流程的构建;通过选择结构、循环结构、数组的内容完成解密过程的基本实现;通过函数、指针、结构体的内容完成解密过程的优化;通过文件的内容完成解密过程的拓展。最终,让学生通过各章节的场景案例逐步形成一个完整的程序语言设计知识体系。综上所述,本书是新时代广大程序设计语言学习者较为理想的选择,适合作为高等院校相关专业师生的教学参考书。

由于编者水平有限,书中难免存在疏漏和谬误之处,敬请广大读者指正。

编　者

2024 年 5 月

CONTENTS

目录

第 1 章　程序设计与 C 语言简介 ················· 1

编程先驱 ·· 1

引言 ·· 1

前置知识 ·· 2

本章知识点 ·· 3

    1.1　程序设计基础 ······························ 3

    1.2　算法基础 ·································· 4

        1.2.1　算法的定义 ······················ 4

        1.2.2　算法的五大特性 ·················· 4

        1.2.3　算法的评定 ······················ 4

        1.2.4　算法的要素 ······················ 4

        1.2.5　算法的表示方法 ·················· 5

        1.2.6　算法的设计方法 ·················· 11

        节后练习 ································ 11

    1.3　初识 C 程序 ······························ 11

        1.3.1　C 语言的特点 ···················· 11

        1.3.2　C 语言的编写工具 ················ 12

        1.3.3　高级语言、汇编语言和 C 语言的对比 ········· 13

        1.3.4　C 语言程序的运行步骤 ············ 13

        节后练习 ································ 14

    1.4　程序示例 ·································· 14

场景案例 ·· 15

企业案例 ·· 16

前沿案例 ·· 16

易错盘点 ·· 17

知识拓展 ·· 18

翻转课堂 ·· 25

章末习题 ·· 25

第 2 章　变量及表达式 ………………………………………………………… 26

编程先驱 …………………………………………………………………… 26
引言 ………………………………………………………………………… 26
前置知识 …………………………………………………………………… 27
本章知识点 ………………………………………………………………… 30
　　2.1　变量 …………………………………………………………… 31
　　　　2.1.1　变量的命名规则 ……………………………………… 31
　　　　2.1.2　变量的作用域 ………………………………………… 31
　　　　2.1.3　变量的存储类别 ……………………………………… 32
　　　　节后练习 …………………………………………………… 33
　　2.2　常量 …………………………………………………………… 33
　　　　2.2.1　整型常量 ……………………………………………… 33
　　　　2.2.2　实型常量 ……………………………………………… 34
　　　　2.2.3　字符常量 ……………………………………………… 35
　　　　2.2.4　字符串常量 …………………………………………… 39
　　　　2.2.5　符号常量 ……………………………………………… 40
　　　　节后练习 …………………………………………………… 41
　　2.3　标识符和关键字 ……………………………………………… 41
　　　　2.3.1　标识符 ………………………………………………… 41
　　　　2.3.2　关键字 ………………………………………………… 42
　　　　节后练习 …………………………………………………… 43
　　2.4　运算符 ………………………………………………………… 43
　　　　2.4.1　常用运算符 …………………………………………… 43
　　　　2.4.2　运算符的优先级和结合性 …………………………… 45
　　　　节后练习 …………………………………………………… 46
　　2.5　数据类型转换 ………………………………………………… 46
　　　　节后练习 …………………………………………………… 47
　　2.6　C 语言的语句 ………………………………………………… 47
　　　　2.6.1　控制语句 ……………………………………………… 47
　　　　2.6.2　函数调用语句 ………………………………………… 48
　　　　2.6.3　表达式语句 …………………………………………… 49
　　　　2.6.4　空语句 ………………………………………………… 49
　　　　2.6.5　复合语句 ……………………………………………… 49
　　　　节后练习 …………………………………………………… 50
场景案例 …………………………………………………………………… 50
企业案例 …………………………………………………………………… 51
前沿案例 …………………………………………………………………… 51
易错盘点 …………………………………………………………………… 52

知识拓展 ……………………………………………………… 54
翻转课堂 ……………………………………………………… 56
章末习题 ……………………………………………………… 56

第3章　数据的输入与输出 …………………………………… 58

编程先驱 ……………………………………………………… 58
引言 …………………………………………………………… 58
本章知识点 …………………………………………………… 59
　3.1　数据的格式化输出 …………………………………… 59
　　3.1.1　printf()函数调用的一般形式 ………………… 59
　　3.1.2　格式字符串 ……………………………………… 60
　　节后练习 ……………………………………………… 63
　3.2　数据的交互式输入 …………………………………… 64
　　3.2.1　scanf()函数的一般形式 ……………………… 64
　　3.2.2　变量的地址和变量值的关系 ………………… 64
　　3.2.3　格式字符串 ……………………………………… 65
　　节后练习 ……………………………………………… 68
　3.3　单个字符的输入输出 ………………………………… 68
　　3.3.1　输入单个字符 ………………………………… 68
　　3.3.2　输出单个字符 ………………………………… 70
　3.4　字符串的输入输出 …………………………………… 71
　　3.4.1　字符串输入函数 gets() …………………… 71
　　3.4.2　字符串输出函数 puts() …………………… 72
　3.5　顺序结构程序设计示例 ……………………………… 73
　　节后练习 ……………………………………………… 75
场景案例 ……………………………………………………… 76
企业案例 ……………………………………………………… 76
前沿案例 ……………………………………………………… 76
易错盘点 ……………………………………………………… 77
知识拓展 ……………………………………………………… 77
翻转课堂 ……………………………………………………… 78
章末习题 ……………………………………………………… 79

第4章　选择结构 …………………………………………… 80

编程先驱 ……………………………………………………… 80
引言 …………………………………………………………… 80
前置知识 ……………………………………………………… 81
本章知识点 …………………………………………………… 81
　4.1　关系表达式、逻辑表达式、条件表达式 …………… 81

4.1.1 关系运算符及关系表达式 ················ 81
4.1.2 逻辑运算符及逻辑表达式 ················ 82
4.1.3 条件运算符及条件表达式 ················ 83
节后练习 ································· 83
4.2 if 语句 ································· 84
4.2.1 用 if 语句实现选择结构 ················ 84
4.2.2 if 语句的不同形式 ·················· 84
4.2.3 if 语句的嵌套问题 ·················· 89
4.3 switch 语句 ······························ 89
4.3.1 用 switch 语句实现选择结构 ············· 89
4.3.2 switch 语句的注意事项 ················ 92
节后练习 ································· 93
4.4 goto 语句 ······························· 93
4.5 程序举例 ······························· 93
场景案例 ································· 95
企业案例 ································· 95
前沿案例 ································· 96
易错盘点 ································· 96
知识拓展 ································· 99
翻转课堂 ································· 104
章末习题 ································· 104

第 5 章 循环结构 ···························· 105
编程先驱 ································· 105
引言 ··································· 105
前置知识 ································· 106
本章知识点 ································ 107
5.1 循环结构 ······························· 107
5.2 while 语句 ······························ 107
5.3 do…while 语句 ························· 109
5.4 for 语句 ······························· 110
5.4.1 用 for 语句实现循环结构 ··············· 110
5.4.2 for 循环中的三个表达式 ··············· 112
5.4.3 几种循环的比较 ··················· 113
5.5 改变循环执行的状态 ····················· 114
5.5.1 break 语句 ····················· 114
5.5.2 continue 语句 ··················· 115
5.6 循环嵌套 ······························· 115
5.7 程序举例 ······························· 117

场景案例 ··· 120

企业案例 ··· 120

前沿案例 ··· 121

易错盘点 ··· 121

知识拓展 ··· 122

翻转课堂 ··· 132

章末习题 ··· 133

第 6 章　数组 ·· 134

编程先驱 ··· 134

引言 ··· 134

前置知识 ··· 135

本章知识点 ··· 138

6.1　数组的概念 ··· 138

6.2　一维数组的定义和引用 ·· 139

6.2.1　一维数组的定义 ··· 139

6.2.2　一维数组的引用 ··· 140

6.2.3　一维数组的初始化 ··· 141

6.2.4　程序举例 ··· 142

节后练习 ··· 146

6.3　二维数组的定义和引用 ·· 146

6.3.1　二维数组的定义 ··· 146

6.3.2　二维数组的引用 ··· 147

6.3.3　二维数组的初始化 ··· 148

6.3.4　程序举例 ··· 149

节后练习 ··· 151

6.4　字符数组与字符串 ·· 152

6.4.1　字符数组 ··· 152

6.4.2　字符数组的初始化 ··· 152

6.4.3　字符串 ··· 152

6.4.4　字符串的输入输出 ··· 154

6.4.5　字符串处理函数 ··· 155

6.4.6　程序举例 ··· 159

节后练习 ··· 161

场景案例 ··· 162

企业案例 ··· 162

前沿案例 ··· 162

易错盘点 ··· 163

知识拓展 ··· 165

翻转课堂 ······ 166

章末习题 ······ 167

第7章　函数 ······ 170

编程先驱 ······ 170

引言 ······ 170

前置知识 ······ 171

本章知识点 ······ 171

7.1　函数的基本知识 ······ 171

7.1.1　函数的概念 ······ 172

7.1.2　函数的定义 ······ 173

7.1.3　函数的调用 ······ 176

7.1.4　函数的返回值 ······ 177

7.1.5　函数的原型说明 ······ 180

节后练习 ······ 181

7.2　函数参数 ······ 181

7.2.1　数组元素作函数实参 ······ 182

7.2.2　一维数组作函数参数 ······ 182

7.2.3　二维数组作函数参数 ······ 183

7.2.4　含参 main()函数 ······ 184

节后练习 ······ 185

7.3　函数的递归 ······ 185

7.3.1　函数嵌套简介 ······ 185

7.3.2　递归概述 ······ 186

7.3.3　递归的原理 ······ 187

7.3.4　递归的使用 ······ 188

7.3.5　递归的优缺点 ······ 189

节后练习 ······ 190

7.4　变量的作用域和存储方法 ······ 190

7.4.1　局部变量与全局变量 ······ 190

7.4.2　变量存储方法 ······ 192

节后练习 ······ 192

7.5　内部函数与外部函数 ······ 192

7.5.1　C 语言内部函数 ······ 192

7.5.2　C 语言外部函数 ······ 192

7.6　预处理 ······ 193

7.6.1　宏替换 ······ 193

7.6.2　条件编译 ······ 194

7.6.3　文件包含 ······ 195

节后练习 ……………………………………………… 195
场景案例 ……………………………………………… 195
企业案例 ……………………………………………… 196
前沿案例 ……………………………………………… 196
易错盘点 ……………………………………………… 197
知识拓展 ……………………………………………… 197
翻转课堂 ……………………………………………… 202
章末习题 ……………………………………………… 203

第 8 章 指针 ……………………………………………… 204

编程先驱 ……………………………………………… 204
引言 ……………………………………………… 204
前置知识 ……………………………………………… 205
本章知识点 ……………………………………………… 206
　8.1　地址和指针 ……………………………………… 206
　　8.1.1　指针 ………………………………………… 206
　　8.1.2　地址和指针的关系 ………………………… 206
　　8.1.3　变量的直接访问和间接访问 ……………… 207
　8.2　指针变量的定义和使用 ……………………… 208
　　8.2.1　指针和指针变量的区别 …………………… 208
　　8.2.2　定义指针变量 ……………………………… 208
　　8.2.3　指针变量的类型及含义 …………………… 209
　　8.2.4　引用指针变量 ……………………………… 211
　　8.2.5　指针作为函数的参数 ……………………… 212
　　　节后练习 …………………………………………… 214
　8.3　指针和数组 …………………………………… 215
　　8.3.1　数组指针的概念和定义 …………………… 215
　　8.3.2　数组指针的基本运算 ……………………… 215
　　8.3.3　通过指针引用数组元素 …………………… 218
　　8.3.4　用数组名作函数参数 ……………………… 220
　　8.3.5　用数组名作函数参数和用变量名作函数参数的区别 …… 222
　　8.3.6　通过指针引用多维数组 …………………… 222
　　8.3.7　指向多维数组元素的指针变量 …………… 224
　　　节后练习 …………………………………………… 229
　8.4　字符指针与字符数组 ………………………… 229
　　8.4.1　字符串的引用方式 ………………………… 229
　　8.4.2　通过字符指针变量输出字符串 …………… 230
　　8.4.3　用字符指针作函数参数 …………………… 231
　　8.4.4　使用字符指针变量和字符数组的区别 …… 233

节后练习 ……………………………………………………………… 234

8.5　动态存储管理 …………………………………………………… 234

8.5.1　为什么需要动态存储管理 …………………………………… 234

8.5.2　内存的动态分配 ……………………………………………… 234

8.5.3　内存动态分配的建立 ………………………………………… 235

8.6　程序举例 …………………………………………………………… 237

场景案例 ……………………………………………………………… 239

企业案例 ……………………………………………………………… 239

前沿案例 ……………………………………………………………… 239

易错盘点 ……………………………………………………………… 240

知识拓展 ……………………………………………………………… 241

翻转课堂 ……………………………………………………………… 251

章末习题 ……………………………………………………………… 251

第 9 章　结构体 …………………………………………………………… 254

编程先驱 ……………………………………………………………… 254

引言 …………………………………………………………………… 254

前置知识 ……………………………………………………………… 255

本章知识点 …………………………………………………………… 256

9.1　结构体的基本知识 ……………………………………………… 256

9.1.1　结构体的概念 ………………………………………………… 256

9.1.2　结构体变量的声明与定义 …………………………………… 256

9.1.3　结构体变量的初始化与引用 ………………………………… 259

节后练习 …………………………………………………………… 263

9.2　结构体数组 ……………………………………………………… 263

9.2.1　结构体数组的定义 …………………………………………… 263

9.2.2　结构体数组的应用 …………………………………………… 264

节后练习 …………………………………………………………… 266

9.3　结构体指针 ……………………………………………………… 266

9.3.1　指向结构体变量的指针 ……………………………………… 266

9.3.2　指向结构体数组的指针 ……………………………………… 268

节后练习 …………………………………………………………… 269

9.4　结构体与函数 …………………………………………………… 269

9.4.1　结构体变量作函数参数 ……………………………………… 269

9.4.2　结构体变量的指针作函数参数 ……………………………… 270

节后练习 …………………………………………………………… 272

9.5　类型定义 typedef ………………………………………………… 272

9.6　共用体 …………………………………………………………… 274

9.6.1　共用体的概念 ………………………………………………… 274

　　　　9.6.2　共用体变量的引用 ·································· 275
　　　　9.6.3　共用体类型数据的特点 ························· 275
　　　　节后练习 ·· 276
　　9.7　枚举类型 ·· 277
　　9.8　位段 ·· 278
　　9.9　链表 ·· 279
　　9.10　程序举例 ··· 286
　场景案例 ··· 287
　企业案例 ··· 287
　前沿案例 ··· 288
　易错盘点 ··· 290
　知识拓展 ··· 291
　翻转课堂 ··· 292
　章末习题 ··· 293

第 10 章　文件的输入与输出 ································· 295

　编程先驱 ··· 295
　引言 ··· 295
　前置知识 ··· 296
　本章知识点 ··· 297
　　10.1　文件 ·· 297
　　　　10.1.1　文件的概念 ······························· 297
　　　　10.1.2　文件的分类 ······························· 298
　　　　10.1.3　文件缓冲区 ······························· 298
　　　　10.1.4　文件类型指针 ····························· 298
　　　　节后练习 ·· 299
　　10.2　打开与关闭文件 ··································· 299
　　　　10.2.1　用 fopen()函数打开数据文件 ············· 299
　　　　10.2.2　用 fclose()函数关闭数据文件 ············· 300
　　　　节后练习 ·· 301
　　10.3　顺序读写数据文件 ································· 302
　　　　10.3.1　以字符形式读写文件 ····················· 302
　　　　10.3.2　以字符串形式读写文件 ··················· 304
　　　　10.3.3　用格式化方式读写文本文件 ··············· 305
　　　　10.3.4　以数据块形式读写文件 ··················· 306
　　　　10.3.5　标准机理 ································· 306
　　　　10.3.6　程序举例 ································· 307
　　　　节后练习 ·· 309
　　10.4　随机读写数据文件 ································· 310

10.5　文件读写的出错检测 ·· 311

10.6　其他函数 ·· 312

场景案例 ·· 313

企业案例 ·· 313

前沿案例 ·· 313

易错盘点 ·· 314

知识拓展 ·· 315

翻转课堂 ·· 316

章末习题 ·· 317

第 11 章　程序设计创新实践 ·· 319

11.1　高校学生健康信息管理系统 ·· 319

11.1.1　题目背景 ·· 319

11.1.2　设计任务 ·· 319

11.1.3　设计要求 ·· 319

11.2　工业数据分析与文件信息管理系统 ···································· 320

11.2.1　题目背景 ·· 320

11.2.2　系统操作流程 ·· 321

11.2.3　设计任务 ·· 321

11.2.4　参考数据结构/功能设计 ···································· 322

11.2.5　设计要求 ·· 322

11.3　机器人应用开发 ·· 322

11.3.1　Arduino 概述 ·· 322

11.3.2　Arduino 开发环境的搭建 ···································· 324

11.3.3　课程实验 ·· 326

11.3.4　综合实训 ·· 340

参考文献 ·· 343

第 1 章

程序设计与 C 语言简介

 编程先驱

胡振江(图 1-0),1966 年 3 月出生,江苏泰州市人,日本工程院外籍院士,欧洲科学院外籍院士,北京大学讲席教授,北京大学计算机学院院长,长期从事程序设计语言和软件科学与工程的研究。

胡振江首次将程序演算技术应用于函数式程序的自动优化,实现了算法级别的函数式程序深度优化,相关成果被 GHC、pH 等主流 Haskell 编译器采用。与此同时,他进一步将程序演算技术应用于函数式程序的并行化,回答了程序并行化的充要条件、推导算法等一系列基本问题,提出了全自动的程序并行化技术,相关成果曾被太阳计算机系统(中国)有限公司选中作为高性能计算语言 Fortress 的并行标准库。

图 1-0 胡振江

对于将函数式语言技术用于处理数据同步问题,胡振江开辟了双向变换这一研究领域,发起了双向变换的国际研讨会并一直引领双向变换的研究。

基于在程序语言研究领域开展的诸多工作及其取得的突出成就,胡振江成为国际公认的函数式程序设计语言的领军人物,是双向变换语言研究领域的奠基人之一。

 引言

1972 年,贝尔实验室的丹尼斯·里奇(Dennis Ritchie)和肯·汤普逊(Ken Thompson)在开发 UNIX 操作系统时设计了 C 语言。然而,C 语言不完全是里奇突发奇想而来的,它是在 B 语言(由汤普逊发明)的基础上进行设计的。C 语言设计的初衷是将其作为程序员使用的一种编程工具,因此,其主要目标是成为有用的语言。虽然绝大多数语言都以实用为目标,但是通常也会考虑其他方面。例如,Pascal 的主要目标是为人们更好地学习编程原理提供扎实的基础;而 BASIC 的主要目标是开发出类似英文的语言,让不熟悉计算机的人轻松学习编程。这些目标固然重要,但是随着计算机的飞速发展,它们已经不是主流语言了。

然而,就是这种最初为程序员设计开发的 C 语言,到如今已成为首选的编程语言之一。截至 2023 年,根据 HelloGitHub 官方统计的编程语言流行度,前三位分别是 Python、C、C++ 语言。

 **前置知识**

1. 计算机语言

计算机语言（Computer Language）是指用于人与计算机之间通信的语言，是人与计算机之间传递信息的媒介。使用计算机语言编写成的一个个对计算机执行的动作称为指令。程序则是计算机要执行的指令集合。所以计算机语言是人类和计算机交流并开发创新的根本所在。计算机语言大致有以下几种类型。

1) 从编译角度看

(1) 解释类语言。解释类语言是一种"同声翻译"的语言，它将源程序一边翻译成目标代码（机器语言），一边让机器执行，效率比较低，不能生成可独立执行的可执行文件。目标程序和编译程序是捆绑在一起的。但这种方式比较灵活，可以动态地调整、修改应用程序。

(2) 编译类语言。不同于"同声翻译"语言，编译类语言有一套翻译规则，它在源程序执行之前，就将程序源代码"翻译"成目标代码（机器语言）。这种翻译规则使得目标程序可以脱离其语言环境独立执行，使用比较方便、效率较高。如今大多数的编程语言都是编译型的，如 C 语言、C++、Pascal 等。

2) 从层次角度看

(1) 机器语言。机器指令的集合是计算机的机器语言。每台计算机的指令系统往往各不相同，所以，在一台计算机上执行的程序，要想在另一台计算机上执行，必须另编程序，造成了重复工作。但由于计算机使用的是针对特定型号的语言，是机器最容易理解的语言，所以，机器语言作为第一代计算机语言，是效率最高的。

(2) 汇编语言。机器语言方便机器的理解和运行，但是对于程序员的友好性却大大降低。对此现象的一个改进方法就是用一些简洁的英文字母、符号串来代替一串特定的二进制串，例如，用"ADD"代表加法，"MOV"代表数据传递等。用一个人类可读的词语代替一串特定功能的机器语言，称为汇编语言，是一种低级的计算机语言，也是第二代计算机语言。每向上开发一种新的更贴近人类思维的语言，就需要一个专门的程序去进行向下的翻译。汇编语言的翻译程序也叫汇编程序。由于汇编语言的词语仅仅是对二进制代码的代替和缩写，所以它更依赖于机器硬件，移植性不好，但效率仍十分高。由于其对硬件的友好性和程序的凝练性，至今仍是不少软件开发的首选语言，如嵌入式软件开发等。

(3) 高级语言：面向不同的开发和应用场景，存在很多的高级语言，如 BASIC（True BASIC、QBASIC、Visual Basic）、C、C++、Pascal、FORTRAN 等。它们通常使用编译器来完成和机器语言的对接。相较于汇编语言，它们不但实现了多条机器指令的合并，还省略了堆栈操作、寄存器操作等操作机器的细节，大大降低了程序员编写程序的难度，有利于大型程序的开发。

2. 冯·诺依曼体系结构

冯·诺依曼体系结构也称为普林斯顿结构，它的核心架构是将程序指令存储器和数据存储器合并在一起的存储器结构，因而它的指令和数据的存储单位大小是一致的，也就是有相同的宽度。例如，英特尔公司的 8086 中央处理器的程序指令和数据都是 16 位宽。

数学家冯·诺依曼提出了计算机制造的三个基本原则，即采用二进制逻辑、程序存储执行以及计算机由 5 部分（运算器、控制器、存储器、输入设备、输出设备）组成，这套理论被称为冯·诺依曼体系结构。

目前的大多数计算机体系结构都是冯·诺依曼体系结构或者其变形。它有以下几个典型的特点。

(1) 单处理机结构,机器以运算器为中心。

(2) 采用程序存储思想。

(3) 指令和数据一样可以参与运算。

(4) 数据以二进制表示。

(5) 将软件和硬件完全分离。

(6) 指令由操作码和操作数组成。

(7) 指令顺序执行。

图 1-1 是一个简单的冯·诺依曼体系的框架图。

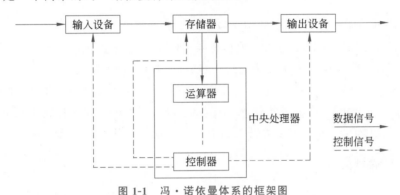

图 1-1　冯·诺依曼体系的框架图

本章知识点

◆ 1.1　程序设计基础

人们平时使用的办公软件、玩的游戏等都可以看作一个大型程序,是由成千上万条代码组成的。用较为专业的解释来讲,程序就是一组计算机能识别和执行的指令,运行于电子计算机上,满足人们某种需求的信息化工具。它由某些程序设计语言编写完成,运行于某种目标结构体系上。打个比方,程序就如同用英语(程序设计语言)写作的文章,要让一个懂得英语的人(编译器)同时也会阅读这篇文章的人(结构体系)来阅读、理解、标记这篇文章。一般地,以英语文本为基础的计算机程序要经过编译、链接成为人难以解读,但可轻易被计算机所解读的数字格式,然后运行。

面对众多的内存当中的数据,合理地组织数据实现一定的功能,也就是程序需要完成的功能,这就是算法的任务。这也对应了著名计算机科学家沃思(Nikiklaus Wirth)提出的公式:

算法＋数据结构＝程序

算法解决了程序当中的"做什么"和"怎么做"的问题。

◆ 1.2 算法基础

1.2.1 算法的定义

算法（Algorithm）是指解题方案的准确而完整的描述，是一系列解决问题的清晰指令。算法代表着用系统的方法描述解决问题的策略机制。不同于人们在生活中面对问题所做的解决方案，算法有明显的步骤性、可复现性等。对于一个实际问题，可以用多种算法去解决。一个算法的优劣可以用空间复杂度与时间复杂度来衡量。时间复杂度值衡量的是解决该问题所耗费的时间，空间复杂度衡量的是解决该问题所需要的内存空间大小。

1.2.2 算法的五大特性

一个解决方案能称为算法，需要包含以下 5 个典型要素。

（1）有穷性（Finiteness）：算法必须在有限步操作之后安全退出。

（2）确切性（Definiteness）：算法的每一步骤必须有确切的定义。

（3）输入（Input）：算法需要有 0 个或多个输入，没有输入属于 0 个输入，是特殊情况。

（4）输出（Output）：算法需要有 1 个或多个输出，以反映对输入数据加工后的结果。

（5）可行性（Effectiveness）：算法的所有操作都能够使用基本运算实现。

1.2.3 算法的评定

上面列出了一个算法所必需的几个要素，一个好的算法需要具备以下特点。

（1）时间复杂度：指执行算法所需要的计算时长。一般来说，计算机算法是问题规模的函数，因此，问题的规模越大，算法执行的时间越长。好的算法应该具有尽可能低的时间复杂度，这意味着它可以在较短的时间内完成任务。可以通过优化问题的方式来缩短执行时间。

（2）空间复杂度：指算法需要消耗的内存空间。好的算法应该使用尽可能少的内存空间。其计算和表示方法与时间复杂度类似，一般都用复杂度的渐近性来表示。

（3）正确性：一个好的算法要输出其被期望输出的结果，否则将毫无意义。

（4）可读性：好的算法要更容易让程序员读懂，方便程序员协作开发。

（5）鲁棒性：是指一个算法对不合理数据输入的处理能力，也称为容错性或者健壮性。好的算法应该能够适应各种输入，并在出现错误或异常情况时提供有用的输出或适当的错误消息，而不是崩溃或产生不可预测的结果，这一点是初学者容易忽视的地方。

1.2.4 算法的要素

1. 数据对象的运算和操作

一个计算机系统能执行的所有指令的集合，称为该计算机系统的指令系统。指令可代替人类完成数据计算和处理。这些指令按照功能大致分为以下 4 类。

（1）算术运算：加、减、乘、除等运算。

（2）逻辑运算：或、且、非等运算。

（3）关系运算：大于、小于、等于、不等于等运算。

（4）数据传输：输入、输出、赋值等运算。

2．算法的控制结构

算法的控制结构是若干条指令的执行流程。算法的功能除了和指令相关，还和指令的组织方式相关。算法的三大基本控制结构如下。

1）顺序结构

顺序结构是最简单的算法结构，语句与语句之间按照从上到下的顺序进行，它是由若干个依次执行的处理步骤组成的。顺序结构是任何一个算法都离不开的一种基本算法结构。

2）条件结构

条件结构是指在算法中通过对条件的判断，根据条件是否成立而选择不同流向的算法结构。流向可以有两个或者两个以上。

3）循环结构

在一些算法中，经常会出现从某处开始，按照一定条件，反复执行某一处理步骤的情况，这就是循环结构。反复执行的处理步骤为循环体，显然，循环结构中一定包含条件结构。

1.2.5　算法的表示方法

当我们接触的算法越来越复杂的时候，面对大篇幅的代码和复杂的流程，需要使用一些工具去描述代码的执行步骤。

1．流程图

使用一些几何图形表述一段长代码，使得程序更为直观可读。

1）流程图的特点

优点：形象直观，各种操作一目了然，不会产生"歧义性"，便于理解。

缺点：所占篇幅较大，由于允许使用流程线，过于灵活，不受约束，使用者可使流程任意转向，从而造成程序阅读和修改上的困难，不利于结构化程序的设计。

2）流程图的元素

程序流程图的每种元素都有对应的集合符号，如图 1-2 所示是常用的几种标准符号。

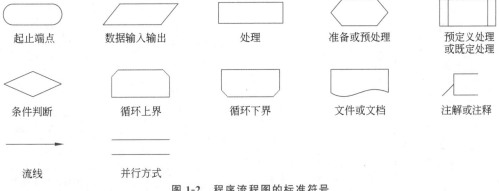

图 1-2　程序流程图的标准符号

3）流程图的三种基本结构

（1）顺序型（见图 1-3）。

（2）选择型（见图 1-4）。

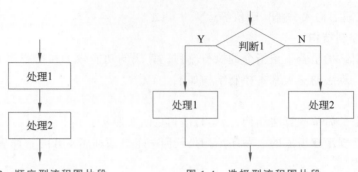

图 1-3 顺序型流程图片段   图 1-4 选择型流程图片段

（3）先判定(while)型循环：在循环控制条件成立时，重复执行特定的处理，如图 1-5 所示。

（4）后判定(until)型循环：重复执行某些特定的处理，直至控制条件成立，如图 1-6 所示。

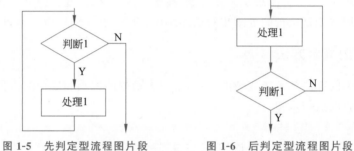

图 1-5 先判定型流程图片段   图 1-6 后判定型流程图片段

（5）多情况(case)选择型：列举多种处理情况，根据控制变量的取值，选择执行其一，如图 1-7 所示。

（6）循环型(见图 1-8)。

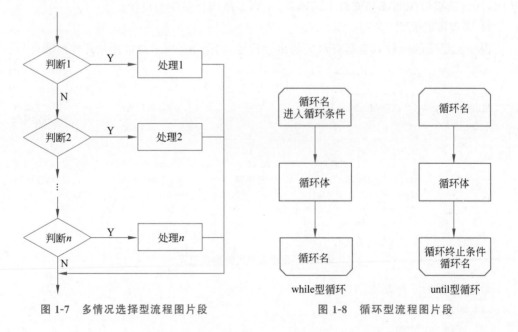

图 1-7 多情况选择型流程图片段   图 1-8 循环型流程图片段

4）程序流程图的简单示例

如图 1-9 所示，这是一个"求 1 到 100 之和"的程序流程图示例。

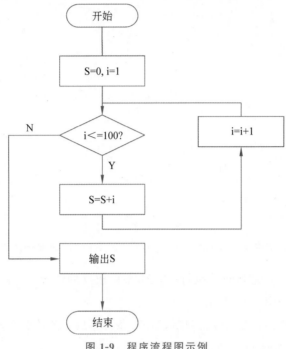

图 1-9　程序流程图示例

2. N-S 图

1）N-S 图简介

流程图的一个缺点是由于引入了流程线，对流程的描述过于灵活。1972 年，美国学者 I.Nassi 和 B.Shneiderman 提出了一种在流程图中完全去掉流程线，全部算法写在一个矩形阵内，在框内还可以包含其他框的流程图形式。即由一些基本的框组成一个大的框，这种流程图又称为 N-S 结构流程图，以两位学者的名字命名。N-S 图是流程图简化了流程线的成果，所以 N-S 图几乎是流程图的同构，两者可以互相转换。但要注意的是，存在一些跳转类指令，如 goto 指令或是 C 语言中针对循环的 break 及 continue 指令，由于它们含有对程序明显的跳转性操作，无法用 N-S 图表示。

2）N-S 图的特点

（1）N-S 图形象直观，功能域明确，具有良好的可见度。

（2）很容易确定局部和全局数据的作用域。

（3）不可能任意转移控制。

（4）很容易表示嵌套关系及模块的层次关系。

（5）复杂度接近代码本身，修改需要重画整个图。

3）N-S 图的三种基本结构

（1）顺序结构：先执行 A 再执行 B，如图 1-10 所示。

（2）二叉条件结构：如果条件 P 成立，执行 A，否则执行 B，如图 1-11 所示。

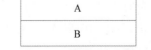

图 1-10　顺序结构片段 N-S 图

（3）多分支条件结构：P＝1 的时候，执行 A1；P＝2 的时候，执行 A2；以此类推，如图 1-12 所示。

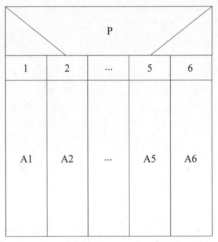

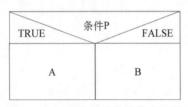

图 1-11　二叉条件结构片段 N-S 图　　　　图 1-12　　多分支条件结构片段 N-S 图

（4）当型循环结构：先判断后执行，当 P1 条件成立的情况下，反复执行 A 语句，直到 P1 条件不成立为止，如图 1-13 所示。

（5）直到型循环结构：先执行后判断，当 P1 条件不成立的情况下，反复执行 A 语句，直到 P1 条件成立为止，如图 1-14 所示。

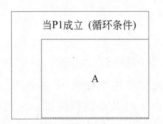

图 1-13　当型循环结构片段 N-S 图　　　图 1-14　直到型循环结构片段 N-S 图

4）N-S 图的几个简单程序示例

示例一：输入三角形三边长，判断三边构成的是等边、等腰还是一般三角形，如图 1-15 所示。

示例二：求 1～5 的所有整数相乘的乘积，如图 1-16 所示。

3. 伪代码

伪代码是介于人类语言和真实代码之间的一种语言，即使用人类语言描述一部分过于复杂的代码。伪代码如同一篇文章一样，自上而下地书写。每一行（或几行）表示一个基本操作，不使用图形符号，书写方便，格式紧凑，修改方便，容易看懂，也便于向计算机语言描述的完整算法过渡。

（1）伪代码符号含义见表 1-1。

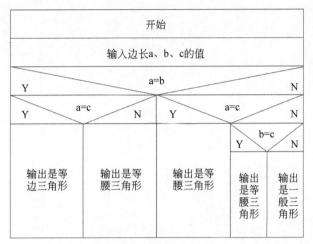

图 1-15　示例一的 N-S 图

图 1-16　示例二的 N-S 图

表 1-1　伪代码符号含义

伪　代　码	含　　义	C/C++ 语言
缩进	程序块	{}
//	行注释	//
←	赋值	=
=	比较运算——等于	==
≠	比较运算——不等于	!=
≤	比较运算——小于或等于	<=
≥	比较运算——大于或等于	>=
for i←1 to n do	for 循环	for(i=1;i<=n;i++){}
for i←n to 1 do	for 循环	for(i=n;i>=1;i--){}
while i<n do	while 循环	while(i<n){}
do while i<n	do···while 循环	do {} while(i<n)
repeat until i<n	repeat 循环	
if i<n else	if···else 语句	if(i<n){} else {}
return	函数返回值	return
A[0..n−1]	数组定义	int A[n−1]
A[i]	引用数组	A[i]
SubFun()	函数调用	SubFun()

（2）伪代码的描述程序的典型示例。

① 判断语句伪代码。

```
IF 九点以前 THEN
    do 私人事务；
ELSE 9 点到 18 点 THEN
    工作；
ELSE
    下班；
END IF
```

以上语句可用 C 语言表示为

```
if(time < 9){
    printf("执行私人事务\n");
}
else if(time >= 9 && time < 18){
    printf("工作\n");
}
else{
    printf("下班\n");
}
```

② 赋值语句伪代码。

```
x←y
x←20 * (y+1)
x←y←30
```

以上语句用 C 语言分别表示为

```
x = y;
x = 20 * (y+1);
x = y = 30;
```

③ 循环语句伪代码。

```
x ← 0
y ← 0
z ← 0
while x < N
  do
  x ← x + 1
  y ← x + y
  for t ← 0 to 10
    do z ← (z + x * y) / 100
    repeat
      y ← y + 1
      z ← z - y
    until z < 0
  z ← x * y
y ← y / 2
```

上述语句用 C 或 C++ 语言描述为

```
x = y = z = 0;
while(x< N)
{
  x ++;
  y += x;
  for(t = 0; t <= 10; t++ )
  {
    z = (z + x * y) / 100;
    do {
      y ++;
      z -= y;
    } while(z >= 0);
  }
  z = x * y;
}
y /= 2;
```

1.2.6　算法的设计方法

1. 面向过程程序设计

"面向过程"(Procedure Oriented)是一种以过程为中心的编程思想。"面向过程"也可称为"面向记录"编程思想,它们不支持丰富的"面向对象"特性(如继承、多态),并且不允许混合持久化状态和域逻辑。在早期的程序设计中,这个方法很常用。随着应用程序的需求越来越复杂,程序体量越来越大,这种方法逐渐淡去,但依然是程序设计的基础思维。

2. 结构化程序设计

"面向结构"的程序设计方法即结构化程序设计方法,是对"面向过程"方法的改进,它在结构上将软件系统划分为若干功能模块。各模块按要求单独编程,再将各模块连接,组合构成相应的软件系统。该方法强调程序的结构性,因而容易做到易读、易懂。

3. 面向对象程序设计

面向对象程序设计包含对象、类的概念,这些概念更符合人类的思维,是大型程序设计的设计思想。

节后练习

1. 什么是算法? 试从日常生活中找三个例子,描述它们的算法。

2. 算法有什么特点? 一个好的算法有什么要求?

3. 使用三种算法表示方法描述以下算法。

(1) 依次输入 5 个数,求它们的和、最大值和最小值。

(2) 求 m 和 n 的最大公约数。

◇ 1.3　初识 C 程序

1.3.1　C 语言的特点

C 语言是一种结构化语言,它有着清晰的层次,可按照模块的方式对程序进行编写,十分有利于程序的调试,且 C 语言的处理和表现能力都非常强大,依靠非常全面的运算符和多样的数据类型,可以轻易完成各种数据结构的构建,通过指针类型更可对内存直接寻址以及对硬件进行直接操作,因此既能够用于开发系统程序,也可以用于开发应用软件。C 语言的主要特点如下。

(1) 简洁的语言。C 语言程序的编写要求不严格且以小写字母为主,对许多不必要的部分进行了精简。实际上,语句构成与硬件有关联的较少,且 C 语言本身不提供与硬件相关的输入输出、文件管理等功能。如需此类功能,需要通过配合编译系统所支持的各类库进行编程,故 C 语言拥有非常简洁的编译系统。

(2) 结构化的控制语句。C 语言是一种结构化的语言,提供的控制语句具有结构化特征,如 for 语句、if…else 语句和 switch 语句等。可以用于实现函数的逻辑控制,方便面向过程的程序设计。

(3) 丰富的数据类型。C 语言包含的数据类型广泛,不仅包含传统的字符型、整型、浮点型、数组类型等数据,还具有其他编程语言所不具备的数据类型,其中以指针类型数据使用最为灵活,可以通过编程对各种数据结构进行计算。

(4) 丰富的运算符。C 语言包含 34 个运算符,由于 C 语言将赋值、括号等均视作运算符来操作,因此 C 程序的表达式类型和运算符类型均非常丰富。

(5) 可对物理地址进行直接操作。C 语言允许对硬件内存地址进行直接读写,由此可以实现汇编语言的主要功能,并可直接操作硬件。C 语言不但具备高级语言所具有的良好特性,又包含许多低级语言的优势,故在系统软件编程领域有着广泛的应用。

(6) 代码具有较好的可移植性。C 语言是面向过程的编程语言,用户只需要关注问题的本身,而不需要花费过多的精力去了解相关硬件,且针对不同的硬件环境,用 C 语言实现相同功能的代码基本一致,无须或仅须进行少量改动便可完成移植,这就意味着,对于一台计算机编写的 C 语言程序可以在另一台计算机上轻松地运行,从而极大地减少了程序移植的工作强度。

(7) 可生成高质量、高效率的目标代码。与其他高级语言相比,C 语言可以生成高质量和高效率的目标代码,故通常应用于对代码质量和执行效率要求较高的嵌入式系统程序的编写。

1.3.2　C 语言的编写工具

C 语言的编写工具可以方便程序员快捷地写出准确的程序。

以下列出几个 C 语言的编写工具。

1. VC++ 6.0

VC++ 6.0 是大学的计算机专业学习 C 语言的必备工具,也是一款比较古老的 C 语言学习工具。现在的大学计算机二级等级考试依然用的是这个软件,它支持的编译标准是 C98,市场需求不是很大。这款工具最大的优点在于轻量便捷,很适合一些行数较少的代码的编写编译。

2. Visual Studio

Visual Studio(VS)是一个基本完整的开发工具集,它包括整个软件生命周期中所需要的大部分工具,如 UML 工具、代码管控工具、集成开发环境等。所写的目标代码适用于微软支持的所有平台,包括 Microsoft Windows、Windows Mobile、Windows CE、.NET Framework、.NET Compact Framework 和 Microsoft Silverlight 及 Windows Phone。Visual Studio 是目前最流行的 Windows 平台应用程序的集成开发环境。但由于它的功能众多,其缺点就是体量较大。

3. C-Free

C-Free 是一款 C/C++ 集成开发环境。C-Free 中集成了 C/C++ 代码解析器,能够实时解析代码,并且在编写的过程中给出智能的提示。C-Free 提供了对目前业界主流 C/C++ 编译器的支持,可以在 C-Free 中轻松切换编译器,还包含可定制的快捷键、外部工具以及外部帮助文档。完善的工程/工程组可以很方便地管理自己的代码。

1.3.3 高级语言、汇编语言和 C 语言的对比

下面这段程序展示了汇编语言与 C 语言的直观区别。它的功能是将 5 和 6 做加法,并将结果放在 sum 这个变量当中。

```
/*将这段程序用汇编语言表示出来,结果如下*/
(1) .data                      ;此为数据区
(2) sum DWORD 0                ;定义名为 sum 的变量
(3) .code                      ;此为代码区
(4) main PROC
(5) mov eax,5                  ;将数字 5 送入 eax 寄存器
(6) add eax,6                  ;eax 寄存器加 6
(7) mov sum,eax
(8) INVOKE ExitProcess,0       ;结束程序
(9) main ENDP
```

该汇编代码的解释如下。

(1) 变量 sum 在第 2 行进行了声明,其大小为 32 位,使用了关键字 DWORD。汇编语言中有很多这样的大小关键字,其作用与数据类型一样。

(2) 第 4 行开始 main 程序(主程序),即程序的入口。

(3) 第 5 行将数字 5 送入 eax 寄存器。

(4) 第 6 行把 6 加到 eax 的值上,得到新值 11。

(5) 第 7 行将加法运算的结果保存在变量 sum 中。

(6) 第 8 行调用 Windows 服务(也称为函数)ExitProcess 停止程序,并将控制权交还给操作系统。

(7) 第 9 行是主程序结束的标记。

1.3.4 C 语言程序的运行步骤

C 语言程序从创建开始到形成完整的可以执行的文件的过程可以用图 1-17 描述。

(1) 编译:利用编译程序从源语言编写的源程序产生目标程序的过程。

(2) 链接:链接是将编译产生的.obj 文件和系统库连接装配成一个可以执行的程序。

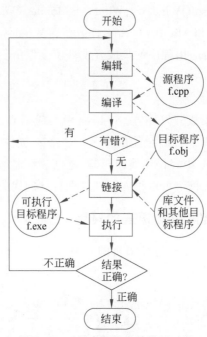

图 1-17　C 语言源程序的执行过程

由于在实际操作中可以直接单击 Build 从源程序产生可执行程序,在一个较大的复杂项目中,有很多人共同完成一个项目,每个人承担编写的模块不同,因此,各类源程序都需要先各自编译成目标程序文件(二进制的机器指令代码),再通过连接程序将这些目标程序文件连接装配成可执行文件。

（3）运行: EXE File(Executable File,可执行文件)是可移植可执行文件格式的文件,它可以加载到内存中,并由操作系统加载程序执行,是可在操作系统存储空间中浮动定位的可执行程序。

节后练习

1. 解释下列名词。

源程序　目标程序　可执行程序　编译　链接

2. 编写一个程序,输出你的第一个"hello world!"。

3. 对于一个正常运行的 C 程序,以下叙述中正确的是_____。

　　A. 程序的执行总是从 main()函数开始,在程序的最后一个函数中结束

　　B. 程序的执行总是从程序的第一个函数开始,在 main()函数中结束

　　C. 程序的执行总是从 main()函数开始

　　D. 程序的执行总是从程序的第一个函数开始,在程序的最后一个函数中结束

◆ 1.4　程序示例

有了以上工具中的任意一种,就可以写出第一个程序了。

```
(1) #include <stdio.h>              //包含头文件 stdio.h
(2) int main(){                     //主函数
(3)   printf("Hello, My Country\n"); //打印字符串
(4)   return 0;                     //返回 0,表示程序正确运行
(5) }
```

这里对程序进行如下解释。

第 1 行包含标准库文件,include 称为文件包含命令,扩展名为.h 的文件称为头文件。

第 2 行定义名为 main 的函数,它不接收参数值;main()函数的语句都被括在花括号中;int 为 main()函数的返回值类型。

第 3 行打印 Hello,My Country,main()函数调用库函数 printf()以显示字符序列。

第 4 行表示 main()函数的返回值为 0,return 让函数返回一个值。

第 5 行结束 main()函数,花括号必须成对出现。

位于/*   */中和//后面的内容为注释,用来对程序进行说明;注释在编译时会被自动忽略。

下面再为程序添加一点计算能力。

```
(1) #include <stdio.h>
(2) int main(void)
(3) {
(4)   int a,b;
(5)   printf(" 请输入今年的年份: \n ");
(6)   scanf(" %d ", &a);
(7)   b = a-1921;
(8)   printf("中国共产党成立距今%d 年\n",b);
(9)   return 0;
(10) }
```

这里对程序进行如下解释。

第 5 行是一个打印函数,打印出需要展示的字符串。\n 表示换行打印。第 6 行是一个输入语句,表示等待用户输入一个字符或者数字再进行后面的语句。这里有两个子句,"%d"中的是格式控制语句,表示输入的数字是整数,后一个子句表示输入的字符或数字存放在 a 这个变量当中。第 7 行是一个代数计算赋值语句。将变量 a 中存放的数字减去 1921,将计算得出的结果存放在变量 b 中。第 8 行依然是一个打印函数,打印需要展示的语句,并且将%d 处的位置以 b 中存放的数字作为整型进行替换。第 9 行是返回函数。如果程序准确无误且成功执行就返回 0。程序结束。

场景案例

在中国共产党成立一百周年之际,张艺谋导演用《悬崖之上》这部影片为我们道出了那些在阳光背面的共产党人的故事。影片讲述 20 世纪 30 年代,一支四人特工小组在苏联受训后,为了获得日本展开反人类实验的证据到哈尔滨执行秘密行动,代号"乌特拉"的故事。但因被叛徒出卖,他们降落在东北时,就已置身于敌人布下的天罗地网之中。影片几乎完全还原出那个年代保密对于地下工作者的重要性,这四人在敌人残暴的刑讯逼供下,死守情

报,甚至甘愿服毒自尽;面对亲生骨肉的疏离,将歉疚哽咽在喉头;生死去留关头,他们仍将
任务放在首位。在风雪弥天、前路未卜的黑土地上,他们无别路可寻,心底油然而生的是天
生的使命感;他们有的年龄尚小,有的已为人父母,有的已两鬓斑白,他们是不同年龄的集合
体,却因为同一个信仰——爱国主义,紧紧地拴在了一起。而真正的抗战中泄密带来的损
失、带来的后果要比电影中严重得多。1939 年 6 月 8 日,第十八集团军以司令部政治部名
义发布《关于保守军事秘密》的训令,阐明了抗战开始以来保密工作面临的严峻形势。训令
强调,日寇"一方面集中巨大兵力扫荡华北、进攻西北,另一方面则加紧其政治阴谋,收买训
练大批汉奸、敌探、托派、小偷等,潜入我抗日根据地,甚至打入抗日军队进行侦探军情、偷窃
文件以及其他阴谋活动,以配合其武装进攻"。敌人的窃密活动,不仅极大地危害我国军事
秘密安全,也对我国抗日游击战争的成功造成直接威胁。由此可见,在抗战时期,保密就是
保生存、保胜利。所以不仅作战行动需要保密,很多作战人员名单也要经过加密才能记录下
来。上述故事可简化为一个经典案例:现有一份抗战时期的伤员名单,每位伤员都由代号
和名字两部分组成(例如,18 lrdfXdkxfG,18 表示代号,lrdfXdkxfG 表示经过加密处理的伤
员名字)。我们要做的就是通过写一段程序来解密这份伤员名单。

由于问题过于复杂,现在无法完全解决。但随着课程的推进,会逐渐解密这份名单。

企业案例

"今日头条"是字节跳动个性化推荐技术成功发展的起点,也为字节跳动积累了最早的
数据资产,成为字节跳动媒体进阶的源头。当前的推荐系统背后,有大量的数据做支撑。现
在假设你在"今日头条"上输入了一个问题(问题自拟),按照你的理解,查阅资料,根据本章
所学的程序流程图以及算法的知识,画出该问题从输入到服务器,到服务器返回给你推荐结
果的简化程序流程图。

前沿案例

AlphaGo
阿尔法围棋(AlphaGo)是第一个击败人类职业围棋选手、第一个战胜围棋世界冠军的
人工智能机器人,由谷歌(Google)旗下 DeepMind 公司戴密斯·哈萨比斯领衔的团队开发。
其主要工作原理是"深度学习"。

2016 年 3 月,阿尔法围棋与围棋世界冠军、职业九段棋手李世石进行围棋人机大战,以
4 比 1 的总比分获胜;2016 年年末到 2017 年年初,该程序在中国棋类网站上以"大师"
(Master)为注册账号与中日韩数十位围棋高手进行快棋对决,连续 60 局无一败绩;2017 年
5 月,在中国乌镇围棋峰会上,它与排名世界第一的世界围棋冠军柯洁对战,以 3 比 0 的总
比分获胜。围棋界公认阿尔法围棋的棋力已经超过人类职业围棋顶尖水平,在 GoRatings
网站公布的世界职业围棋排名中,其等级分曾超过排名世界第一的棋手柯洁。

2017 年 10 月 18 日,DeepMind 团队公布了最强版阿尔法围棋,代号为 AlphaGo Zero。
它已经脱离了大量的棋局经验。这表明"机器人"越来越有了自己的"会思考的大脑"。它的
代码很多都是用 C/C++ 语言实现的。

深度学习简介
阿尔法围棋的很多算法都是基于深度学习的。另外,深度学习这个名词也是从阿尔法

围棋开始逐渐进入大众视野,并在最近几年如火如荼地发展起来。

深度学习,就是从例子中学习。从非常基础的层面上来说,深度学习是一种机器学习技术,它教计算机通过层过滤输入(如图像、文本或声音形式的观察),学习如何预测和分类信息。

深度学习的灵感来自人类大脑过滤信息的方式。本质上,深度学习是机器学习系列的一部分,它基于学习数据表征,而不是特定于任务的算法。深度学习实际上与认知神经科学家在 20 世纪 90 年代早期提出的关于大脑发育的一系列理论密切相关。就像在大脑中,或者更确切地说,在 20 世纪 90 年代由研究人员提出的关于人类新皮层发展的理论和模型中,神经网络使用分层过滤器的层次结构,每个层从前一层学习然后将其输出,传递给下一层。

深度学习的目的是模仿人类大脑的工作方式。来自一个神经元的信号沿着轴突传播并转移到下一个神经元的树突。传递信号的那个连接被称为突触。

神经元本身是没用的,但是当拥有很多神经元时,它们会共同创造一些"魔法"。这就是深度学习算法背后的想法! 从观察中获得输入,将输入放入一个创建输出的图层,该输出又成为下一个图层的输入,以此类推。这种情况反复发生,直到最终输出信号。

因此神经元(或结点)获得信号(输入值),通过神经元,并传递输出信号。将输入层视为感官:看到的东西,闻到的气味,产生的感觉等。这些是单次观察的自变量。此信息分为数字和计算机可以使用的二进制数据位。

输出值可以是连续的(如价格)、二进制的(如是或否)或分类的(如猫、狗、刺猬等)。

每个突触都获得分配的权重,这对人工神经网络(Artificial Neural Network,ANN)至关重要。权重是人工神经网络学习的方式。通过调整权重,ANN 决定信号传递的程度。当训练网络时,我们将决定如何调整权重。

在神经元内部,首先,将它得到的所有值相加(计算加权和)。接下来,它应用激活函数,该函数是作用于该特定神经元的函数。由此,神经元理解它是否需要传递信号。

这个过程重复了数千到数十万次!

我们创建一个人工神经网络,其中有输入值和输出值的结点,在这些结点之间有一个(或多个)信息传播的隐藏层,在它到达输出前传播。这类似于通过眼睛看到的信息被过滤后理解,而不是直接进入大脑。

总之,深度学习模拟了人脑的结构,经过复杂的计算之后便可以得到相对准确的预测结果。

斯坦福大学的一个小组做了一款名为 Face2Face 的应用系统,这套系统能够利用人脸捕捉,让你在视频里实时扮演另一个人,简单来讲,就是可以把你的面部表情实时移植到视频里正在讲话的某人的脸上。

同样的原理也可以用于对视频里场景的 3D 重建、电影特效等。

易错盘点

(1) 源程序:用高级语言或汇编语言编写的程序称为源程序。C 源程序的扩展名为".c"。

(2) 目标程序:源程序经过"编译程序"翻译所得到的二进制代码称为目标程序。目标程序的扩展名为".obj"。目标代码尽管已经是机器指令,但是还不能运行,因为目标程序还没有解决函数调用问题,需要将各个目标程序与库函数连接,才能形成完整的可执行程序。

(3) 可执行程序:目标程序与库函数连接,形成的完整的可在操作系统下独立执行的程序称为可执行程序。可执行程序的扩展名为".exe"(在 DOS/Windows 环境下)。

(4) 算法的确定性:算法中的每一个步骤都应当是确定的,而不是含糊的、模棱两可的。也就是说,不应当产生歧义。与算法中是否产生随机数或者是否含有随机概率问题无关。

(5) 算法可以没有输入,但必须有输出,并且输入和输出可以含有多个。

(6) 算法的健壮性是指当输入非法数据时,算法也能适当地做出反应或进行处理,而不会产生莫名其妙的输出结果。这一点在程序设计时格外重要。

(7) N-S 图几乎是流程图的同构,两者可以互相转换。但要注意,对于 goto 指令或是 C 语言中针对循环的 break 及 continue 指令,由于它们含有对程序明显的跳转性操作,无法用 N-S 图表示。

(8) "面向结构"的程序设计方法即结构化程序设计方法,是对"面向过程"方法的改进,结构上将软件系统划分为若干功能模块,各模块按要求单独编程,再由各模块连接,组合构成相应的软件系统。

(9) 一段优秀代码的特征:清晰第一,简洁为美,选择合适的风格,与代码原有风格保持一致。

知识拓展

1. C 语言的发展史

C 语言诞生于美国的贝尔实验室,由丹尼斯·里奇(Dennis Ritchie)以肯·汤普逊(Kenneth Thompson)设计的 B 语言为基础发展而来,在它的主体设计完成后,里奇和汤普逊用它完全重写了 UNIX,且随着 UNIX 的发展,C 语言也得到了不断完善。为了利于 C 语言的全面推广,许多专家学者和硬件厂商联合组成了 C 语言标准委员会,并在之后的 1989 年,诞生了第一个完备的 C 标准,简称"C89",也就是"ANSI C",截至 2020 年,最新的 C 语言标准为 2018 年 6 月发布的"C18"。

C 语言之所以命名为 C,是因为 C 语言源自肯·汤普逊发明的 B 语言,而 B 语言则源自 BCPL(Basic Combined Programming Language,基本组合程序设计语言)。

1967 年,剑桥大学的 Martin Richards 对 CPL(Combined Programming Language,组合程序设计语言)进行了简化,于是产生了 BCPL。20 世纪 60 年代,美国 AT&T 公司贝尔实验室(AT&T Bell Laboratories)的研究员肯·汤普逊闲来无事,想玩一个他自己编的模拟在太阳系航行的电子游戏——Space Travel。他背着老板,找了一台空闲的小型计算机——PDP-7。但这台计算机没有操作系统,而游戏必须使用操作系统的一些功能,于是他着手为 PDP-7 开发操作系统。后来,这个操作系统被命名为 UNICS(Uniplexed Information and Computing Service)。

1969 年,肯·汤普逊以 BCPL 为基础,设计出很简单且很接近硬件的 B 语言(取 BCPL 的首字母),并且用 B 语言编写了初版 UNIX 操作系统(UNICS)。

1971 年,同样酷爱 Space Travel 的丹尼斯·里奇为了能早点儿玩上游戏,加入了汤普逊的开发项目,合作开发了 UNIX。他的主要工作是改造 B 语言,使其更成熟。

1972 年,丹尼斯·里奇在 B 语言的基础上最终设计出了一种新的语言,他取了 BCPL

的第二个字母作为这种语言的名字,这就是 C 语言。

1973 年年初,C 语言的主体完成。汤普逊和里奇迫不及待地开始用它完全重写了 UNIX。此时,编程的乐趣已经使他们完全忘记了 Space Travel,一门心思地投入到了 UNIX 和 C 语言的开发中。随着 UNIX 的发展,C 语言自身也在不断地完善。直到 2020 年,各种版本的 UNIX 内核和周边工具仍然使用 C 语言作为最主要的开发语言,其中还有不少继承汤普逊和里奇之手的代码。

在开发中,他们还考虑把 UNIX 移植到其他类型的计算机上使用。C 语言强大的移植性在此显现。机器语言和汇编语言都不具有移植性,为 x86 开发的程序不可能在 Alpha、SPARC 和 ARM 等机器上运行。而 C 语言程序则可以被使用在任意架构的处理器上,只要那种架构的处理器具有对应的 C 语言编译器和库,然后将 C 源代码编译、链接成目标二进制文件即可在那种架构的处理器运行。

1977 年,丹尼斯·里奇发表了不依赖于具体机器系统的 C 语言编译文本《可移植的 C 语言编译程序》。

C 语言继续发展,在 1982 年,很多有识之士和美国国家标准协会(American National Standards Institute,ANSI)为了使 C 语言健康地发展下去,决定成立 C 标准委员会,建立 C 语言的标准。委员会由硬件厂商、编译器及其他软件工具生产商、软件设计师、顾问、学术界人士、C 语言作者和应用程序员组成。1989 年,ANSI 发布了第一个完整的 C 语言标准——ANSI X3.159—1989,简称 C89,人们也习惯称其为 ANSI C。C89 在 1990 年被国际标准化组织(International Standard Organization,ISO)一字不改地采纳,ISO 官方给予的名称为 ISO/IEC 9899,所以 ISO/IE C9899:1990 也通常被简称为 C90。1999 年,在做了一些必要的修正和完善后,ISO 发布了新的 C 语言标准,命名为 ISO/IEC 9899:1999,简称 C99。2011 年 12 月 8 日,ISO 又正式发布了新的标准,称为 ISO/IEC 9899:2011,简称为 C11。

2. 集成开发环境

集成开发环境(Integrated Development Environment,IDE)是用于提供程序开发环境的应用程序,一般包括代码编辑器、编译器、调试器和图形用户界面等工具,集成了代码编写功能、分析功能、编译功能、调试功能等一体化的开发软件服务套。所有具备这一特性的软件或者软件套(组)都可以叫作集成开发环境,例如,微软的 Visual Studio 系列,Borland 的 C++ Builder、Delphi 系列等。

集成开发环境具有以下优点。

(1)高效开发。IDE 的目的就是要让开发更加快捷方便,通过提供工具和各种性能来帮助开发者组织资源,减少失误,提供捷径。

(2)标准统一。当一组程序员使用同一个开发环境时,就建立了统一的工作标准,当 IDE 提供预设的模板,或者不同团队分享代码库时,这一效果更加明显。

(3)方便管理。首先,IDE 提供文档工具,可以自动输入开发者评论,或者迫使开发者在不同区域编写评论。其次,IDE 可以展示资源,更便于发现应用所处位置,无须在文件系统里面艰难地搜索。

3. C 语言的预处理命令

C 语言的预处理命令是在编译之前对源文件进行的内存处理。预处理过程扫描源代码,对其进行初步转换,产生新的源代码提供给编译器。可见,预处理过程先于编译器对源代码进行处理。预处理过程读入源代码,检查包含预处理指令的语句和宏定义,并对源代码进行相应的转换。预处理过程还会删除程序中的注释和多余的空白字符。

4. 编译工作的步骤

1）词法分析

词法分析的任务是对由字符组成的单词进行处理,从左至右逐个字符地对源程序进行扫描,产生一个个单词符号,把作为字符串的源程序改造成为单词符号串的中间程序。执行词法分析的程序称为词法分析程序或扫描器。

2）语法分析

编译程序的语法分析器以单词符号作为输入,分析单词符号串是否形成符合语法规则的语法单位,如表达式、赋值、循环等,最后看是否构成一个符合要求的程序,按该语言使用的语法规则分析检查每条语句是否有正确的逻辑结构,程序是最终的一个语法单位。编译程序的语法规则可用上下文无关文法来刻画。

3）中间代码

中间代码是源程序的一种内部表示,或称作中间语言。中间代码的作用是可使编译程序的结构在逻辑上更为简单明确,特别是可使目标代码的优化比较容易实现中间代码,即为中间语言程序,中间语言的复杂性介于源程序语言和机器语言之间。中间语言有多种形式,常见的有逆波兰记号、四元式、三元式和树。

4）代码优化

代码优化是指对程序进行多种等价变换,使得从变换后的程序出发,能生成更有效的目标代码。所谓等价,是指不改变程序的运行结果。所谓有效,主要指目标代码运行时间较短,以及占用的存储空间较小。这种变换称为优化。

5）目标代码生成

目标代码生成是编译的最后一个阶段,它有以下种形式。

（1）可以立即执行的机器语言代码,所有地址都重新定位。

（2）待装配的机器语言模块,当需要执行时,由连接装入程序把它们和某些运行程序连接起来,转换成能执行的机器语言代码。

（3）汇编语言代码,须经过汇编程序汇编后,成为可执行的机器语言代码。

直接影响到目标代码速度的有三个问题:一是如何生成较短的目标代码;二是如何充分利用计算机中的寄存器,以减少目标代码访问存储单元的次数;三是如何充分利用计算机指令系统的特点,以提高目标代码的质量。

程序编译的执行过程如图 1-18 所示。

5. 面向对象程序设计

面向对象程序设计（Object Oriented Programming, OOP）是一种计算机编程架构。OOP 的一条基本原则是计算机程序由单个能够起到子程序作用的单元或对象组合而成。OOP 达到了软件工程的三个主要目标:重用性、灵活性和扩展性。OOP＝对象＋类＋继承＋多态＋消息,其中核心概念是类和对象。

OPP 方法是尽可能模拟人类的思维方式,使得软件的开发方法与过程尽可能接近人类认识世界、解决现实问题的方法和过程,也即使得描述问题的问题空间与问题的解决方案空间在结构上尽可能一致,把客观世界中的实体抽象为问题域中的对象。

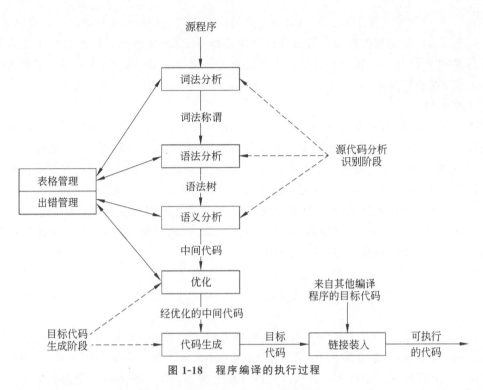

图 1-18　程序编译的执行过程

OPP 以对象为核心,该方法认为程序由一系列对象组成。类是对现实世界的抽象,包括表示静态属性的数据和对数据的操作,对象是类的实例化。对象间通过消息传递相互通信,来模拟现实世界中不同实体间的联系。在面向对象的程序设计中,对象是组成程序的基本模块。

面向对象的设计方法有以下几个突出的特点。

1) 封装性

封装是指将一个计算机系统中的数据以及与这个数据相关的一切操作语言(即描述每一个对象的属性以及其行为的程序代码)组装到一起,一并封装在一个有机的实体中,也就是一个类中,为软件结构的相关部件所具有的模块性提供良好的基础。在面向对象技术的相关原理以及程序语言中,封装的最基本单位是对象,而使得软件结构的相关部件实现"高内聚、低耦合"的"最佳状态"便是面向对象技术的封装性所需要实现的最基本的目标。对于用户来说,对象是如何对各种行为进行操作、运行、实现等细节是不需要刨根问底的,用户只需要通过封装外的通道对计算机进行相关方面的操作即可。这大大地简化了操作的步骤,使用户使用起计算机来更加高效,更加得心应手。

2) 继承性

继承性是面向对象技术中的另外一个重要特点,主要指的是两种或者两种以上的类之间的联系与区别。继承,顾名思义,是后者延续前者的某些方面的特点,而在面向对象技术中则是指一个对象针对另一个对象的某些独有的特点、能力进行复制或者延续。如果按照继承源进行划分,则可以分为单继承(一个对象仅从另外一个对象中继承其相应的特点)与多继承(一个对象可以同时从另外两个或者两个以上的对象中继承所需要的特点与能力,并且不会发生冲突等现象);如果从继承中包含的内容进行划分,则继承可以分为 4 类,分别为取代继承(一个对象在继承另一个对象的能力与特点之后将父对象进行取代)、包含继承(一个对象在将另一个对象的能力与特点进行完全地继承之后,又继承了其他对象所包含的相应内容,结果导致这个对象所具有的能力与特点大于或等于父对象,实现了对于父对象的包含)、受限继承、特化继承。

3) 多态性

从宏观的角度来讲,多态性是指在面向对象技术中,当多个不同的对象同时接收到同一个完全相同的消息之后,所表现出来的动作是各不相同的,具有多种形态;从微观的角度来讲,多态性是指在一组对象的一个类中,面向对象技术可以使用相同的调用方式来对相同的函数名进行调用,即便这若干个具有相同函数名的函数所表示的函数是不同的。

C语言的设计遵循自顶向下、逐步细化的过程,属于一种结构化程序设计思想。但是随着人们对于计算机的要求越来越高,算法越来越复杂,代码量越来越大,算法设计过程就需要面向对象设计思想的加入,双管齐下进行设计。

6. 逻辑算法题目

下面从一些有趣的逻辑算法的角度,感受一下算法的解答思路。

1) 蒙特卡罗算法

有了算法的概念,我们可以在祖先推算圆周率的基础上做很轻易地推导过程。1946 年,美国拉斯阿莫斯国家实验室的三位科学家 John von Neumann、Stan Ulam 和 Nick Metropolis 共同发明了蒙特卡罗方法。它的具体定义是:在广场上画一个边长为 1m 的正方形,在正方形内部随意画一个不规则的形状,现在要计算这个不规则图形的面积,蒙特卡罗(Monte Carlo)方法告诉我们,均匀地向该正方形内撒 N(N 是一个很大的自然数)个黄豆,随后数数在这个不规则几何形状内部有多少个黄豆,如有 M 个,那么,这个奇怪形状的面积便近似于 M/N,N 越大,算出来的值便越精确。在这里要假定豆子都在一个平面上,相互之间没有重叠。蒙特卡罗方法可用于近似计算圆周率:让计算机每次随机生成两个 0~1 的实数,看这两个实数是否在单位圆内。生成一系列随机点,统计单位圆内的点数与总点数(圆面积和正方形面积之比为 PI∶1,PI 为圆周率),当随机点取的越多(但即使取 10^9 个随机点时,其结果也仅在前 4 位与圆周率吻合)时,其结果越接近于圆周率。

2) 八皇后问题

八皇后问题是一个古老而著名的问题,它是回溯算法的典型案例。其问题的内容是:在 8×8 格的国际棋盘上摆放 8 个皇后,使其不能互相攻击,即任意两个皇后都不能处于同一行、同一列或同一斜线上,问共有多少种摆法。

回溯算法:当我们选择了第一个皇后的位置之后,与其处于同行同列同斜线的位置便都无法选择,第二个皇后只能放在未被第一个皇后所辐射到的位置上,接着放置第三个皇后,同样不能放在被前两个皇后辐射到的位置上,若此时已经没有未被辐射的位置能够选择,也就意味着这种摆法是不可行的,需要回退到上一步,给第二个皇后重新选择一个未被第一个皇后辐射的位置,再来看是否有第三个皇后可以摆放的位置,如还是没有则再次回退至选择第二个皇后的位置,若第二个皇后也没有更多的选择则回退到第一个皇后,重新进行位置的选择。

3) 蜗牛爬井问题

有口井 7m 深,有个蜗牛从井底往上爬,白天爬 3m,晚上往下坠 2m,问蜗牛几天能从井里爬出来。这是一个典型的算法问题,与计算机善于处理有规律的步骤性强的特点十分吻合。它的解答思路如下。

蜗牛 5 天能从井里爬出来。

第一天白天向上爬 3m,晚上坠 2m,累计上升高度为 1m,列式为 3−2＝1。

第二天白天向上爬 3m,晚上坠 2m,累计上升高度为 2m,列式为 1+3−2＝2。

第三天白天向上爬 3m,晚上坠 2m,累计上升高度为 3m,列式为 2+3−2＝3。

第四天白天向上爬 3m,晚上坠 2m,累计上升高度为 4m,列式为 3+3−2＝4。

第五天白天向上爬 3m,4+3＝7,就可以爬出井口了。

以上是比较慢的解法,另一种比较快速的解法如下。

设需要 X 天蜗牛爬出 7m 深的井,那么根据题意可得 $(3−2)×(X−1)+3＝7$,解出方程式可得 $X＝5$。3−2 为每天蜗牛的实际上升高度,第 X 天白天蜗牛爬升 3m 即可爬出井口,那么 $(3−2)×(X−1)$ 表示在第 X 天之前的累计爬升的高度。

所以有口井 7m 深,有个蜗牛从井底往上爬,白天爬 3m,晚上坠 2m,蜗牛 5 天能从井里爬出来。

可以发现,用合理的算法去解答问题会使得解决过程更高效、更精简。

4) 身份推测问题

小王、小张、小赵三个人是好朋友,他们中间其中一个人下海经商,一个人考上了重点大学,一个人参军了。此外还知道以下条件:小赵的年龄比士兵的大;大学生的年龄比小张的小;小王的年龄和大学生的年龄不一样。请推出这三个人中谁是商人？谁是大学生？谁是士兵？

算法思路:假设小赵是士兵,那么就与题目中“小赵的年龄比士兵的大”这一条件矛盾了,因此,小赵不是士兵;假设小张是大学生,那么就与题目中“大学生的年龄比小张小”矛盾了,因此,小张不是大学生;假设小王是大学生,那么就与题目中“小王的年龄和大学生的年龄不一样”这一条件矛盾了,因此,小王也不是大学生。所以,小赵是大学生。由条件“小赵的年龄比士兵的大,大学生的年龄比小张小”得出小王是士兵,小张是商人。

7. 程序书写规范原则

代码书写规范有诸多好处:最直观的好处就是方便阅读。在一般情况下,根据软件工程的思想,注释要占整个文档的 20％以上。所以注释要很详细,而且格式要规范。

另一个好处是尽量减少程序的出错率,出错后更方便纠正。格式虽然不会影响程序的功能,但会影响可读性。程序的格式追求清晰、美观,是程序风格的重要构成元素。

代码规范化基本上有 7 大原则,体现在空行、空格、成对书写、缩进、对齐、代码行和注释 7 方面的书写规范上。

1) 空行

空行起着分隔程序段落的作用。空行得体将使程序的布局更加清晰。

规则一:定义变量后要空行。尽可能在定义变量的同时初始化该变量,即遵循就近原则。如果变量的引用和定义相隔比较远,那么变量的初始化就很容易被忘记。若引用了未被初始化的变量,就会导致程序出错。

规则二:每个函数定义结束之后都要加空行。

总规则:两个相对独立的程序块、变量说明之后必须要加空行。

2) 空格

规则一：关键字之后要留空格。const、case 等关键字之后至少要留一个空格，否则无法辨析关键字。if、for、while 等关键字之后应留一个空格再跟左括号，以突出关键字。

规则二：函数名之后不要留空格，应紧跟左括号，以与关键字区别。

规则三：左括号向后紧跟；右括号、逗号和分号向前紧跟；紧跟处不留空格。

规则四：逗号和非换行的分号后要加空格。

规则五：赋值运算符、关系运算符、算术运算符、逻辑运算符和位运算符等运算符的前后应当加空格。

注意：运算符"%"是求余运算符，与 printf 中%d 的"%"不同，所以%d 中的"%"前后不用加空格。

规则六：单目运算符!、~、++、--、-、* 和 & 等前后不加空格。

规则七：数组符号、结构体成员运算符和指向结构体成员运算符，这类操作符前后不加空格。

规则八：对于表达式比较长的 for 语句和 if 语句，紧凑起见，可以适当地去掉一些空格。但 for 和 if 后面紧跟的空格不可以删，其后面的语句可以根据语句的长度适当地去掉一些空格。

3) 成对书写

成对的符号一定要成对书写，如 ()、{}。不要写完左括号然后写内容最后再补右括号，这样很容易漏掉右括号，尤其是写嵌套程序的时候。

4) 缩进

缩进是通过键盘上的 Tab 键实现的，缩进可以使程序更有层次感。其原则是：如果地位相等，则不需要缩进；如果属于某一个代码的内部代码就需要缩进。

5) 对齐

对齐主要是针对花括号{}。

规则一：{和}都要分别独占一行。互为一对的{和}要位于同一列，并且与引用它们的语句左对齐。

规则二：{}之内的代码要向内缩进一个 Tab，且同一地位的要左对齐，地位不同的继续缩进。

6) 代码行

规则一：一行代码只做一件事情，如只定义一个变量或只写一条语句。这样的代码容易阅读，并且便于写注释。

规则二：if、else、for、while、do 等语句自占一行，执行语句不得紧跟其后。此外，非常重要的一点是，不论执行语句有多少行，就算只有一行也要加{}，并且遵循对齐的原则，这样可以防止书写失误。

7) 注释

C 语言中一行注释一般用//…，多行注释必须用/ * … * /。注释通常用于对重要的代码行或段落进行提示。在一般情况下，源程序有效注释量必须在 20% 以上。虽然注释有助于理解代码，但注意不可过多地使用注释。

规则一：注释是对代码的"提示"，而不是文档。程序中的注释不可喧宾夺主，注释太多会让人眼花缭乱。

规则二：如果代码本来就是清楚的，则不必加注释。

规则三：边写代码边注释，修改代码的同时要修改相应的注释，以保证注释与代码的一致性，不再有用的注释要删除。

规则四：当代码比较长，特别是有多重嵌套的时候，应当在段落的结束处加注释，这样便于阅读。

规则五：每一条宏定义的右边必须要有注释，说明其作用。

翻转课堂

（1）在计算机技术不断演进和面对社会大发展趋势的情况下，作为一名程序员，你将如何规划自己的职业和个人发展，以确保自己保持竞争力并为未来做好准备？

（2）在计算机科学领域，存在着众多的编程语言，每一种语言都有其特性和应用场景。然而，你可能无法学习所有的编程语言。因此，你如何看待编程语言的学习？

章末习题

1. 什么是算法？算法的要素是什么？一个优秀的算法有哪些指标？

2. 一个 C 语言程序从编写到运行的过程是怎样的？

3. C 语言和其他语言相比，有哪些特点？

4. 编写一个程序，实现输出今年的年份。

5. 使用算法流程图的表示方法，描述一元二次方程的求解过程。

变量及表达式

 编程先驱

　　周巢尘(图2-0),1937年11月1日出生于上海,计算机软件专家,中国科学院院士、第三世界科学院院士,中国科学院软件研究所研究员,长期从事计算机科学理论的研究,在软件形式化理论方面做出了系统的、创造性的工作,取得了具有国际先进水平的研究成果。

图2-0　周巢尘

　　周巢尘于20世纪60年代末转入信息处理系统、计算机操作系统及网络系统的研制。自20世纪70年代中期,致力于程序设计方法学的研究,特别是形式化方法的研究。形式化方法建立了软件工程的数学基础,倡导软件设计和开发的严格方法及工具,以期软件工程最终跻身于现代工程科学行列。形式化方法已逐渐被软件工业界所采用,特别是用于严格安全系统的研制。20世纪80年代,主要从事分布式系统的研究。1981年,周巢尘与英国同事合作提出了分布式计算系统正确性的组合式验证方法。20世纪90年代,从事实时系统研究。1991年,与英国及丹麦科学家合作建立了实时计算系统设计的一种新颖的逻辑方法。

　　周巢尘是国际著名计算机理论专家,中国分布式程序设计理论研究的先驱者和开拓者之一。他提出的时段演算,为实时系统的形式化设计和验证做出了开创性的工作,得到国际同行的认可。

 引言

　　《九章算术》是我国现有传本的古算书中最古老的数学著作,对后世数学的发展影响很大。它选出246个例题,按解题的方法和应用的范围分为9大类,每一大类为一章,故称为“九章”。它的出现,标志着我国古代以算筹为工具,具有自己独特风格的数学体系的形成。

　　经过春秋战国到西汉中期数百年间政治、经济和文化的发展,《九章算术》比较系统地总结和概括了这段时期人们在社会实践中积累的数学成果。这一时期的社会变革和生产发展,给数学提出了不少亟待解决的测量和计算的问题。例如,要实行按田亩多寡“履亩而税”的政策,就需要测量和计算各种形状的土地面积;要合理地摊派税收就需要进行各种比例分配和摊派的计算;要建造大规模的水利工程、土木工程则需要计算各种形状的体积以及如何合理地使用人力、物力;商业、贸易的发展,也是需要解决各种按比例核算等问题;还有天文历法的精确推算等。它所提供的数学解法,为当时生产和科学技术的进一步发展,以及为封建政府计算赋税、摊派徭役等,提供了方便。

《九章算术》不仅在国内广泛流传,在唐代也传到了朝鲜、日本等邻国。在从日本来中国的人中,"遣唐使"对文化的交流起了主要作用。他们来中国的一个主要目的就是向中国学习先进文化,因此他们在中国生活、学习了一段时间,回国后,把很多中国的文化、习俗等都带去了日本。作为大国先进文化的代表,《九章算术》的学习、传播自然也包括其中。而当时的唐朝及附属地区渤海也都有人不断地去朝鲜和日本,这无疑也推动了《九章算术》的向外传播。中国传统数学本质上是一种构造性数学,数学对象及结果基本上均可由固定的演算程序经有限步骤得到,各种计算均依固定的演算程序进行,发展起一套程序化、机械化的算法体系。

《九章算术》的主要内容是"术",而每一个"术"都是由带有具体数值的一些具体问题引出,"术"实际上是处理相应数值的算法,它可以在古代中国长期使用的算筹上机械地进行,其中的很多算法甚至可以容易地转换成现代的计算机语言。而这种"算法"需要对其中的量和公式有准确的定义才能实现,这就是算法中的"变量"和"表达式"。本章学习如何更准确地实现一个算法。

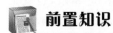 **前置知识**

1. 计算机存储中的内存地址与寻址

(1) 什么是位?

位表示的是二进制位,一般称为比特,即 0 或 1,是计算机存储的最小单位。

(2) 什么是字节?

字节是计算机中数据处理的基本单位;计算机中以字节为单位来存储和解释信息,规定 1 个字节由 8 个二进制位构成,即 1 字节等于 8 比特。1B=8b。

(3) 什么是地址总线?

CPU 通过地址总线来指定存储单元;地址总线决定了 CPU 所能访问的最大内存空间的大小;地址总线是地址线数之和。

(4) 什么是内存地址?

内存地址是一个编号,代表内存空间,内存地址是一种介于硬件和软件等不同层级之间的数据概念,用来访问计算机内存中的数据。

(5) 什么是寻址空间?

寻址空间一般指的是 CPU(Central Processing Unit,中央处理器)对于内存寻址的能力。通俗地说,就是能最多用到多少内存的一个问题。数据在随机存取存储器(Random Access Memory,RAM)中存放是有规律的,CPU 在运算的时候想要把数据提取出来就需要知道数据存放在哪里,这时候就需要挨家挨户地找,这就叫作寻址。但如果地址太多超出了 CPU 的寻址能力范围,CPU 就无法找到数据了。CPU 最大能查找多大范围的地址叫作寻址能力,CPU 的寻址能力以字节为单位,如 32 位寻址的 CPU 可以寻址 2^{32} 字节的地址也就是 4GB,这也是为什么 32 位的 CPU 最大能搭配 4GB 内存的原因,再多的话 CPU 就找不到了。

2. 整数在内存当中的表示

1）原码

编码的规则,最简单的就是直接用数值的二进制值存储,这种方法也叫作原码。原码就是一个整数本来的二进制形式。

原码带来的问题(以 char 型举例,8 位,最高位是符号位)：0 有 +0(0000 0000)和−0 (1000 0000)之分,两个 0 浪费空间。可如果 $A<B$,拿 $A-B$ 得不出准确的结果,如以下例子。

```
6(0000 0110) - 18(0001 0010)
= 6+ (-18)              /*减去一个数等同加上这个数的相反数,18的符号位要变为1*/
= 0000 0110 + 1001 0010   //在内存中的计算,原码形态
= -24(1001 1000)
```

上面的 $A-B$ 用的是减法,可人们的设计是全加器,只用加法实现常用的运算。$A-B$ 时符号位也参与运算,和人们的设计初衷不符。

2）反码

于是人们开始继续探索,不断试错,后来设计出了反码。对于正数,它的反码就是其原码(原码和反码相同)；负数的反码是将原码中除符号位以外的所有位(数值位)取反,也就是 0 变成 1,1 变成 0。例如 short a＝6,a 的原码是 0000 0110；a 的反码是 0000 0110,正数的反码等于原码。short a＝−6,a 的原码是 1000 0110；a 的反码是 1111 1001,负数的反码是原码的所有数值位取反。

```
6(0000 0110)-18(0001 0010)
=  6+ (-18)              /*减去一个数等同于加上这个数的相反数,18的符号位要变为1*/
= 0000 0110 + 1001 0010   //真值即原码
= 0000 0110 + 1110 1101   //在内存中的计算,反码形态
= 1111 0011              //内存中的计算结果,反码形态
= 1000 1100              /*是负数,读取结果时还要采用逆向的转换,反码形态还得转回原码形态才行*/
= -12
```

$6-18$ 的确等于-12,反码解决了原码 $A-B(A<B)$ 的问题,但带来了一个新的问题, $A-B$ 时如果 $A>B$,计算结果也就又不对了。

```
18(0001 0010) - 6(0000 0110)
= 18 + (-6)              /*减去一个数等同于加上这个数的相反数,6的符号位要变为1*/
= 0001 0010 + 1000 0110   //真值即原码
= 0001 0010 + 1111 1001   //内存中的计算,反码形态
= 1 0000 1011            //因为只有8位,最高位溢出,舍弃
= 0000 1011             //是正数,反码就是其原码
= 11
```

按照反码计算的结果是 11,而真实的结果应该是 12 才对,相差了 1。

人们发现在使用反码的计算过程中,小数减去大数不会产生问题,而大数减去小数的结果就会出现错误,与真实结果始终相差 1。

3）补码

想解决上述问题也很简单,在反码的基础上+1即可得到补码。对于正数,其补码与原码相同;对于负数,其补码是在其原码的基础上,符号位不变,其余各位取反后加1(即在反码的基础上加1)。如果是小数减去大数,结果为负数,此时在从反码转换为补码时加上的1,后来再从补码转换回反码时会还原,不会影响结果。而如果是大数减去小数,结果为正数,此时从反码转换为补码时加上的1,后来从补码转换回反码时不需要再还原,因为正数的补码和反码相同。这个额外加上的1,像是在计算过程中打的一个补丁,因此人们称之为补码。

```
18(0001 0010) - 6(0000 0110)
= 18 + (- 6)                /* 减去一个数等同于加上这个数的相反数,6的符号位要变为1 */
= 0001 0010 + 1000 0110     //真值即原码
= 0001 0010 + 1111 1010     //内存中的计算,补码形态
= 1 0000 1100               //因为只有8位,最高位溢出,舍弃
= 0000 1100                 //是正数,反码就是其原码
= 12
```

不过,补码这种设计只用于有符号的负数,即 int a=-n。

例如下面这个例子。

```
int main()
{
    int i = -1;   /* short、int、long 等类型的整数在内存中的存储采用的是补码加符号位的
形式,数值在写入内存之前必须先进行转换,读取以后还要再转换一次 */
    __builtin_printf("以有符号数的形式输出无符号数:> %d , \n""以无符号数的形式输出
有符号数:> %u\n", i, i);
}
```

输出结果如下。

```
以有符号数的形式输出无符号数:> -1,
以无符号数的形式输出有符号数:> 4294967295
```

3. 浮点数在计算机中的表示方法

相比整型,浮点类型的表示和存储较为复杂,但它又是一个无法回避的话题,那么我们就有必要对浮点类型一探究竟了。在计算机中,一般用 IEEE 浮点近似表示任意一个实数,那么它实际上又是如何表示的呢?

下面的表达式中,i 的值是多少?

```
float f = 8.25f;
int i = * (int * )&f;
```

IEEE 浮点标准可以用

$$V = (-1)^s \times M \times 2^E$$

近似表示一个浮点数。并且将浮点数的位表示划分为以下三个字段。

(1) 符号 s:决定这个数是负数($s=1$)还是正数($s=0$)。可以用一个单独的符号位 s 直接编码符号 s。

(2) 尾数 M:是一个二进制小数。n 位小数字段

$$frac = f_{n-1} \cdots\cdots f_0$$

编码尾数 M。

(3) 阶码 E:对浮点数加权,这个权重是 2^E(可能是负数)。k 位的阶码字段

$$exp = e_{k-1} \cdots\cdots e_0$$

编码阶码 E。

在单精度浮点格式(C 语言的 float)中,s、exp 和 frac 字段分别为 1 位、8 位和 23 位;而双精度浮点格式(C 语言中的 double)中,s、exp 和 frac 字段分别为 1 位、11 位和 52 位。

而根据 exp 的值,被编码的值可以分为三大类不同的情况。下面一一进行解释。

1) 规格化的值

当 exp 即阶码域既不为全 0,也不为全 1 时,可以将阶码字段解释为以偏置(biased)形式表示的有符号整数,即 $E=exp-Bias$,其中 exp 是无符号数(范围为 1~254),Bias 是一个偏置值,对于单精度来说 Bias=127,因此 E 的范围是 $-126 \sim +127$。frac 被描述为小数值,且 $0 \leqslant frac < 1$,其二进制表示为 0.frac。尾数定义为 $M=1+frac$,则 $M=1.frac$。那么就有 $1 \leqslant M < 2$,由于总是能够调整阶码 E,使得 M 在范围 $1 \leqslant M < 2$,所以不需要显式地表示它,这样还能获得一个额外的精度位。也就是说,在计算机内部保存 M 时,默认这个数的第一位总是 1,因此可以舍去,只保存后面的 frac 部分,等到读取的时候,再把第一位的 1 加上去。

2) 非规格化的值

当 exp 即阶码域为全 0 时,所表示的数便为非规格化的值,该情况下的阶码值 $E=1-Bias$(注:为从非格式化值转换到格式化值提供了一种方法)。尾数 $M=frac$。非规格化的数有以下两个作用。

(1) 表示数值 0。格式化数中,总使得 $M \geqslant 1$,因此就无法表示 0。而阶码全 0 时,且尾数也全 0 时,就可以表示 0 了。

(2) 表示接近 0.0 的数。它所表示的值分布地接近于 0.0,该属性称为逐渐溢出。

3) 特殊值

有以下两种情况。

(1) 阶码全为 1,小数域全为 0。它得到的值为 $+\infty$($s=0$)或 $-\infty$($s=1$),它在计算机中可以表示溢出的结果,例如,两个非常大的数相乘。

(2) 阶码全为 1,小数域不全为 0。它得到的值为 NaN(Note a Number)。它在计算机中可以表示非法的数,例如,计算根号 $\sqrt{-1}$ 时的值。

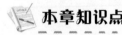 **本章知识点**

无论是变量还是常量,面对不同的程序需求,C 语言把数据类型分成以下几种(见图 2-1)。后续会逐步学习。

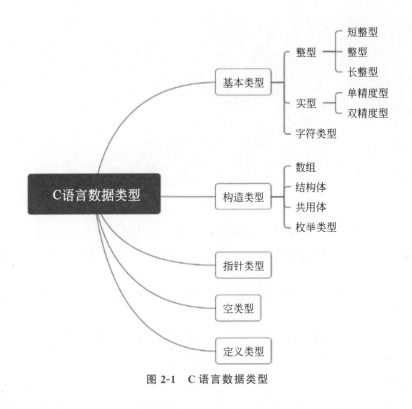

图 2-1　C 语言数据类型

◆ 2.1 变　　量

由于变量能够把程序中准备使用的每一段数据都赋给一个简短、易于记忆的名字,因此十分有用。变量可以保存程序运行时用户输入的数据、特定运算的结果以及要在窗体上显示的一段数据等。简而言之,变量是用于跟踪几乎所有类型信息的简单工具。需要注意的是,变量必须先定义后使用。

如果变量声明后没有赋值,编译器会自动提示并赋予默认值。

变量是一种使用方便的占位符,用于引用计算机内存地址。

2.1.1　变量的命名规则

首先必须给变量取一个合适的名字,以便于区分。

变量名必须以字母或下画线开头,名字中间只能由字母、数字或下画线"_"组成;最后一个字符可以是类型说明符;变量名的长度不得超过 255 个字符;变量名在有效的范围内必须是唯一的;变量名不能是保留字(关键字);变量名是区分大小写的。

2.1.2　变量的作用域

1. 局部变量

定义在函数内部的变量称为局部变量(Local Variable),它的作用域仅限于函数内部,离开该函数无效。例如:

```
int f1(int a)
{
  int b=1,c=2;        //a、b、c仅在函数 f1()内有效
  return a+b+c;
}
int main()
{
  int m,n;            //m、n仅在函数 main()内有效
  return 0;
}
```

几点说明：

(1) 在 main()函数中定义的变量也是局部变量,只能在 main()函数中使用;同时,main()函数中也不能使用其他函数中定义的变量。main()函数也是一个函数,与其他函数地位平等。

(2) 形参变量、在函数体内定义的变量都是局部变量。实参给形参传值的过程也就是给局部变量赋值的过程。

(3) 可以在不同的函数中使用相同的变量名,它们表示不同的数据,分配不同的内存,互不干扰,也不会发生混淆。

2. 全局变量

在所有函数外部定义的变量称为全局变量(Global Variable),它的作用域默认是整个程序,也就是所有的源文件,包括.c 和.h 文件。例如:

```
int a, b;           //全局变量
void func1()
{
  //TODO:
}
float x,y;          //全局变量
int func2()
{
  //TODO:
}
int main()
{
  //TODO:
  return 0;
}
```

a、b、x、y 都是在函数外部定义的全局变量。C 语言代码是从前往后依次执行的,由于x、y 定义在函数 func1()之后,所以在 func1()内无效;而 a、b 定义在源程序的开头,所以在func1()、func2()和 main()内都有效。

2.1.3　变量的存储类别

变量的存储类别有自动(动态)、静态、寄存器和外部 4 种,下面说明动态变量和静态变

量的区别。

静态变量,就是在定义的时候由 static 修饰的变量,形式为

```
static TYPE var_name = init_value;
```

而动态变量的形式为

```
TYPE var_name = init_value;
```

即没有 static 修饰。其中的＝init_value 均可省略。在修饰函数外的全局变量和函数内的局部变量时,作用域、生命周期及无显式初始化时的初始值,均有区别。

1. 动态全局变量

作用域为整个项目,即最终编译成可执行文件的所有文件中均可以使用动态全局变量。生命周期为从程序运行到程序退出,即贯穿整个运行时间。无显式初始化时默认初始化值为 0。

2. 静态全局变量

作用域为当前文件,从定义/声明位置到文件结尾。生命周期为从程序运行到程序退出,即贯穿整个运行时间。无显式初始化时默认初始化值为 0。

3. 动态局部变量

作用域为当前函数,从定义位置到其所在的{}的结束位置。生命周期为从函数调用到函数退出。无显式初始化时默认初始化值为随机值。

4. 静态局部变量

作用域为当前函数,从定义位置到其所在的{}的结束位置。生命周期为从程序运行到程序退出,即贯穿整个运行时间,当下次函数调用时,静态局部变量不会被再次初始化,而是沿用上次函数退出时的值。无显式初始化时默认初始化值为 0。

节后练习

1. 设整型变量 m,n,a,b,c,d 均为 1,执行(m＝a＞b)＆＆(n＝c＞d)后,m,n 的值是( )。

　　A. 0,0　　　　　　B. 0,1　　　　　　C. 1,0　　　　　　D. 1,1

2. '\n'在内存中占用的字节数是( )。

　　A. 1　　　　　　B. 2　　　　　　C. 3　　　　　　D. 4

◈ 2.2　常　　量

2.2.1　整型常量

C 语言还提供了一种"长整型常量"。它的数值范围是十进制的 −2 147 483 648 到 +2 147 483 647,在计算机中最少占用 4B。它的书写方法分为十进制、八进制和十六进制整数三种,唯一不同的是,在整数的末尾要加上小写字母 l 或者大写字母 L。例如:10L、0111L、0x15L 都是长整型常量(分别用十进制、八进制和十六进制表示)。

相对于"长整型常量"，一般整型常量称为"短整型常量"。

如果整型常量后面没有字母 l 或 L，而且超过短整型常量能够表示的数值范围，则自动认为该常量是长整型常量。例如，-32 769、32 768、40 000 等均为长整型常量。

由于整型常量分为短整型和长整型两种，又有十进制、八进制和十六进制的三种书写形式，所以在使用整型常量时，要注意区分。例如，10 和 10L 是不同的整型常量，虽然它们有相同的数值，但它们在内存中占用不同数量的字节；又如，10、010、0x10 虽然都是短整型常量，但它们表示不同的整数值。

需要说明的是，整型所占的字节数取决于计算机系统和编译系统。通常情况下，在 16 位系统中，整型(int)通常占用 2B。在 32 位和 64 位系统中，整型(int)通常占用 4B。然而，这些值可能会因编译器和硬件的不同而略有差异，如 Turbo C 2.0 为每一个整型数据分配 2B，而 Visual C++ 为每一个整型数据分配 4B。因此，如果想在特定平台上得到某个类型的准确大小，可以使用 sizeof 运算符。例如，表达式 sizeof(int) 会返回 int 类型的存储字节大小。在无特殊说明的情况下，本书均假定 int 占用 4B。

2.2.2 实型常量

实型常量又称实数或浮点数。在 C 语言中可以用单精度型和双精度型两种形式表示实型常量，分别用类型名 float 和 double 进行定义。

1. 小数形式

小数形式即一般形式的实数。它是由整数部分、小数点、小数部分组成，其中，整数部分或小数部分可以省略其中一个。数的正负用前面的"+"(可以省略)号或"-"号来区分。

小数形式是由数字和小数点组成的一种实数表示形式，例如，0.123、.123、123.、0.0 等都是合法的实型常量。

注意：小数形式表示的实型常量必须要有小数点。

2. 指数形式

指数形式即指数形式的实数。它是由尾数部分、小写字母 e 或大写字母 E、指数部分组成，形式如"尾数 E 指数"或"尾数 e 指数"。

尾数部分可以是十进制整数或一般形式的十进制实数，指数部分是十进制的短整数(可以带"+"号或"-"号)。数的正负用前面的"+"(可以省略)号或"-"号来区分。

指数形式的实数的数值可以用公式计算：尾数$\times 10^{指数}$。

这种形式类似数学中的指数形式。在数学中，一个数可以用幂的形式来表示，如 2.3026 可以表示为 0.23026×10^1 或 2.3026×10^0 或 23.026×10^{-1} 等形式。在 C 语言中，则以"e"或"E"后跟一个整数来表示以"10"为底数的幂数，如 2.3026 可以表示为 0.23026E1、2.3026e0、23.026e-1。C 语言语法规定，字母 e 或 E 之前必须要有数字，且 e 或 E 后面的指数必须为整数，如 e3、5e3.6、.e、e 等都是非法的指数形式。

注意：在字母 e 或 E 的前后以及数字之间不得插入空格。

程序运行的过程中，其值不能被改变的量称为常量。常量有不同类型，其中，12、0、-5 为整型常量，'a'、'b'为字符常量，而 4.6、-8.7 则为实型常量。

一个实型常量可以赋给一个 float 型、double 型或 long double 型变量。根据变量的类型截取实型常量中相应的有效位数字。

书写一个实型常量时,要注意它的有效数字。例如,1.234 567 89 和 1.234 567 是相同的,因为实型常量的有效数字是 7 位,所以 1.234 567 89 中的后两位数字是无效的。

2.2.3 字符常量

字符常量是指一个用一对单引号括起来的字符,如'a'、'9'、'!'。字符常量中的单引号只起定界作用,并不表示字符本身。

在使用字符常量时应该注意以下几点。

(1) 单引号内的大小写字符代表不同的字符常量,例如,'Y'、'y'是两个不同的字符常量。

(2) 字符常量只能用英文单引号括起来,不能用双引号。例如,"Y"不是一个字符常量,而是一个字符串。

(3) 单引号内如果是一个空格符,也是一个字符常量。

(4) 单引号内只能包含 1 个字符,'xyz'是错误的。但如果超过 1 个字符的话,除最后一个字符外前面的字符会自动失效,当然这在编程使用中应该避免。

字符常量的值,就是它在 ASCII 码表(见表 2-1)中的值,是一个范围在 0~127 的整数。

表 2-1 ASCII 码表

十 进 制	十 六 进 制	字符/缩写	解 释
0	0	NUL	空字符
1	1	SOH	标题开始
2	2	STX	正文开始
3	3	ETX	正文结束
4	4	EOT	传输结束
5	5	ENQ	请求
6	6	ACK	回应/响应/收到通知
7	7	BEL	响铃
8	8	BS	退格
9	9	HT	水平制表符
10	0A	LF/NL	换行键
11	0B	VT	垂直制表符
12	0C	FF/NP	换页键
13	0D	CR	回车键
14	0E	SO	不用切换
15	0F	SI	启用切换
16	10	DLE	数据链路转义
17	11	DC1/XON	设备控制 1/传输开始
18	12	DC2	设备控制 2
19	13	DC3/XOFF	设备控制 3/传输中断
20	14	DC4	设备控制 4

十 进 制	十六进制	字符/缩写	解　释
21	15	NAK	无响应/非正常响应/拒绝接收
22	16	SYN	同步空闲
23	17	ETB	传输块结束/块传输终止
24	18	CAN	取消
25	19	EM	已到介质末端/介质存储已满/介质中断
26	1A	SUB	替补/替换
27	1B	ESC	逃离/取消
28	1C	FS	文件分隔符
29	1D	GS	组分隔符/分组符
30	1E	RS	记录分离符
31	1F	US	单元分隔符
32	20	(Space)	空格
33	21	!	叹号
34	22	"	双引号
35	23	#	井号
36	24	$	美元符
37	25	%	百分号
38	26	&	和号
39	27	'	闭单引号
40	28	(	开括号
41	29	)	闭括号
42	2A	*	星号
43	2B	+	加号
44	2C	,	逗号
45	2D	—	减号/破折号
46	2E	.	句号
47	2F	/	斜杠
48	30	0	字符 0
49	31	1	字符 1
50	32	2	字符 2
51	33	3	字符 3
52	34	4	字符 4
53	35	5	字符 5
54	36	6	字符 6
55	37	7	字符 7
56	38	8	字符 8

十 进 制	十 六 进 制	字符/缩写	解 释
57	39	9	字符 9
58	3A	:	冒号
59	3B	;	分号
60	3C	<	小于
61	3D	=	等号
62	3E	>	大于
63	3F	?	问号
64	40	@	电子邮件符号
65	41	A	大写字母 A
66	42	B	大写字母 B
67	43	C	大写字母 C
68	44	D	大写字母 D
69	45	E	大写字母 E
70	46	F	大写字母 F
71	47	G	大写字母 G
72	48	H	大写字母 H
73	49	I	大写字母 I
74	4A	J	大写字母 J
75	4B	K	大写字母 K
76	4C	L	大写字母 L
77	4D	M	大写字母 M
78	4E	N	大写字母 N
79	4F	O	大写字母 O
80	50	P	大写字母 P
81	51	Q	大写字母 Q
82	52	R	大写字母 R
83	53	S	大写字母 S
84	54	T	大写字母 T
85	55	U	大写字母 U
86	56	V	大写字母 V
87	57	W	大写字母 W
88	58	X	大写字母 X
89	59	Y	大写字母 Y
90	5A	Z	大写字母 Z
91	5B	[	开方括号
92	5C	\	反斜杠

续表

十 进 制	十六进制	字符/缩写	解　　释
93	5D	]	闭方括号
94	5E	^	脱字符
95	5F	_	下画线
96	60	'	开单引号
97	61	a	小写字母 a
98	62	b	小写字母 b
99	63	c	小写字母 c
100	64	d	小写字母 d
101	65	e	小写字母 e
102	66	f	小写字母 f
103	67	g	小写字母 g
104	68	h	小写字母 h
105	69	i	小写字母 i
106	6A	j	小写字母 j
107	6B	k	小写字母 k
108	6C	l	小写字母 l
109	6D	m	小写字母 m
110	6E	n	小写字母 n
111	6F	o	小写字母 o
112	70	p	小写字母 p
113	71	q	小写字母 q
114	72	r	小写字母 r
115	73	s	小写字母 s
116	74	t	小写字母 t
117	75	u	小写字母 u
118	76	v	小写字母 v
119	77	w	小写字母 w
120	78	x	小写字母 x
121	79	y	小写字母 y
122	7A	z	小写字母 z
123	7B	{	开花括号
124	7C	|	垂线
125	7D	}	闭花括号
126	7E	~	波浪号
127	7F	DEL(Delete)	删除

因此,字符常量可以作为整型数据来进行运算。例如:

表达式'Y'+32 的值为 121,也就是'y'的值。

表达式'7'+'6'的值为 109,通过查表可以发现,刚好是'm'的值。应该注意,'7'和 7 是不一样的,作为字符常量所代表的整型常量值是 55,后者是整型常量 7。

单引号括起来的字符包括英文字母大、小写字符各 26 个、数字字符 10 个,以及空白符(空格符、制表符、换行符)、标点和特殊符号(键盘上的共 30 个),它们也称为 C 语言的基本字符集。

用单引号括起来的一个字符就是字符常量,如'a'、'#'、'%'、'D'是合法的字符常量,在内存中占 1B。

(1) 字符常量只包括一个字符,如'AB'是不合法的。

(2) 字符常量区分大小写字母,如'A'和'a'是两个不同的字符常量。

(3) 单引号(')是定界符,而不属于字符常量的一部分。例如:

```
printf("'a'");
```

输出的是一个字母"a",而不是三个字符"'a'"。

除了字符常量外,C 语言允许用一种特殊形式的字符常量,就是以"\"开头的字符序列。例如,\n 代表一个"换行"符。printf("\n");将输出一个换行。这种"控制字符"在屏幕上是不能显示的,在程序中也无法用一个一般形式的字符表示,只能采用特殊形式来表示。

转义字符虽然包含两个或多个字符,但它只代表一个字符。编译系统在见到字符'\'时,会接着找它后面的字符,把它处理成一个字符,在内存中只占 1B。

2.2.4 字符串常量

字符串常量的定义:用双引号(" ")括起来的 0 个或者多个字符组成的序列。

字符串常量的存储:每个字符串尾自动加一个'\0'作为字符串结束标志。

常量的本质:不占据任何存储空间,属于指令的一部分,编译后不再更改。字符串常量是一对双引号括起来的字符序列。字符常量可以赋值给字符变量,如"char b='a';",但不能把一个字符串常量赋给一个字符变量,同时也不能对字符串常量赋值。

例如,下面都是合法的字符串常量:"how do you do." "CHINA" "a" "$123.45" "C language programming" "a\\n" "#123" " "。

存储:字符串中的字符依次存储在内存中一块连续的区域内,并且把空字符'\0'自动附加到字符串的尾部作为字符串的结束标志。故字符个数为 n 的字符串在内存中应占(n+1)B。

可以输出字符串,例如:

```
printf("how do you do.");
```

字符串是编程语言中表示文本的数据类型,代表具有一定意义的信息,现实世界中的大部分信息都以字符串的形式表示。对于一种编程语言来说,字符串处理是许多需要进行的重要任务之一,如用户程序输入信息、程序向用户显示信息等。所以几乎每一种编程语言都要有针对字符串的表示和操作。

字符串常量与字符数组有一定的联系。在 C 语言中没有专门的字符串变量,如果想将一个字符串存放在变量中以便存储,必须使用字符数组,即用一个字符型数组来存放一个字符串,数组中每一个元素存放一个字符。例如,char a[10]="love"。

在程序中,字符串常量会生成一个"指向字符的常量指针"。当一个字符串常量出现于一个表达式时,表达式所使用的值就是这些字符所存储的地址,而不是这些字符本身。因此,可以把字符串常量赋值给一个"指向字符的指针",例如,char * a="123";a="abc";后者指向这些字符所存储的地址。但是,不能把字符串常量赋值给一个字符数组,因为字符串常量的直接值是一个指针,而不是这些字符本身。例如,char a[5];a[0]="a";就是错误的。

例如,char a[10]="love"的意思是用字符串"love"来初始化字符数组 a 的内存空间,而数组的首地址也就是"love"字符串的地址。

2.2.5　符号常量

在 C 语言中可以用一个标识符来表示一个常量,这个标识符称为符号常量。其特点是编译后写在代码区,不可寻址,不可更改,属于指令的一部分。

1. #define 定义

符号常量在使用之前必须先定义,其一般形式为

```
#define 标识符 常量
```

其中,#define 也是一条预处理命令(预处理命令都以"#"开头),称为宏定义命令,其功能是把该标识符定义为其后的常量值。一经定义,以后在程序中所有出现该标识符的地方均代之以该常量值。习惯上,符号常量的标识符用大写字母,变量标识符用小写字母,以示区别。

下面举一个例子。

```
#include <stdio.h>
#define PRICE 30
int main()
{
  int num,total;
  num=10;
  total=num * PRICE;
  printf("total=%d",total);
}
```

使用符号常量的好处是:
(1) 含义清楚。
(2) 能做到"一改全改"。

2. const 定义

其一般形式为

```
const type name = value;
```

例如：

```
const int MONTHS = 12;
```

这样就可以在程序中使用 MONTHS 而不是 12 了。常量(如 MONTHS)被初始化后，其值就被固定了，编译器将不允许再修改该常量的值。假如这样做：

```
MONTHS = 18;
```

是不对的，就好像将值 4 赋给值 3 一样，无法通过编译。此外，注意应在声明中对 const 进行初始化。下面的代码是不正确的。

```
const int toes;          //toes 的值此时是不确定的
toes=10;                 //这时进行赋值不正确
```

如果在声明常量时没有提供值，则该常量的值是不确定的，而且无法修改它。

节后练习

1. 在整型常量占用 2B 的 16 位系统中，正确的 C 语言整型常量是(　　)。
   A. 32L　　　　　　B. 510 000　　　　　C. −1.00　　　　　D. 567
2. 以下选项中，(　　)是不正确的 C 语言字符型常量。
   A. 'a'　　　　　　B. 'B'　　　　　　　C. '\101'　　　　　D. "a"
3. 字符串的结束标志是(　　)。
   A. 0　　　　　　　B. '0'　　　　　　　C. '\0'　　　　　　D. "0"

2.3　标识符和关键字

2.3.1　标识符

定义变量时，我们使用了诸如 a、abc、mn123 这样的名字，它们都是程序员自己起的，一般能够表达出变量的作用，这叫作标识符(Identifier)。

除了变量名，后面还会讲到函数名、宏名、结构体名等，它们都是标识符。不过，名字也不能随便起，要遵守规范；C 语言规定，标识符只能由字母(A～Z,a～z)、数字(0～9)和下画线(_)组成，并且第一个字符必须是字母或下画线，不能是数字。

以下是合法的标识符。

a,x,x3,BOOK_1,sum5。

以下是非法的标识符。

3s(不能以数字开头),s * T(出现非法字符 *),−3x(不能以减号(−)开头),bowy−1(出现非法字符减号(−))。

在使用标识符时还必须注意以下几点。

(1) 标识符虽然可由程序员随意定义，但标识符是用于标识某个量的符号，因此，命名应尽量有相应的意义，以便阅读和理解，做到"顾名思义"。

（2）在标识符中，大小写是有区别的。例如，BOOK 和 book 是两个不同的标识符。

2.3.2 关键字

关键字(Keywords)是由 C 语言规定的具有特定意义的字符串，通常也称为保留字，如 int、char、long、float、unsigned 等。自定义的标识符不能与关键字相同，否则会出现错误。常用的关键字及其说明见表 2-2。

表 2-2　常用的关键字及其说明

关　键　字	说　　明
auto	声明自动变量
short	声明短整型变量或函数
int	声明整型变量或函数
long	声明长整型变量或函数
float	声明浮点型变量或函数
double	声明双精度型变量或函数
char	声明字符型变量或函数
struct	声明结构体变量或函数
union	声明共用数据类型
enum	声明枚举类型
typedef	用以给数据类型取别名
const	声明只读变量
unsigned	声明无符号类型变量或函数
signed	声明有符号类型变量或函数
extern	声明变量是在其他文件中声明的
register	声明寄存器变量
static	声明静态变量
volatile	说明变量在程序执行中可被隐含地改变
void	声明函数无返回值或无参数，声明无类型指针
if	条件语句
else	条件语句否定分支(与 if 连用)
switch	用于开关语句
case	开关语句分支
for	一种循环语句
do	循环语句的循环体
while	循环语句的循环条件
goto	无条件跳转语句
continue	结束当前循环，开始下一轮循环
break	跳出当前循环

关　键　字	说　　　明
default	开关语句中的"其他"分支
sizeof	计算数据类型长度
return	子程序返回语句(可以带参数,也可以不带参数)循环条件

节后练习

1. 以下用户标识符中,正确的是(　　　)。

    A. int　　　　　　　B. nit　　　　　　　C. 123　　　　　　　D. Atb

2. 下列字符序列中,不可用作 C 语言标识符的是(　　　)。

    A. abc1　　　　　　B. no.1　　　　　　C. _123_　　　　　　D. _ok

3. (　　　)是 C 语言提供的合法关键字。

    A. Float　　　　　　B. signed　　　　　C. integer　　　　　D. Char

◆ 2.4　运　算　符

2.4.1　常用运算符

运算符是一种告诉编译器执行特定的数学或逻辑操作的符号。C 语言内置了丰富的运算符。

1. 算术运算符

表 2-3 显示了 C 语言支持的所有算术运算符(假设变量 A 的值为 10,变量 B 的值为 20)。

表 2-3　算术运算符及 A 和 B 的操作结果

运算符	描　　　述	实　　　例
+	把两个操作数相加	A+B 将得到 30
-	从第一个操作数中减去第二个操作数	A-B 将得到 -10
*	把两个操作数相乘	A*B 将得到 200
/	分子除以分母	B/A 将得到 2
%	取模运算符,整除后的余数	B%A 将得到 0
++	自增运算符,整数值增加 1	A++ 将得到 11
--	自减运算符,整数值减少 1	A-- 将得到 9

注意:自增(自减)运算符放到变量前,是指变量本身 +1(-1),然后再把值作为表达式的值;自增(自减)运算符放到变量后,是指先把变量本身的值作为表达式的值,然后变量本身 +1(-1)。

2. 关系运算符

表 2-4 显示了 C 语言支持的所有关系运算符(假设变量 A 的值为 10,变量 B 的值为 20)。

表 2-4   关系运算符及 A 和 B 的操作结果

运算符	描 述	实 例
==	检查两个操作数的值是否相等，如果相等则条件为真	(A==B)为假
!=	检查两个操作数的值是否相等，如果不相等则条件为真	(A != B)为真
>	检查左操作数的值是否大于右操作数的值，如果是则条件为真	(A>B)为假
<	检查左操作数的值是否小于右操作数的值，如果是则条件为真	(A<B)为真
>=	检查左操作数的值是否大于或等于右操作数的值，如果是则条件为真	(A >= B)为假
<=	检查左操作数的值是否小于或等于右操作数的值，如果是则条件为真	(A <= B)为真

3. 逻辑运算符

表 2-5 显示了 C 语言支持的所有逻辑运算符（假设变量 A 的值为 1，变量 B 的值为 0）。

表 2-5   逻辑运算符及 A 和 B 的操作结果

运算符	描 述	实 例
&&	称为逻辑与运算符。如果两个操作数都非零，则条件为真	(A && B)为假
||	称为逻辑或运算符。如果两个操作数中有任意一个非零，则条件为真	(A || B)为真
!	称为逻辑非运算符。用来逆转操作数的逻辑状态。如果条件为真，则逻辑非运算符将使其为假	!(A && B)为真

4. 位运算符

位运算符作用于位，并逐位执行操作。&、|和^的真值表如表 2-6 所示。

表 2-6   位运算符及 p 和 q 的操作结果

p	q	p & q	p | q	p ^ q
0	0	0	0	0
0	1	0	1	1
1	1	1	1	0
1	0	0	1	1

假设 A=60，B=13，现在以二进制格式表示，如下。

```
A = 0011 1100
B = 0000 1101
A&B = 0000 1100
A|B = 0011 1101
A^B = 0011 0001
~A = 1100 0011
```

5. 赋值运算符

表 2-7 列出了 C 语言支持的赋值运算符。

表 2-7　赋值运算符及 C 的操作结果

运算符	描　述	实　例
=	简单的赋值运算符,把右边操作数的值赋给左边操作数	C=A+B 将把 A+B 的值赋给 C
+=	相加且赋值的运算符,即把右边操作数加上左边操作数的结果赋值给左边操作数	C+=A 相当于 C=C+A
-=	相减且赋值的运算符,即把左边操作数减去右边操作数的结果赋值给左边操作数	C-=A 相当于 C=C-A
*=	相乘且赋值的运算符,即把右边操作数乘以左边操作数的结果赋值给左边操作数	C*=A 相当于 C=C*A
/=	相除且赋值的运算符,即把左边操作数除以右边操作数的结果赋值给左边操作数	C/=A 相当于 C=C/A
%=	求模且赋值的运算符,即把两个操作数的求模结果赋值给左边操作数	C%=A 相当于 C=C%A
<<=	左移且赋值的运算符	C<<=2 等同于 C=C<<2
>>=	右移且赋值的运算符	C>>=2 等同于 C=C>>2
&=	按位与且赋值的运算符	C&=2 等同于 C=C&2
^=	按位异或且赋值的运算符	C^=2 等同于 C=C^2
|=	按位或且赋值的运算符	C|=2 等同于 C=C|2

6. 其他运算符

表 2-8 列出了 C 语言支持的其他一些重要的运算符,包括 sizeof 和"?:"。

表 2-8　其他运算符及说明

运算符	描　述	实　例
sizeof()	返回变量的大小	sizeof(c)将返回 1,其中,c 是字符型变量
&	返回变量的地址	&a;将给出变量的实际地址
*	指向一个变量	*a;将指向一个变量
? X:Y	条件表达式	如果条件为真,则值为 X,否则值为 Y
,	逗号运算符,用于连接表达式,经常出现在循环语句中	3+5,6+8(按逗号运算符的结合性,整个表达式的值是最右侧表达式的值)

2.4.2　运算符的优先级和结合性

运算符的优先级确定表达式中项的组合,这会影响到一个表达式如何计算。某些运算符比其他运算符有更高的优先级,例如,乘除运算符具有比加减运算符更高的优先级。

例如,$x=7+3*2$,在这里,x 被赋值为 13,而不是 20,因为运算符 * 具有比+更高的优先级,所以首先计算乘法 $3*2$,然后再加上 7。

表 2-9 将按运算符优先级从高到低列出各个运算符,具有较高优先级的运算符出现在表格的上面,具有较低优先级的运算符出现在表格的下面。在表达式中,较高优先级的运算

符会优先被计算。

表 2-9　运算符的优先级和结合性一览表

类　别	运　算　符	结　合　性
后缀	() [] ->. ++ --	从左到右
一元	+ - ! ~ ++ -- (type) * & sizeof	从右到左
乘除	* / %	从左到右
加减	+ -	从左到右
移位	<< >>	从左到右
关系	< <= > >=	从左到右
相等	== !=	从左到右
位与 AND	&	从左到右
位异或 XOR	^	从左到右
位或 OR	|	从左到右
逻辑与 AND	&&	从左到右
逻辑或 OR	||	从左到右
条件	?:	从右到左
赋值	= += -= *= /= %=>>= <<= &= ^= |=	从右到左
逗号	,	从左到右

节后练习

1. 算术运算符、赋值运算符和关系运算符的运算优先级按从高到低依次为(　　)。
   A. 算术运算、赋值运算、关系运算
   B. 算术运算、关系运算、赋值运算
   C. 关系运算、赋值运算、算术运算
   D. 关系运算、算术运算、赋值运算

2. 逻辑运算符中,运算优先级按从低到高依次为(　　)。
   A. && ! \|\| 　　　　　　　　B. \|\| && !
   C. && \|\| ! 　　　　　　　　D. ! \|\| &&

3. 设 x、y、z 的值均为 5,则执行 $x=(y>z)?x+2:x-2$ 后,x 的值为_____。

◆ 2.5　数据类型转换

强制类型转换是把变量从一种类型转换为另一种数据类型。例如,如果想存储一个 long 类型的值到一个简单的整型中,需要把 long 类型强制转换为 int 类型。可以使用强制类型转换运算符来把值显式地从一种类型转换为另一种类型,如下。

```
(type_name) expression
```

请看下面的实例,使用强制类型转换运算符让一个整数变量除以另一个整数变量,得到一个浮点数。

```
#include <stdio.h>
int main() {
    int sum = 17, count = 5;
    double mean;
    mean = (double) sum / count;
    printf("Value of mean : %f\n", mean);
}
```

当上面的代码被编译和执行时,会产生下列结果。

```
Value of mean : 3.400000
```

这里要注意的是,强制类型转换运算符的优先级大于除法,因此 sum 的值首先被转换为 double 型,然后除以 count,得到一个类型为 double 的值。

类型转换可以是隐式的,由编译器自动执行,也可以是显式的,通过使用强制类型转换运算符来指定。在编程时,有需要类型转换的时候都用上强制类型转换运算符,是一种良好的编程习惯。

在 C 语言中,自动类型转换遵循以下规则。

(1) 若参与运算量的类型不同,则先转换成同一类型,然后进行运算。

(2) 转换按数据长度增加的方向进行,以保证精度不降低。如 int 型和 long 型运算时,先把 int 型转成 long 型后再进行运算。

① 若两种类型的字节数不同,转换成字节数高的类型。

② 若两种类型的字节数相同,且一种有符号,另一种无符号,则转换成无符号类型。

(3) 所有的浮点运算都是以双精度进行的,即使仅含 float 单精度量运算的表达式,也要先转换成 double 型,再运算。

(4) char 型和 short 型参与运算时,必须先转换成 int 型。

(5) 在赋值运算中,赋值号两边量的数据类型不同时,赋值号右边量的类型将转换为左边量的类型。如果右边量的数据类型长度比左边长时,将丢失一部分数据,这样会降低精度,丢失的部分按四舍五入向前舍入。

节后练习

表达式(double)(7/4)的值为_____。

◆ 2.6 C 语言的语句

2.6.1 控制语句

C 语言主要有以下 9 个控制语句。

（1）if()else 条件语句。

（2）for()循环语句。

（3）while()循环语句。

（4）do while()循环语句。

（5）continue 结束本次循环语句。

（6）break 中止执行 switch 或循环语句。

（7）switch 多分支选择语句。

（8）goto 转向语句。

（9）return 从函数返回语句。

2.6.2 函数调用语句

函数调用的一般形式为

```
函数名(实参列表);
```

实参可以是常数、变量、表达式等，多个实参之间用逗号分隔。

在 C 语言中，函数调用的方式有多种，例如：

```
//函数作为表达式中的一项出现在表达式中
z = max(x, y);
m = n + max(x, y);
//函数作为一个单独的语句
printf("%d", a);
scanf("%d", &b);
//函数作为调用另一个函数时的实参
printf("%d", max(x, y));
total(max(x, y), min(m, n));
```

在函数调用中还应该注意的一个问题是求值顺序。求值顺序是指对实参列表中各个参数是自左向右使用，还是自右向左使用。对此，各系统的规定不一定相同。

```
/* 求值顺序的代码 */
#include <stdio.h>
int main(){
  int i=8;
  printf("%d %d %d %d\n",++i,++i,--i,--i);
  return 0;
}
```

运行结果：

```
8 7 6 7
```

可见，VC 6.0 是按照从右至左的顺序求值。如果按照从左至右求值，结果应为

```
9 10 9 8
```

函数的具体声明、定义和调用等在后面的函数章节会做具体说明。

2.6.3　表达式语句

在此之前,多次用到了术语表达式和语句,现在需要深刻地理解它们了,语句是组成 C 的基本单位,并且大多数语句由表达式构成,在表达式的最后加上一个分号就成了一个语句,所以有必要对表达式进一步学习。

表达式是由运算符和操作数组合构成的(回忆一下,操作数是运算符操作的对象)。最简单的表达式即一个单独的操作数,以此作为基础可以建立复杂的表达式,如下面这些。

```
3+2
a=(2+b/3)/5
x=i++
m=2*5
```

如上所述,操作数可以是常量,也可以是变量,也可以是它们的组合。一些表达式是多个较小的表达式的组合,这些小的表达式称为子表达式。C 语言中一个重要的属性是每一个 C 表达式都有一个值。为了得到这个值,可以按照运算符优先级描述的顺序来完成运算。我们所列出的前几个表达式的值都很明显,但是有"="的表达式的值是什么呢? 那些表达式与"="左边的变量取得的值相同。所以,表达式 m=2*5 作为一个表达式,其整体的值为 10。

2.6.4　空语句

空语句就是没有执行代码,只有一条语句结束的标志,即一个分号。

```
int a = 1;
while(1)
{
  ;
  a++;

  if(a == 10)
  break;
}
```

如上程序段所示,第 4 行就是空语句,当程序执行到第 4 行的时候,什么都不做,继续往下执行第 5 行,空语句不会影响程序的功能和执行顺序。第 6 行是空行,与空语句不同,程序执行到第 6 行的时候会忽略空行,而不会忽略空语句。

空语句实际上并不能执行任何语句,对于程序员来说是没有意义的。但由于编程语言的规范性,例如在某种特殊情况下,希望使用三目运算符,但只希望判断正确或错误时返回结果,否则不做任何事,如果没有空语句填充三目运算符间的空缺的话,程序是会报错的。此时空语句则非常必要。

2.6.5　复合语句

复合语句简称为语句块,它使用花括号把许多语句和声明组合到一起,形成单条语句。

50

语句块与简单的语句不同,语句块不用分号当作结尾。

用花括号{}括起来组成的一个语句称为复合语句。

C中复合语句的表达式如下。

```
({exp1; exp2; exp3;})
```

在程序中应把复合语句看成单条语句,而不是多条语句,例如:

```
{
    x=y+z;
    a=b+c;
    printf("%d%d",x,a);
}
```

就是一条复合语句。

复合语句的作用如下。

(1) 作为分支和循环的块。

(2) 作为标识符的作用域。

C语言中可以将复合语句视为一条单语句,也就是说,在语法上等同于一条单语句。对于一个函数而言,函数体就是一个复合语句,复合语句不单可以由可执行语句组成,还可以由变量定义语句组成。要注意的是,在复合语句中所定义的变量,称为局部变量,局部变量就是指它的有效范围只在复合语句中,而函数也算是复合语句,所以函数内定义的变量有效范围也只在函数内部。

复合语句的值等于exp3的值。如果exp3不能求值,得到的结果就是void。

如下:

```
{int a = 2+1; int b = 0; b;}          //0
{int a = 2+1; int b = 0; int c = 0;}   //void
```

节后练习

1. 表达式!x||a==b 等效于(　　)。

A. !((x||a)==b)　　　　　　　　B. !(x||y)==b

C. !(x(a==b))　　　　　　　　D. (!x)|(a==b)

2. 下面(　　)表达式符合C语言语法。

A. 0.5%2　　　B. 2==(3/2)　　　C. 1 = 2*x+y　　　D.x+y=3

3. 若已定义x和y的类型为double类型,则表达式x=1;y=x+3/2的值是(　　)。

A. 1　　　　B. 2　　　　C. 2.0　　　　D. 2.5

场景案例

基于第1章场景案例的背景,先解决第1个问题。

代号为小于100的正整数,加密代号中十位乘2,个位加2然后除以10取余得到原代号(如 18->20)。

试写一段程序,输入加密代号,输出解密后的原代号。

企业案例

近几年,国产芯片行业的发展十分迅速。例如,华为更多地采用自研的海思芯片,海思芯片也一度超越高通成为国内最受欢迎的手机芯片,市场份额超过 50%。

小米 OV 等国内厂商也纷纷降低对高通芯片的依赖,更多地采用联发科的芯片,可以说,对高通芯片的依赖,基本上就剩下高端市场了。

不仅如此,小米 OV 等厂商还纷纷加速自研芯片,自研了电池管理芯片、快充芯片、影像芯片等,目的都是降低对高通等美芯的依赖。

在芯片内部的程序中,含有大量的汇编语言代码,由于它更偏向于机器语言底层,给程序员的阅读和开发带来诸多不便。例如,如下汇编代码段。

```
MOV  AL,X        ;将 X 的值传送到 AL 寄存器
ADD  AL,Y        ;将 Y 的值加到 AL 寄存器中
MOV  BL,8        ;将 8 传送到 BL 寄存器
IMUL BL          ;AL 和 BL 相乘,结果存储在 AX 中
MOV  BL,X        ;将 X 的值传送到 BL 寄存器
MOV  BH,0        ;将 BH 寄存器清零
SUB  AX,BX       ;将 AX 减去 BX 的值,结果仍存储在 AX 中
MOV  BL,2        ;将 2 传送到 BL 寄存器
IDIV BL          ;将 AX 除以 BL,商存储在 AL 中,余数存储在 AH 中
MOV  Z,AL        ;将 AL 的值传送到变量 Z
MOV  Z1,AH       ;将 AH 的值传送到变量 Z1
```

它实现的功能是求如下算式。

$$Z = \frac{(X+Y) \times 8 - X}{2}$$

尝试用 C 语言实现这个算式,体会早期芯片的汇编程序编程的特点和 CPU 内部的运算器工作原理。

前沿案例

比特币(Bitcoin)的概念最初由中本聪在 2008 年 11 月 1 日提出,并于 2009 年 1 月 3 日正式诞生。

与大多数货币不同,比特币不依靠特定货币机构发行,它依据特定算法,通过大量的计算产生,比特币经济使用整个 P2P 网络中众多结点构成的分布式数据库来确认并记录所有的交易行为,并使用密码学的设计来确保货币流通各个环节的安全性。P2P 的去中心化特性与算法本身可以确保无法通过大量制造比特币来人为操控币值。基于密码学的设计可以使比特币只能被真实的拥有者转移或支付。这同样确保了货币所有权与流通交易的匿名性。比特币总数量有限,该货币系统曾在 4 年内只有不超过 1050 万个,之后的总数量将被永久限制在 2100 万个。

而比特币挖矿是一种通过解决复杂的数学问题来获得比特币奖励的过程。挖矿的收益

取决于许多因素,包括比特币的当前价格、挖矿设备的哈希率(每秒可以尝试的解决方案数量)、电力成本等。

以下是一个简单的 C 语言程序,它使用变量和表达式来计算比特币挖矿的收益。

```c
#include <stdio.h>
int main() {
    //声明变量
    float bitcoin_price = 50000.0;      //比特币价格(美元)
    float hash_rate = 14.0;             //哈希率(TH/s)
    float power_cost = 0.12;            //电力成本(美元/kW·h)
    float mining_reward;
    //使用表达式计算挖矿收益
    mining_reward = (hash_rate * bitcoin_price) - power_cost;
    //打印结果
    printf("The mining reward is: %.2f USD\n", mining_reward);
    return 0;
}
```

在这个程序中,首先声明了几个浮点数变量,并给它们赋值。然后,使用表达式来计算挖矿收益。最后,使用 printf()函数来打印结果。

这个程序展示了如何在 C 语言中使用变量和表达式来进行实际计算。请注意,这只是一个简化的示例,实际的比特币挖矿收益计算会更复杂。

易错盘点

(1) 变量命名的注意事项:变量名必须以字母或下画线开头,名字中间只能由字母、数字和下画线"_"组成;最后一个字符可以是类型说明符;变量名的长度不得超过 255 个字符;变量名在有效的范围内必须是唯一的。在定义和使用变量时,通常要把变量名定义为容易使用、阅读和能够描述所含数据用处的名称,而不要使用一些难懂的缩写,如 A 或 B2 等。

(2) 在 main()函数中定义的变量也是局部变量,只能在 main()函数中使用;同时,main()函数中也不能使用其他函数中定义的变量。main()函数也是一个函数,与其他函数地位平等。

(3) 形参变量、在函数体内定义的变量都是局部变量。实参给形参传值的过程也就是给局部变量赋值的过程。

(4) 可以在不同的函数中使用相同的变量名,它们表示不同的数据,分配不同的内存,互不干扰,也不会发生混淆。

(5) 在语句块中也可定义变量,它的作用域只限于当前语句块。

(6) 在所有函数外部定义的变量称为全局变量(Global Variable),它的作用域默认是整个程序,也就是所有的源文件,包括.c 和.h 文件。

(7) 浮点数的指数形式:由尾数部分、小写字母 e 或大写字母 E、指数部分组成,形式如"尾数 E 指数"或"尾数 e 指数"。尾数部分可以是十进制整数或一般形式的十进制实数,指数部分是十进制的短整数(可以带"+"号或"-"号)。数的正负用前面的"+"(可以省略)号或"-"号来区分。指数形式的实数的数值可以用公式计算:尾数×10^{指数}。

(8) 字符常量注意事项:单引号内的大小写字符代表不同的字符常量,如'Y'、'y'是两个不同的字符常量。字符常量只能用英文单引号括起来,不能用双引号。例如,"Y"不是一个字符常量,而是一个字符串。单引号内如果是一个空格符,也是一个字符常量。单引号内只能包含 1 个字符,'xyz'是错误的。如果超过 1 个的字符的话,除最后一个字符外前面的字符会自动失效,当然这在编程使用中应该避免。

(9) 每个字符串尾自动加一个'\0'作为字符串结束标志。

(10) 类型转换可以是隐式的,由编译器自动执行;也可以是显式的,通过使用强制类型转换运算符来指定。

(11) 空语句实际上并不能执行任何语句,对于程序员来说是没有意义的。但由于编程语言的规范性,例如,在某种特殊情况下,希望使用三目运算符但只希望判断正确或错误时返回结果,否则不做任何事,如果没有空语句填充三目运算符间的空缺,程序是会报错的。

(12) 命名方式的良好习惯。

① 标识符的命名要清晰、明了,有明确含义,同时使用完整的单词或大家基本可以理解的缩写,避免使人产生误解。

② 除了常见的通用缩写以外,不要使用单词缩写,不得使用汉语拼音。

③ 产品/项目组内部应保持统一的命名风格。

④ 用正确的反义词组命名具有互斥意义的变量或相反动作的函数等,如 add/remove、begin/end、create/destroy。

⑤ 尽量避免名字中出现数字编号,除非逻辑上的确需要编号。例如:

```
#define EXAMPLE_0_TEST_
#define EXAMPLE_1_TEST_
```

这样比较容易产生歧义。

比较合适的命名方式应该是:

```
#define EXAMPLE_UNIT_TEST_
#define EXAMPLE_ASSERT_TEST_;
```

⑥ 一个变量只有一个功能,不能把一个变量用作多种用途。

⑦ 不用或者少用全局变量。

⑧ 防止局部变量与全局变量同名。

(13) 编写表达式时的注意事项。

① 赋值语句不要写在 if 等语句中,或者作为函数的参数使用。

② 用括号明确表达式的操作顺序,避免过分依赖默认优先级。

(14) 编写注释语句时的注意事项。

① 在代码的功能、意图层次上进行注释,即注释解释代码难以直接表达的意图,而不是重复描述代码。

② 文件头部应进行注释,注释必须列出版权说明、版本号、生成日期、作者姓名、工号、内容、功能说明、与其他文件的关系、修改日志等,头文件的注释中还应有函数功能简要说明。

③ 函数声明处注释描述函数功能、性能及用法,包括输入输出参数、函数返回值、可重

入的要求等；定义处详细描述函数功能和实现要点，如实现的简要步骤、实现的理由、设计约束等。

知识拓展

以最简单的 hello world 为例，代码如下。

```
#include <stdio.h>
int main()
{
    printf("hello world!\n");
    return 0;
}
```

这个程序就包含一个文件，也就是 STDIO.H 文件，如图 2-2 所示。这是一个名字叫STDIO，后缀为.h 的文件，其实和我们日常用的 TXT 文本文件并无两样，都是人们能看懂的字符，只不过是英文而已，以 VC6.0 为例，可以找到 VC6.0 编译器下 VC6.0 完整绿色版\VC98\Include\目录，即可看到 STDIO.H 文件。

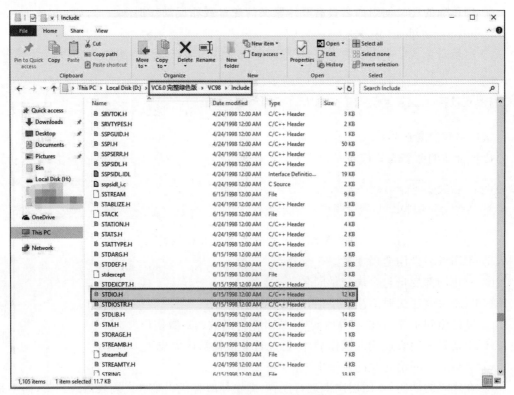

图 2-2　STDIO.H 文件位置

也可以在程序当中，右键单击打开头文件，如图 2-3 所示。

打开 STDIO.H 文件后，如图 2-4 所示。

以"hello world"这个程序为例，此时如果删掉头文件，程序同样运行并显示"hello world!"，但不同的是需要注意这个时候会出现一个警告，如图 2-5 所示。

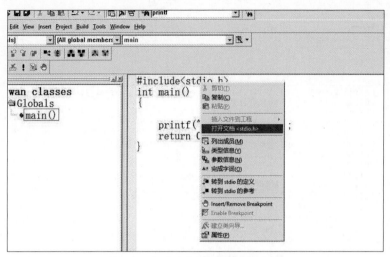

图 2-3　程序内打开 STDIO.H 文件

```
/***
*stdio.h - definitions/declarations for standard I/O routines
*
*       Copyright (c) 1985-1997, Microsoft Corporation. All rights reserved.
*
*Purpose:
*       This file defines the structures, values, macros, and functions
*       used by the level 2 I/O ("standard I/O") routines.
*       [ANSI/System V]
*
*       [Public]
*
****/

#if      _MSC_VER > 1000
#pragma once
#endif

#ifndef _INC_STDIO
#define _INC_STDIO

#if      !defined(_WIN32) && !defined(_MAC)
#error ERROR: Only Mac or Win32 targets supported!
#endif


#ifdef _MSC_VER
/*
 * Currently, all MS C compilers for Win32 platforms default to 8 byte
 * alignment.
 */
#pragma pack(push,8)
#endif /* _MSC_VER */
```

图 2-4　STDIO.H 文件内容

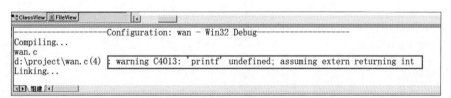

图 2-5　缺少 STDIO.H 头文件引用的警告内容

　　编译器提示 printf 这个函数没有定义，如图 2-6 所示。因为在 STDIO.H 这个头文件中有关于 printf 的定义，可以在打开 STDIO.H 后搜索"printf"。

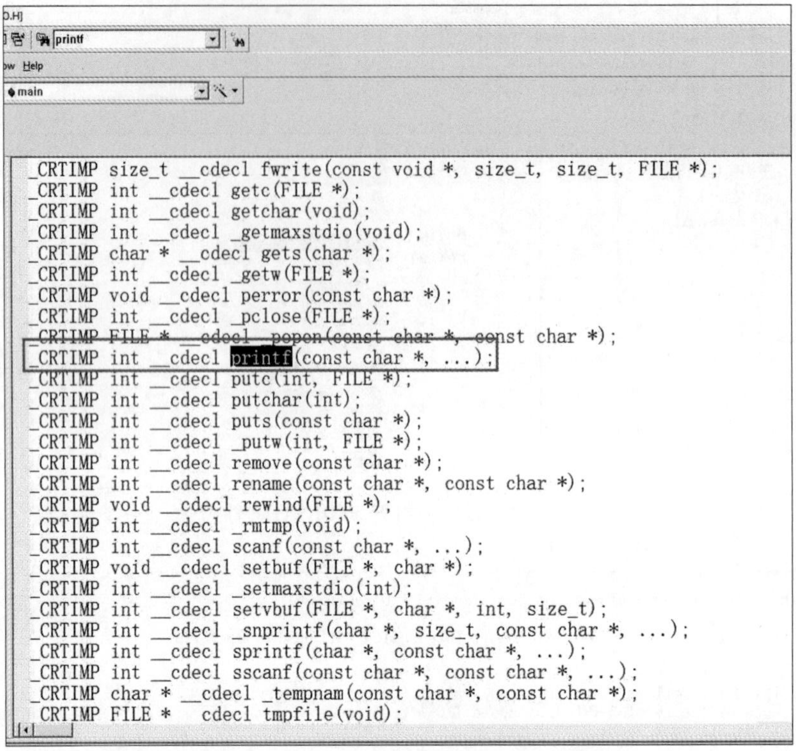

图 2-6   STDIO.H 文件中的 printf() 函数

翻转课堂

（1）数据的存储形式和组织方式对于算法的设计及实现有很重要的作用。当前社会已经步入了大数据时代，数据驱动为一些传统问题的解决提供了新思路。结合现实例子谈谈有哪些大数据的应用，并简单说说这些例子的工作原理。

（2）复习 C 语言运算符的优先级和结合性。体会在算术运算时，人类做计算的思想和计算机做计算的思路有何不同。

章末习题

1. C 语言有哪些常用的数据类型和语句？

2. 当下方的代码被编译和执行时，它的结果是什么？

```c
#include <stdio.h>
#define LENGTH 10
#define WIDTH 5
#define NEWLINE '\n'
int main()
{
  int area; area = LENGTH * WIDTH;
  printf("value of area : %d", area);
  printf("%c", NEWLINE);
  return 0;
}
```

3. 当下方的代码被编译和执行时,它的结果是什么?

```
#include <stdio.h>
int main()
{
  int a = 21;
  int b = 10;
  int c;
  c = a + b;
  printf("Line 1 - c 的值是 %d\n", c);
  c = a - b;
  printf("Line 2 - c 的值是 %d\n", c);
  c = a * b;
  printf("Line 3 - c 的值是 %d\n", c);
  c = a / b;
  printf("Line 4 - c 的值是 %d\n", c);
  c = a %b;
  printf("Line 5 - c 的值是 %d\n", c);
  c = a++;
  printf("Line 6 - c 的值是 %d\n", c);
  c = a--;
  printf("Line 7 - c 的值是 %d\n", c);
}
```

4. 编程实现:判断用户的输入数字是奇数还是偶数。

5. 编程实现:用户输入年份,判断该年份是不是闰年。

6.编程实现:判断输入的字母是元音还是辅音。英语有 26 个字母,元音只包括 a、e、i、o、u 这 5 个字母,其余的都为辅音。y 是半元音、半辅音字母,但在英语中把它当作辅音。

7. 编程实现:用户输入数字,判断该数字是几位数。

第
3
章

数据的输入与输出

 编程先驱

　　章文嵩(图 3-0)在程序设计领域有着卓越的贡献,尤其是在构建大型系统、系统软件开发、Linux 操作系统、网络和软件开发管理等方面,具有丰富的实践经验。

　　章文嵩是 Linux 内核的开发者,著名的 Linux 集群项目——LVS(Linux Virtual Server)的创始人和主要开发人员,LVS 集群代码已集成在 Linux 2.4 和 2.6 的官方内核中,并得到广泛的应用。章文嵩同时也是中文计算机领域开源社区的重要贡献者之一,不仅积极参与各种开源项目,也通过自己的努力推动了开源软件的发展。中国计算

图 3-0　章文嵩

机学会将首届"CCF 杰出工程师奖"授予了他,以表彰他在大规模分布系统构建及开源软件方面的贡献。

　　章文嵩在程序设计领域的贡献不仅体现在技术创新上,还体现在他的敬业精神和坚持通过技术做事情的理念上。他的工作对计算机领域的发展产生了深远的影响,并启发了更多人投身于开源和系统软件的开发。

 引言

　　元宇宙本质是构建一个虚拟和孪生的数字世界,尽量模拟现实的体验并能超越现实。虚拟世界其实也不算是新概念,从最早的 MUD 文字游戏开始到目前的 AR/VR/XR,从游戏场景到社交场景,再到复杂的社会生活场景以及工业企业的管理场景,元宇宙正试图创建一个更全面、更真实的数字孪生世界。从元宇宙的交互角度提出一个看法就是:人机交互模式正从适应机器语言,再到中间过渡语言,最终发展趋势应该是机器适应人的语言和自然的交互方式。人机交互的发展历程大致经历了以下几个阶段。

　　(1)纸带打孔交互,计算机只能识别二进制的语言,于是为了和计算机交互,最早通过打孔机输入信息,然后让计算机读取打孔的带进行信息交互,为了解决人机交互问题,需要大量打孔输入员。

　　(2)键盘和文字交互的出现、键盘和文本显示器的出现是人机交互的一大进步,至今这种模式依然是主流方式之一。但是信息交互的内容依然是以计算机语言为主的输入和输出模式。本章所学的内容都是键盘和文本显示器交互。

（3）鼠标和图形化的人机交互模式变化,得益于个人计算机的发展,在苹果系统上出现了图形化的交互方式,鼠标成为这种交互模式的代表性输入设备,鼠标和图形化操作界面成为新一代的人机交互模式。专业名词称为 GUI(Graphic User Interface,图形用户界面)。

（4）手势的交互不得不提到 iPhone 交互模式,这依然是苹果公司带来的新变化,手势和手指的动作构成了新的人机交互模式,小孩子不用多少培训就可以使用 iPad,也恰恰说明了这种交互模式更符合人自然的行为模式。

（5）自然的交互,也被称为 NUI(Natural User Interface,自然用户界面)。通过使用人类自然的方式,如语音、面部表情、手势、移动身体、旋转头部等,完成操作。这种操作模式显然更符合人性特点,计算机通过识别人类语言和行为转换为计算机的语言,这也体现出交互模式向人的方式靠拢。

（6）AR/VR 的交互模式,交互从输入和输出两个角度看,借助于自然用户界面,AR/VR 带来了比图形化展示更自然的交互模式。

未来还有计算机直接与人的意识对接的可能,即"脑机接口"。这种发展将逐渐突破人类的想象。本章学习较为简单的交互方式,即如何编程实现利用键盘输入文字,以及经过简单的计算后在屏幕上进行显示。这也体现了 C 语言的优势,从代码就可以看出 C 语言和键盘、文本显示器这两个硬件设备的交互。

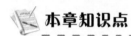 **本章知识点**

◆ 3.1　数据的格式化输出

printf()函数称为格式输出函数,其关键字最末一个字母 f 即为"格式"(format)之意。其功能是按用户指定的格式,把指定的数据显示到显示器屏幕上。在前面的例题中已多次使用过这个函数。注意,C 语言本身不提供输入输出语句,输入输出操作是由标准库中的函数实现的。

3.1.1　printf()函数调用的一般形式

printf()函数是一个标准库函数,它的函数原型在头文件 stdio.h 中。printf()函数调用的一般形式为

```
printf("格式控制字符串", 输出表列);
```

其中,格式控制字符串用于指定输出格式。格式控制串可由格式字符串和非格式字符串两种组成。格式字符串是以％开头的字符串,在％后面跟有各种格式字符,以说明输出数据的类型、形式、长度、小数位数等。例如,"％d"表示按十进制整型输出,"％ld"表示按十进制长整型输出,"％c"表示按字符型输出等。

非格式字符串原样输出,在显示中起提示作用。输出表列中给出了各个输出项,要求格式字符串和各输出项在数量和类型上应该一一对应,如以下例子所示。

```
(1)  #include <stdio.h>
(2)    int main(void){
(3)      int a=88,b=89;
(4)      printf("%d %d\n",a,b);
(5)      printf("%d,%d\n",a,b);
(6)      printf("%c,%c\n",a,b);
(7)      printf("a=%d,b=%d",a,b);
(8)      return 0;
(9)    }
```

输出结果:

```
88 89
88,89
X,Y
a=88,b=89
```

本例中 4 次输出了 a、b 的值,但由于格式控制串不同,输出的结果也不相同。第 4 行的输出语句格式控制串中,两格式串%d 之间加了一个空格(非格式字符),所以输出的 a、b 值之间有一个空格。第 5 行的 printf 语句格式控制串中加入的是非格式字符逗号,因此输出的 a、b 值之间加了一个逗号。第 6 行的格式串要求按字符型输出 a、b 值。第 7 行中为了提示输出结果又增加了非格式字符串。

3.1.2　格式字符串

在 C 语言中格式字符串的一般形式为

[标志][输出最小宽度][.精度][长度]类型

其中,方括号[]中的项为可选项。各项的意义介绍如下。

1. 类型

类型字符用以表示输出数据的类型,其格式符和意义见表 3-1。

表 3-1　printf()函数的类型字符

格 式 字 符	意　　义
d	以十进制形式输出带符号整数(正数不输出符号)
o	以八进制形式输出无符号整数(不输出前缀 0)
x,X	以十六进制形式输出无符号整数(不输出前缀 0x)
u	以十进制形式输出无符号整数
f	以小数形式输出单、双精度实数
e,E	以指数形式输出单、双精度实数
g,G	以%f 或%e 中较短的输出宽度输出单、双精度实数
c	输出单个字符
s	输出字符串

2. 标志

标志字符为一、＋、♯和空格 4 种,其意义见表 3-2。

表 3-2　printf()函数的标志字符

标　　志	意　　义
一	结果左对齐,右边填空格
＋	输出符号(正号或负号)
空格	输出值为正时冠以空格,为负时冠以负号
♯	对 c、s、d、u 类无影响;对 o 类,在输出时加前缀 0;对 x 类,在输出时加前缀 0x;对 e、g、f 类,当结果有小数时才给出小数点

3. 输出最小宽度

用十进制整数来表示输出的最少位数。若实际位数多于定义的宽度,则按实际位数输出;若实际位数少于定义的宽度,则以空格或 0 填补。

4. 精度

精度格式符以“.”开头,后跟十进制整数。其意义是:如果输出的是数字,则表示小数的位数;如果输出的是字符,则表示输出字符的个数;若实际位数大于所定义的精度数,则截去超过的部分。

5. 长度

长度格式符有 h、l 两种,h 表示按短整型量输出,l 表示按长整型量输出。

请看下面的例子。

```
(1)  #include <stdio.h>
(2)  int main(void)
(3)  {
(4)      int a=15;
(5)      long float b=123.1234567;
(6)      double c=12345678.1234567;
(7)      char d='p';
(8)      printf("a=%d\n", a);
(9)      printf("a(%%d)=%d, a(%%5d)=%5d, a(%%o)=%o, a(%%x)=%x\n\n",a,a,a,a);
(10)     printf("a=%f\n", b);
(11)     printf("b(%%f)=%f, b(%%lf)=%lf, b(%%5.4lf)=%5.4lf, b(%%e)=%e\n\n",b,b,b,b);
(12)     printf("c=%f\n", c);
(13)     printf("c(%%lf)=%lf, c(%%f)=%f, c(%%8.4lf)=%8.4lf\n\n",c,c,c);
(14)     printf("d=%c\n", d);
(15)     printf("d(%%c)=%c, d(%%8c)=%8c\n",d,d);
(16)     return 0;
(17) }
```

运行结果如图 3-1 所示。

在本例中,第 9 行以 4 种格式输出整型变量 a 的值,其中,“%5d”要求输出宽度为 5,而 a 值为 15,只有两位,故补三个空格。

第 11 行以 4 种格式输出实型量 b 的值。其中,“%f”和“%lf”格式的输出相同,说明“l”

```
a=15
a(%d)=15, a(%5d)=   15, a(%o)=17, a(%x)=f

a=123.123457
b(%f)=123.123457, b(%lf)=123.123457, b(%5.4lf)=123.1235, b(%e)=1.231235e+002

c=12345678.123457
c(%lf)=12345678.123457, c(%f)=12345678.123457, c(%8.4lf)=12345678.1235

d=p
d(%c)=p, d(%8c)=       p
```

图 3-1 代码运行效果展示

符对“f”类型无影响;“%5.4lf”指定输出宽度为 5,精度为 4,由于实际长度超过 5,故应该按实际位数输出,小数位数超过 4 位部分被截去。

第 13 行输出双精度实数,其中,“%8.4lf ”由于指定精度为 4 位,故截去了超过 4 位的部分。

第 15 行输出字符量 d,其中,“%8c ”指定输出宽度为 8,故在输出字符 p 之前补加 7 个空格。

使用 printf()函数时还要注意一个问题:输出表列中的求值顺序。不同的编译系统不一定相同,可以从左到右,也可以从右到左。C 语言是按从右到左进行的。请看下面两个例子。

```c
#include <stdio.h>
int main(void)
{
  int i=8;
  printf("The raw value: i=%d\n", i);
  printf("++i=%d \n++i=%d \n--i=%d \n--i=%d\n",++i,++i,--i,--i);
  return 0;
}
```

运行结果:

```
The raw value: i=8
++i=8
++i=7
--i=6
--i=7
```

如果将程序改成如下形式:

```c
#include <stdio.h>
int main(void)
{
  int i=8;
  printf("The raw value: i=%d\n", i);
  printf("++i=%d\n", ++i);
  printf("++i=%d\n", ++i);
  printf("--i=%d\n", --i);
  printf("--i=%d\n", --i);
  return 0;
}
```

则运行结果是：

```
The raw value: i=8
++i=9
++i=10
--i=9
--i=8
```

这两个程序的区别是用一个 printf 语句和多个 printf 语句输出。但从结果可以看出是不同的。为什么结果会不同呢？就是因为 printf() 函数对输出表中各量求值的顺序是自右至左进行的。但是必须注意,求值顺序虽是自右至左,但是输出顺序还是从左至右,因此得到的结果是上述输出结果。

节后练习

1. 以下程序的输出结果是(　　　)。

```
#include <stdio.h>
void main()
{
  int a=12,b=12;
  printf("%d%d\n",--a,++b);
}
```

   A. 10 10　　　　　　B. 12 12　　　　　　C. 11 10　　　　　　D. 11 13

2. 以下程序的输出结果是(　　　)。

```
#include <stdio.h>
void main()
{
  int m=5;
  if(m++>5)printf("%d\n",m);
  else printf("%d\n",m--);
}
```

   A. 7　　　　　　　　B. 6　　　　　　　　C. 5　　　　　　　　D. 4

3. 以下程序的输出结果是(　　　)。

```
#include <stdio.h>
void main()
{
  int a=2,c=5;
  printf("a=%%d,b=%%d\n",a,c);
}
```

   A. a=％2,b=％5　　　　　　　　　　B. a=2,b=5

   C. a=％％d,b=％％d　　　　　　　　D. a=％d,b=％d

4. 已知字母 A 的 ASCII 码为十进制的 65,下面程序的输出是_____。

```
#include <stdio.h>
void main()
{
    char ch1,ch2;
    ch1='A'+'5'-'3';
    ch2='A'+'6'-'3';
    printf("%d,%c\n",ch1,ch2);
}
```

3.2　数据的交互式输入

3.2.1　scanf()函数的一般形式

scanf()函数称为格式输入函数,即按用户指定的格式从键盘上把数据输入到指定的变量之中。scanf()函数是一个标准库函数,它的函数原型在头文件 stdio.h 中。scanf()函数的一般形式为

```
scanf("格式控制字符串", 地址表列);
```

其中,格式控制字符串的作用与 printf()函数相同,但不能显示非格式字符串,也就是不能显示提示字符串。地址表列中给出各变量的地址。地址是由地址运算符"&"后跟变量名组成的。

例如,&a、&b 分别表示变量 a 和变量 b 的地址。这个地址就是编译系统在内存中给 a、b 变量分配的地址。在 C 语言中使用了地址这个概念,这是与其他语言不同的。应该把变量的值和变量的地址这两个不同的概念区别开来。变量的地址是 C 编译系统分配的,用户不必关心具体的地址是多少。

3.2.2　变量的地址和变量值的关系

在赋值表达式中给变量赋值,如 a=567,则 a 为变量名,567 是变量的值,&a 是变量 a 的地址。但在赋值号左边是变量名,不能写地址,而 scanf()函数在本质上也是给变量赋值,但要求写变量的地址,如 &a。这两者在形式上是不同的。& 是一个取地址运算符,&a 是一个表达式,其功能是求变量的地址。

```
#include <stdio.h>
int main(void)
{
    int a,b,c;
    printf("input a,b,c\n");
    scanf("%d%d%d",&a, &b, &c);
    printf("a=%d,b=%d,c=%d",a,b,c);
    return 0;
}
```

在本例中,由于 scanf()函数本身不能显示提示串,故先用 printf 语句在屏幕上输出提

示,请用户输入 a、b、c 的值。执行 scanf 语句,等待用户输入。在 scanf 语句的格式串中由于没有非格式字符在"%d%d%d"之间作输入时的间隔,因此在输入时要用一个及一个以上的空格或 Enter 键作为每两个输入数之间的间隔。

3.2.3　格式字符串

格式字符串的一般形式为

%[*][输入数据宽度][长度]类型

其中,有方括号[]的项为任选项。各项的意义如下。

1. 类型

表示输入数据的类型,其格式符和意义见表 3-3。

表 3-3　scanf()函数的类型控制字符

格式	字 符 意 义	格式	字 符 意 义
d	输入十进制整数	f 或 e	输入实型数(用小数形式或指数形式)
o	输入八进制整数	c	输入单个字符
x	输入十六进制整数	s	输入字符串
u	输入无符号十进制整数		

2. " * "符

用以表示该输入项,读入后不赋予相应的变量,即跳过该输入值。例如,scanf("%d%*d%d",&a,&b);当输入为 1 2 3 时,把 1 赋予 a,2 被跳过,3 赋予 b。

3. 输入数据宽度

用十进制整数指定输入的宽度(字符数)。例如,scanf("%5d",&a);当输入 12345678 时,只把 12345 赋予变量 a,其余部分被截去。

又如,scanf("%4d%4d",&a,&b);当输入 12345678 时,将把 1234 赋予 a,而把 5678 赋予 b。

4. 长度

长度格式符为 l 和 h,l 表示输入长整型数据(如%ld)和双精度浮点数(如%lf);h 表示输入短整型数据。

使用 scanf()函数还必须注意以下几点。

(1) scanf()函数中没有精度控制,如"scanf("%5.2f",&a);"是非法的。不能企图用此语句输入小数为两位的实数。

(2) scanf()中要求给出变量地址,如给出变量名则会出错,如"scanf("%d",a);"是非法的,应改为"scnaf("%d",&a);"才是合法的。

(3) 在输入多个数值数据时,若格式控制串中没有非格式字符作为输入数据之间的间隔,则可用空格、Tab 或 Enter 键作间隔。C 编译在碰到空格、Tab、Enter 键或非法数据(如对"%d"输入"12A"时,A 即为非法数据)时即认为该数据结束。

(4) 在输入字符数据时,若格式控制串中无非格式字符,则认为所有输入的字符均为有效字符。

例如:

```
scanf("%c%c%c",&a,&b,&c);
```

输入 d、e、f 则把'd'赋予 a,',' 赋予 b,'e'赋予 c。只有当输入为 def 时,才能把'd'赋予 a,'e'赋予 b,'f'赋予 c。

如果在格式控制中加入空格作为间隔,例如:

```
scanf ("%c %c %c",&a,&b,&c);
```

则输入时各数据之间可加空格。

```
#include <stdio.h>
int main(void)
{
  char a,b;
  printf("input character a,b\n");
  scanf("%c%c",&a,&b);
  printf("%c%c\n",a,b);
  return 0;
}
```

上例中由于 scanf()函数中的"%c%c"中没有空格,输入 M　N,结果输出只有 M。而输入改为 MN 时则可输出 MN 两字符。

```
#include <stdio.h>
int main(void)
{
  char a,b;
  printf("input character a,b\n");
  scanf("%c %c",&a,&b);
  printf("\n%c%c\n",a,b);
  return 0;
}
```

上例表示 scanf 格式控制串"%c %c"之间有空格时,输入的数据之间可以有空格间隔。

(5) 如果格式控制串中有非格式字符,则输入时也要输入该非格式字符。例如:

```
scanf("%d,%d,%d",&a,&b,&c);
```

其中用非格式符",”作间隔符,故输入时应为 5,6,7。

又如:

```
scanf("a=%d,b=%d,c=%d",&a,&b,&c);
```

则输入应为 a=5,b=6,c=7。

(6) 如输入的数据与输出的类型不一致时,虽然编译能够通过,但结果将不正确。

```c
#include <stdio.h>
int main(void)
{
  int a;
  printf("input a number\n");
  scanf("%d",&a);
  printf("%f",a);
  return 0;
}
```

运行结果为

```
input a number
99
0.000000
```

上例中由于输入数据类型为整型,而输出语句的格式串中说明为浮点型,因此输出结果和输入数据不符。如改动程序如下。

```c
#include <stdio.h>
int main(void)
{
  long a;
  printf("input a long integer\n");
  scanf("%ld",&a);
  printf("%ld",a);
  return 0;
}
```

运行结果为

```
input a long integer
1234567890
1234567890
```

上例中当输入数据改为长整型后,输入与输出数据相同。

```c
#include <stdio.h>
int main(void)
{
  char a,b,c;
  printf("input character a,b,c\n");
  scanf("%c %c %c",&a,&b,&c);
  printf("%d,%d,%d\n%c,%c,%c\n",a,b,c,a-32,b-32,c-32);
  return 0;
}
```

上例中输入三个小写字母,输出其 ASCII 码和对应的大写字母。

```
#include <stdio.h>
int main(void)
{
    int a;
    long b;
    float f;
    double d;
    char c;
    printf("\nint:%d\nlong:%d\nfloat:%d\ndouble:%d\nchar:%d\n",sizeof(a),sizeof(b),
    sizeof(f),sizeof(d),sizeof(c));
    return 0;
}
```

上例中输出各种数据类型的字节长度。

节后练习

设 i 是 int 型变量，f 是 float 型变量，用下面的语句给这两个变量输入值：

```
scanf("i=%d,f=%f",&i,&f);
```

为了把 100 和 765.12 分别赋给 i 和 f，则正确的输入为（   ）。
A. i=100＜空格＞f=765.12＜＜Enter＞＞
B. i=100,f=765.12＜＜Enter＞＞
C. i=100＜＜Enter＞＞f=765.12＜＜Enter＞＞
D. x=100＜＜Enter＞＞,y=765.12＜＜Enter＞＞

◆ 3.3   单个字符的输入输出

C 语言有多个函数可以从键盘获得用户输入，分别如下。

（1）scanf()：和 printf()类似，scanf()可以输入多种类型的数据。

（2）getchar()、getche()、getch()：这三个函数都用于输入单个字符。

（3）gets()：获取一行数据，并作为字符串处理。

其中，scanf()是最灵活、最复杂、最常用的输入函数，3.2 节已经进行了讲解，本节讲解剩下的函数，也就是字符输入函数和字符串输入函数。

3.3.1   输入单个字符

输入单个字符当然可以使用 scanf()这个通用的输入函数，对应的格式控制符为％c，3.2 节已经讲到了。本节重点讲解的是 getchar()、getche()和 getch()这三个专用的字符输入函数，它们具有某些 scanf()没有的特性，是 scanf()不能代替的。

1. getchar()

最容易理解的字符输入函数是 getchar()，它是 scanf("％c",c)的替代，除了更加简洁，没有其他优势；或者说，getchar()是 scanf()的一个简化版本。注意，getchar()可以接收换行符，若 getchar()前还有输入函数，则其接收的是缓冲区残留的换行符，无法接收输入的字符。请看下面的代码。

```
(1)  #include <stdio.h>
(2)  int main()
(3)  {
(4)      char c;
(5)      c = getchar();
(6)      printf("c: %c\n", c);
(7)      return 0;
(8)  }
```

输入示例：@
输出结果：c：@
也可以将第 4、5 行的语句合并为一个，从而写作：

```
char c = getchar();
```

2. getche()

getche()比较有趣，它没有缓冲区，输入一个字符后会立即读取，不用等待用户按 Enter 键，这是它和 scanf()、getchar()的最大区别。请看下面的代码。

```
(1)  #include <stdio.h>
(2)  #include <conio.h>
(3)  int main()
(4)  {
(5)      char c = getche();
(6)      printf("c: %c\n", c);
(7)      return 0;
(8)  }
```

输入示例：@
输出结果：c：@
输入@后，getche()立即读取完毕，接着继续执行 printf()将字符输出，所以没有按 Enter 键程序就运行结束了。

注意：getche()位于 conio.h 头文件中，而这个头文件是 Windows 特有的，Linux 和 macOS 下没有包含该头文件。换句话说，getche()并不是标准函数，默认只能在 Windows 下使用，不能在 Linux 和 macOS 下使用。

3. getch()

getch()也没有缓冲区，输入一个字符后会立即读取，不用按 Enter 键，这一点和 getche()相同。getch()的特别之处是它没有回显，看不到输入的字符。所谓回显，就是在控制台上显示出用户输入的字符；没有回显，就不会显示用户输入的字符，就好像根本没有输入一样。回显在大部分情况下是有必要的，它能够与用户及时交互，让用户清楚地看到自己输入的内容。但在某些特殊情况下，我们却不希望有回显，例如输入密码，有回显是非常危险的，容易被偷窥。请看下面的例子。

```
#include <stdio.h>
#include <conio.h>
int main()
{
  char c = getch();
  printf("c: %c\n", c);
  return 0;
}
```

输入@后,getch()会立即读取完毕,接着继续执行 printf()将字符输出。但是由于 getch()没有回显,看不到输入的@字符,所以控制台上最终显示的内容为 c:@。

注意:和 getche()一样,getch()也位于 conio.h 头文件中,也不是标准函数,默认只能在 Windows 下使用,不能在 Linux 和 macOS 下使用。三个函数的对比见表 3-4。

表 3-4 单字符输入函数对比

函　　数	缓 冲 区	头 文 件	回显	适 用 平 台
getchar()	有	stdio.h	有	Windows、Linux、macOS 等所有平台
getche()	无	conio.h	有	Windows
getch()	无	conio.h	无	Windows

3.3.2 输出单个字符

输出单个字符使用 putchar()函数。

(1) 头文件:#include <stdio.h>。

(2) 函数 putchar()用于将给定的字符输出到控制台,其原型如下。

```
int putchar (int ch);
```

(3) 参数:ch 为要输出的字符。

(4) 返回值:输出成功,返回该字符的 ASCII 码值,否则返回 EOF。

请看下面的代码。

```
#include <stdio.h>
int main(void)
{
    char a,b,c;
    a='A',b='B',c='C';
    putchar(a);          /*输出字符*/
    putchar(b);
    putchar(c);
    putchar('\n');       /*换行*/
    putchar(a);
    putchar('\n');
    putchar(b);
    putchar('\n');
    putchar(c);
    putchar('\n');
    return 0;
}
```

运行结果：

```
ABC
A
B
C
```

说明：putchar()并非真正函数，而是 putc(ch,stdout)宏定义。

◆ 3.4　字符串的输入输出

3.4.1　字符串输入函数 gets()

（1）头文件：#include <stdio.h>。

（2）gets()函数用于从缓冲区中读取字符串，其原型如下。

```
char * gets(char * string);
```

gets()函数从流中读取字符串，直到出现换行符或读到文件尾为止，最后加上 NULL 作为字符串结束。所读取的字符串暂存在给定的参数 string 中。

（3）返回值：若成功则返回 string 的指针，否则返回 NULL。

（4）注意：由于 gets()不检查字符串 string 的大小，必然遇到换行符或文件结尾才会结束输入，因此容易造成缓存溢出的问题，导致程序崩溃，可以使用 fgets()代替。

请看下面的代码。

```
#include <stdio.h>
int main()
{
  char name[30], lang[30], class[30];
  gets(name);
  printf("name: %s\n", name);
  gets(lang);
  printf("lang: %s\n", lang);
  gets(class);
  printf("class: %s\n", class);
  return 0;
}
```

运行结果如下。

```
MyName
name: MyName
C-Language
lang: C-Language
MyClass
class: MyClass
```

注意：gets()是有缓冲区的,每次按 Enter 键,就代表当前输入结束了,gets()开始从缓冲区中读取内容,这一点和 scanf()是一样的。gets()和 scanf()的主要区别如下。

① scanf()读取字符串时以空格为分隔,遇到空格就认为当前字符串结束了,所以无法读取含有空格的字符串。

② gets()认为空格也是字符串的一部分,只有遇到 Enter 键时才认为字符串输入结束,所以,不管输入了多少个空格,只要不按下 Enter 键,对 gets()来说就是一个完整的字符串。也就是说,gets()能读取含有空格的字符串,而 scanf()不能。

如果不能正确使用 gets()函数,带来的危害是很大的。例如,输入字符串的长度大于缓冲区长度时会造成程序崩溃。考虑到程序的安全性和健壮性,建议用 fgets()来代替 gets()。

3.4.2 字符串输出函数 puts()

前面在输出字符串时都使用 printf(),通过"％s"输出字符串。其实还有更简单的方法,就是使用 puts() 函数。该函数的原型为

```
#include <stdio.h>
int puts(const char * s);
```

这个函数也很简单,只有一个参数。s 可以是字符指针变量名、字符数组名,或者直接是一个字符串常量。功能是将字符串输出到屏幕。输出时只有遇到 '\0' 也就是字符串结束标志符才会停止。

下面写一个程序。

```
#include <stdio.h>
int main(void)
{
  char name[] = "祖国!";
  printf("%s\n", name);        //用 printf()输出
  puts(name);                  //用 puts()输出
  puts("我爱你!");             //直接输出字符串
  return 0;
}
```

运行结果是:

```
祖国!
祖国!
我爱你!
```

可见使用 puts() 输出更简洁、更方便,而且使用 puts() 函数连换行符 '\n' 都省了,使用 puts() 显示字符串时,系统会自动在其后添加一个换行符,也就是说:

```
printf("%s\n", name);
```

和

```
puts(name);
```

是等价的。所以前面字符指针变量中：

```
printf("%s\n", string);
```

也可以直接写成：

```
puts(string);
```

下面写一个程序来验证一下。

```
#include <stdio.h>
int main(void)
{
  char * string = "I Love You China!";
  puts(string);
  return 0;
}
```

运行结果是：

```
I Love You China!
```

但是 puts()和 printf()相比也有一个小小的缺陷,就是如果 puts()后面的参数是字符指针变量或字符数组,那么括号中除了字符指针变量名或字符数组名之外什么都不能写。

例如,printf()可以这样写：

```
printf("输出结果是:%s\n", str);
```

而 puts()就不能使用如下写法：

```
puts(输出结果是: str);
```

因此,puts()虽然简单、方便,但也仅限于输出字符串,功能还是没有 printf()强大。

◆ 3.5　顺序结构程序设计示例

例 3.1　输入三角形的三边长,求三角形面积。

已知三角形的三边长 a、b、c,则该三角形的面积公式为

$$area = (s(s-a)(s-b)(s-c))^{1/2}$$

其中,s=(a+b+c)/2。

源程序如下。

```
#include <stdio.h>
#include <math.h>
int main(void){
  float a,b,c,s,area;
```

```
    scanf("%f,%f,%f",&a,&b,&c);
    s=1.0/2 * (a+b+c);
    area=sqrt(s * (s-a) * (s-b) * (s-c));
    printf("a=%7.2f,b=%7.2f,c=%7.2f,s=%7.2f\n",a,b,c,s);
    printf("area=%7.2f\n",area);
    return 0;
}
```

例 3.2 求 $ax^2+bx+c=0$ 方程的根,a、b、c 由键盘输入,设 $b^2-4ac>0$。
源程序如下。

```
# include <stdio.h>
# include <math.h>
int main(void){
    float a,b,c,disc,x1,x2,p,q;
    scanf("a=%f,b=%f,c=%f",&a,&b,&c);
    disc=b * b-4 * a * c;
    p=-b/(2 * a);
    q=sqrt(disc)/(2 * a);
    x1=p+q;x2=p-q;
    printf("\nx1=%5.2f\nx2=%5.2f\n",x1,x2);
    return 0;
}
```

例 3.3 鸡兔同笼,共有 35 个头,94 只脚,求鸡和兔子各有多少只。

分析:设所求的鸡数是 x 只,兔子数是 y 只,已知笼子里的头数是 a,脚数是 b,依题意,得到如下的方程组。

$$x+y=a,2x+4y=b$$

解得:

$$x=2a-b/2,y=b/2-a$$

程序如下。

```
# include <stdio.h>
int main()
{
    int a,b,x,y;                    //定义变量
    a=35;b=94;                      //变量赋初值
    x=2 * a-b/2;                    //求鸡的只数
    y=b/2-a;                        //求兔子的只数
    printf("%d,%d",x,y)             //输出结果
    return 0;
}
```

例 3.4 计算存款利息。有 1000 元想存一年。有以下三种方法可选。

(1) 活期,年利率为 r1。

(2) 一年期定期,年利率为 r2。

(3) 存两次半年定期,年利率为 r3。

请分别计算出一年后按三种方法所得到的本息和。

解题思路：关键是确定计算本息和的公式。

从数学知识可知，若存款额为 p0，则活期存款一年后本息和为 p1＝p0(1＋r1)；一年期定期存款，一年后本息和为 p2＝p0(1＋r2)；两次半年定期存款，一年后本息和为 p3＝p0(1＋(r3/2))(1＋(r3/2))。

编写程序：

```
#include <stdio.h>
int main()
{
    float p0=1000,r1=0.0036,r2=0.0225,r3=0.0198,p1,p2,p3;      //定义变量
    p1=p0 * (1+r1);                  //计算活期本息和
    p2=p0 * (1+r2);                  //计算一年定期本息和
    p3=p0 * (1+r3/2) * (1+r3/2);     //计算存两次半年定期的本息和
    printf("p1=%f\n p2=%f\n p3=%f\n",p1,p2,p3);                //输出结果
    return 0;
}
```

运行结果：

```
p1=1003.599976
p2=1022.500000
p3=1019.898010
```

第一行是活期存款一年后本息和，第二行是一年期定期存款一年后本息和，第三行是两次半年定期存款一年后本息和。

程序分析：第 4 行在定义实型变量 p0，p1，p2，p3，r1，r2，r3 的同时，对变量 p0，r1，r2，r3 赋予初值。第 8 行在输出 p1，p2 和 p3 的值之后，用\n 使输出换行。

节后练习

1. 当 a＝1，b＝2，c＝3，d＝4 时，执行下面一段程序后，x 的值为(　　　)。

```
if(a<b)
  if(a<d)   x=1;
  else if(a<c)
    if(b<d)   x=2;
    else   x=3;
  else x=6;
else x=7;
```

　A. 1　　　　　　　B. 2　　　　　　　C. 3　　　　　　　D. 6

2. 设有语句"int a＝3;"则执行了语句"a＋＝a－＝a * a;"后，变量 a 的值是(　　　)。

　A. 3　　　　　　　B. 0　　　　　　　C. 9　　　　　　　D. －12

3. 以下代码的输出结果是_____。

```
main()
{
  float x;
  int i;
  x=3.6;
  i=(int)x;
  printf("x=%f,i=%d",x,i);
}
```

场景案例

回顾第 2 章场景案例中的解密规则:代号为小于 100 的正整数,加密代号中十位乘 2,个位加 2 然后除以 10 取余得到原代号(如 18->20)。

现编写程序,输出三位伤员的解密前代号、解密后代号两项内容,输出结果要求为 3 行 2 列的美观的"格式化"输出。

企业案例

VR 是最近几年兴起的一种新型人机交互方式。在 2021 世界 VR 产业大会云峰会期间,虚拟现实产业联盟连续三次发布"中国 VR 50 强企业"名单。名单呈现如下态势。

(1) 国内 VR 行业中年销售额超亿元的企业占比首次超过 50%,年销售额突破百亿元的 VR 企业达到 5 家。

(2) 北京 VR 产业领跑全国,广东、上海、江西形成第二梯队。

(3) 从产业链分布环节来看,近三年,中国 VR 50 强企业更多聚焦整机设备、VR 文旅应用和 VR 教育应用三个领域。

整体而言,我国虚拟现实产业链基本健全,在突破关键技术、丰富产品供给和推动行业应用等方面成效显著,形成技术、产品、服务、应用协同推进的发展格局。

在关键技术领域,近眼显示技术、多感官协同技术、全景摄录技术、虚拟仿真技术、内容处理技术等方面取得显著突破;在产品供给领域,整机设备、感知交互设备、内容采集制作设备、分发平台等方面取得有效进展。下一步,我国 VR 企业还应聚力发展成为具有较强国际竞争力的骨干企业,实现创新能力、应用能力显著增强,促进我国 VR 产业综合实力实现跃升。

以 VR 的视觉应用为例,人看周围的世界时,由于两只眼睛的位置不同,得到的图像略有不同,这些图像在脑子里融合起来,就形成了一个关于周围世界的整体景象,这个景象中包括距离远近的信息。当然,距离信息也可以通过其他方法获得,例如,眼睛焦距的远近、物体大小的比较等。

假设现在有一个边长为 5 的立方体。编写 C 语言程序,在屏幕上打印出主视图和斜二测画法的俯视图(平行四边形),体会 VR 的成像原理。

前沿案例

密码学是一个研究如何隐秘地传递信息的学科。在现代特别指对信息以及其传输的数学性研究,常被认为是数学和计算机科学的分支,和信息论也密切相关。著名的密码学者

Ron Rivest 解释道："密码学是一个关于如何在敌人存在的环境中通信的学科"。从工程学的角度,这相当于密码学与纯数学的异同。密码学是信息安全等相关议题,如认证、访问控制的核心。密码学的首要目的是隐藏信息的含义,并不是隐藏信息的存在。密码学也促进了计算机科学,特别是在于计算机与网络安全方面所使用的技术,如访问控制与信息的机密性的发展。密码学已被应用在日常生活中,包括自动柜员机的芯片卡、计算机使用者存取密码、电子商务等。

密码是通信双方按约定的法则进行信息特殊变换的一种重要保密手段。依照这些法则,变明文为密文,称为加密变换;变密文为明文,称为脱密变换。密码在早期仅对文字或数码进行加、脱密变换,随着通信技术的发展,对语音、图像、数据等都可实施加、脱密变换。

密码学是在编码与破译的斗争实践中逐步发展起来的,并随着先进科学技术的应用,已成为一门综合性的尖端技术科学。它与语言学、数学、电子学、声学、信息论、计算机科学等有着广泛而密切的联系。它的现实研究成果,特别是各国政府现用的密码编制及破译手段都具有高度的机密性。

密码学进行明密变换的法则,称为密码的体制。指示这种变换的参数,称为密钥。它们是密码编制的重要组成部分。密码体制的基本类型可以分为 4 种:错乱——按照规定的图形和线路,改变明文字母或数码等的位置成为密文;代替——用一个或多个代替表将明文字母或数码等代替为密文;密本——用预先编定的字母或数字密码组,代替一定的词组单词等变明文为密文;加乱——用有限元素组成的一串序列作为乱数,按规定的算法,同明文序列相结合变成密文。以上 4 种密码体制,既可单独使用,也可混合使用,以编制出各种复杂度很高的实用密码。

易错盘点

(1) scanf() 函数的一般形式为:scanf("格式控制字符串",地址表列)。地址表列中给出各变量的地址。注意此处是变量的地址而非变量名。

(2) 格式字符串的一般形式为:％[＊][输入数据宽度][长度]类型。其中,有方括号[ ]的项为任选项。输出有格式的数据要添加正确的格式控制符号。

(3) 调用对应的函数时,要注意添加对应的头文件引用部分,即 ♯include 部分。

知识拓展

在 C 语言中,通常会使用 scanf() 和 printf() 来对数据进行输入输出操作。在 C++ 语言中,C 语言的这一套输入输出库仍然能使用,但是 C++ 又增加了一套新的、更容易使用的输入输出库。请看下面的例子。

```
/＊例 1:简单的输入输出代码示例＊/
(1) #include <iostream>
(2) using namespace std;
(3) int main(){
(4)     int x;
(5)     float y;
(6)     cout<<"Please input an int number:"<<endl;
(7)     cin>>x;
```

```
(8)      cout<<"The int number is x= "<<x<<endl;
(9)      cout<<"Please input a float number:"<<endl;
(10)     cin>>y;
(11)     cout<<"The float number is y= "<<y<<endl;
(12)     return 0;
(13) }
```

运行结果:

```
Please input an int number:
The int number is x=8
Please input a float number:
The float number is y=7.4
```

C++ 中的输入与输出可以看作一连串的数据流,输入即可视为从文件或键盘中输入程序中的一串数据流,而输出则可以视为从程序中输出一连串的数据流到显示屏或文件中。

在编写 C++ 程序时,如果需要使用输入输出时,则需要包含头文件 iostream,它包含用于输入输出的对象,例如,常见的 cin 表示标准输入,cout 表示标准输出,cerr 表示标准错误。iostream 是 Input Output Stream 的缩写,意思是"输入输出流"。

cout 和 cin 都是 C++ 的内置对象,而不是关键字。C++ 库定义了大量的类(Class),程序员可以使用它们来创建对象,cout 和 cin 就分别是 ostream 和 istream 类的对象,只不过它们是由标准库的开发者提前创建好的,可以直接拿来使用。这种在 C++ 中提前创建好的对象称为内置对象。

使用 cout 进行输出时需要紧跟<<运算符,使用 cin 进行输入时需要紧跟>>运算符,这两个运算符可以自行分析所处理的数据类型,因此无须像使用 scanf 和 printf 那样给出格式控制字符串。

第 6 行代码表示输出"Please input an int number:"这样的一个字符串,以提示用户输入整数,其中,endl 表示换行,与 C 语言里的\n 作用相同。当然这段代码中也可以用\n 来替代 endl,这样就得写作:

```
cout<<"Please input an int number:\n";
```

endl 最后一个字符是字母"l",而非阿拉伯数字"1",它是"end of line"的缩写。

第 7 行代码表示从标准输入(键盘)中读入一个 int 型的数据并存入变量 x 中。如果此时用户输入的不是 int 型数据,则会被强制转换为 int 型数据。

第 8 行代码将输入的整型数据输出。从该语句中可以看出 cout 能够连续地输出。

翻转课堂

(1) 对比 C 和 C++ 的输入输出函数,思考区别在哪儿。如果 C++ 没有那么多格式控制,那它的格式控制工作将由谁完成?

(2) 程序的输入多数是由键盘输入,硬件设备会记录用户的输入信息。请思考"黑客"怎样获得一个用户的输入信息并进行解读。感兴趣的同学也可以在课下了解黑客攻防相关的知识。

章末习题

1. 编程实现：用 * 号输出字母 C 的图案。

2. 编程实现：输入两个浮点数，交换两个数的值，并格式化为两位小数的形式输出。

3. 编程实现：打印出所有的"水仙花数"，"水仙花数"是指一个三位数，其各位数字立方和等于该数本身。例如，153 是一个"水仙花数"，因为 $153 = 1^3 + 5^3 + 3^3$。

4. 编程实现：用户输入一个字符，程序输出其 ASCII 码和其对应的字符。

5. 编程实现：用户输入一个数字，判断该数字是正数、负数还是零。

6. 编程实现：将 1~100 的数据以 10×10 矩阵格式输出（注意数字和数字之间需要有空格）。

7. C 语言的输入输出语句有哪些？分别有什么样的格式？

第4章

选 择 结 构

编程先驱

陈国良（图 4-0），1938 年 6 月 3 日出生于安徽颍上，是我国并行算法、高性能计算领域专家，中国科学院院士，中国科学技术大学教授、博士生导师，国家高性能计算中心主任，主要从事并行算法、高性能计算及其应用等研究。

在非数值并行算法研究方面，取得了一些国际同期最好的成果，包括分组选择网络、递归选择网络、Benes 网络选路算法、VLSI 平面嵌入算法、网络最大流算法、装箱算法的平均性能分析等。

图 4-0　陈国良

在高性能计算及其应用研究方面，提出了"并行算法—并行机结构—并行编程"一体化的研究方法，开发了自主版权的国产曙光并行机"用户开发环境"商用软件，研制了安徽省防灾减灾决策支持系统与淮河流域防洪防污调度系统，在实际应用中产生了一定的社会效益和经济效益。

作为中国非数值并行算法研究的学科带头人，他创建的中国第一个国家高性能计算中心是中国并行算法研究、环境科学与工程计算软件的重要基地，在学术界和教育界有着重大的影响和较高的地位，为中国培养了一批在国内外从事算法与高性能计算研究的高级人才。

引言

雷锋是一位把自己短暂的一生全部献给了人民的好战士，生前系原工程兵工程某团汽车连班长，1962 年 8 月在执行运输任务时不幸殉职。雷锋以短暂的一生谱写了华丽的人生诗篇，树立了一座令人景仰的道德丰碑，是全国人民学习的光辉榜样。

精神的力量是无穷的，榜样的力量也是无穷的。几十年来，雷锋的事迹在祖国大地到处传颂，学雷锋活动在全国各地蓬勃开展，雷锋精神在广大干部群众中广为传扬。

无数人学雷锋、树新风，他们每次服务社会、助人为乐时都会面临一个选择：个人利益至上还是集体利益至上。答案是毫无疑问的，在一次次选择中，雷锋精神在广大干部群众中得到传扬。在生活中，我们同样也会面临很多选择，总是需要根据某个条件是否满足来决定是否执行指定的操作任务,或者从给定的两种或多种操作中选择其一。这就是选择结构需要解决的问题。C 语言中有两种选择语句:①if 语句,用来实现两个分支的选择结构;②switch 语句,用来实现多分支的选择结构。

前置知识

在第 2 章中已经学习了 C 语言中语句的概念,但仅有基本语句是不够的。为了描述复杂的计算,还需要一些能把语句组合起来的结构,以实现一系列语句的执行,实现对语句执行过程的控制。C 语言里描述计算流程的一种最基本结构是复合结构(也称复合语句),它实现基本的顺序执行。复合结构的形式就是一对花括号,在花括号间可以有多个语句。在复合结构执行时,列在其中的各个语句将顺序执行,直到最后一个语句执行完毕,该复合结构就执行完了,这就是复合结构的语义。允许写不含任何语句的复合结构(空复合结构),执行时它什么也不做,立即结束。

复合结构实现程序中的顺序控制,一个操作完成后执行下一个操作。这种执行方式对应于计算机硬件中指令执行的最基本方式:一条指令执行完毕之后执行下一条指令。实现顺序控制的硬件基础是计算机 CPU 里的指令计数器。

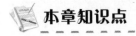

本章知识点

◆ 4.1　关系表达式、逻辑表达式、条件表达式

在学习选择结构前,本节先回顾三种运算符及由它们构成的表达式。

4.1.1　关系运算符及关系表达式

关系运算符用于确定两个数据之间是否存在着某种关系。利用关系运算符可以写出关系表达式,我们可以使用这种表达式的结果去控制计算的进程。C 语言的关系运算符共有 6 个: ==、!=、>、<、>= 和 <=,详细说明见表 2-4。

这些运算符可以对各种数值类型使用,通过关系运算符可以构成关系表达式。下面是几个简单的关系表达式: 3.15<2.81,'a'<'d'。关系表达式的计算应得到一个值。C 语言规定关系运算得到 int 类型的值:当关系成立时,关系表达式求出的值是 1;关系不成立时求出的值是 0。这样,'a'<'d' 的值是 int 类型的 1,而表达式 3.15<2.81 的值是 int 类型的 0。关系运算符的优先级低于算术运算符,高于赋值运算符。其中,== 和 != 的优先级低于另外 4 个关系运算符。关系运算符也采用自左向右的结合方式,它们也没有明确规定参与比较的两个运算对象的计算顺序。

一般不推荐在 C 语言中采用连续写关系运算符的方式,但读者应能读懂,下面通过几个例子来说明。

关系表达式 5>=3>=2 根据运算符的结合方式,相当于 (5>=3)>=2。关系 (5>=3) 成立,所以它的计算结果是 1。这样,上述表达式就相当于 1>=2,它的计算结果是 0,因此所描述的关系不成立!读者一般不会想到这种结果。要在程序里描述 5≥3≥2 一类的数学关系,最好是使用后面讨论的逻辑运算符和逻辑表达式。

赋值表达式 d＝a>b>c 中,因为">"运算符是自左至右的结合方向,先执行"a>b"得值为 1,再执行关系运算符"1>c",得值为 0,赋给 d,所以 d 的值为 0。

关系式只有两种可能结果:它所描述的关系成立,或是该关系不成立。所以说,关系表达式描述的是一种逻辑判断。当一个关系成立时,人们常说这个关系式所表达的关系是"真的",或说它具有逻辑值"真";而在其关系不成立时就说该关系是假的,或说表达式具有逻辑值"假"。逻辑判断和逻辑值被用来控制计算的进程。

C 语言里没有专用的逻辑值类型,任何基本类型的值都可以当作逻辑值用,其中,

值等于 0:表示逻辑值"假"。

值不等于 0:表示逻辑值"真"。

也就是说,任何非 0 值都将被当作"真"(逻辑关系成立),0 值被当作"假"(逻辑关系不成立)。C 程序里有许多需要使用逻辑值的地方,条件表达式就是其中之一。

4.1.2 逻辑运算符及逻辑表达式

有时要求判断的条件不是一个简单的条件,而是由几个给定简单条件组成的复合条件。为了方便人们在程序里描述复杂的条件,C 语言提供了逻辑运算符,利用它们可以描述:多个条件同时成立,多个条件之一成立,某个条件不成立等。C 语言的逻辑运算符共有三个,假设变量 A 的值为 1,变量 B 的值为 0,则有表 4-1。

表 4-1 逻辑运算符

运算符	描述	实例
&&	逻辑与运算符。如果两个操作数都非零,则条件为真	(A && B)为假
||	逻辑或运算符。如果两个操作数中有任意一个非零,则条件为真	(A || B)为真
!	逻辑非运算符。用来逆转操作数的逻辑状态。如果条件为真则逻辑非运算符将使其为假	!(A && B)为真

逻辑运算符和其他运算符优先级从低到高依次如下。

赋值运算符(＝)<&& 和\|\|<关系运算符<算术运算符<非(!)

&& 和\|\|低于关系运算符,! 高于算术运算符。按照运算符的优先顺序可以得出以下逻辑表达式。

a> b&& c>d   等价于   (a>b)&&(c>d)

!b==c\|\|d<a   等价于   ((!b)==c)\|\|(d<a)

a+b>c&&x+y<b   等价于   ((a+b)> c)&&((x+y)<b)

在逻辑表达式的求解中,并不是所有的逻辑运算符都被执行,只是在必须执行下一个逻辑运算符才能求出表达式的解时,才执行该运算符。例如:

```
y==1.0 && x != 0.0 && y/x > 1.0
```

只有 y==1.0 为真时,才需要判别 x !=0.0 的值。只有当 y==1.0 和 x !=0.0 都为真的情况下,才需要判别 y/x>1.0 的值。所以计算这个表达式时不会出现除以 0 的问题。

例:判断变量 year 的值是否表示一个闰年的年份。

如果变量 year 的值是闰年年份,那么这个值应当是 4 的倍数但又不是 100 的倍数,或

者它是 400 的倍数。在 C 语言里,是某个数的倍数可以用取模运算的结果为 0 表示,所以,year 为闰年的条件可以写为

```
year%4 == 0 && year%100 != 0 || year%400 == 0
```

由于优先级的规定,这个表达式里完全不需要写括号。当然,为了使人们更容易看清楚,也可以适当加一些括号。

4.1.3 条件运算符及条件表达式

构造条件表达式需要使用条件运算符,这是 C 语言中唯一的一个具有三个运算对象成分的运算符。条件表达式的形式是:

```
表达式 1 ? 表达式 2 : 表达式 3
```

其求值规则为:如果表达式 1 的值为真,则以表达式 2 的值作为整个条件表达式的值,否则以表达式 3 的值作为整个条件表达式的值。条件表达式通常用于赋值语句之中。

以下举两个简单的例子。

(1) 条件表达式 x>0?2:3。根据定义,此时先计算 x>0,而后再根据情况计算另外两个表达式。不难看出,当 x 的值大于 0 时,这个条件表达式求出值 2;而在 x 的值小于或等于 0 时求出的值是 3。可以清楚地看到,这个条件表达式的计算过程依赖于变量 x 当时的值,得到结果的也依赖于 x 当时的值。

(2) 表达式 max=(a>b)?a:b。该语句的语义是:如 a>b 为真,则把 a 赋予 max,否则把 b 赋予 max,即求 a 和 b 中的较大值。使用条件表达式时,还应注意以下几点。

①条件运算符的优先级低于关系运算符和算术运算符,但高于赋值符。因此

```
max=(a>b) ? a : b;
```

可以去掉括号而写为

```
max=a>b ? a : b;
```

② 条件运算符?和:是一对运算符,不能分开单独使用。

③ 条件运算符的结合方向是自右至左。如下面的例子。

```
a>b ? a : c>d ? c : d;
```

应理解为

```
a>b ? a : (c>d ? c : d);
```

这也就是条件表达式嵌套的情形,即其中的表达式又是一个条件表达式。

节后练习

1.假设整型变量 a 的值是 1,b 的值是 2,c 的值是 3,在这种情况下分别执行下面各个

语句,写出执行对应语句后整型变量 u 的值。

(1) u=a?b:c;

(2) u=(a=2)?b+a:c+a;

2. 假设整型变量 a 的值是 1,b 的值是 2,c 的值是 0,写出下面各个表达式的值。

(1) a && !((b || c) && !a)

(2) !(a + b<c) && b <=c * a−b

◆ 4.2 if 语句

4.2.1 用 if 语句实现选择结构

在 C 语言中选择结构主要是用 if 语句实现的。为了便于理解,先举一个简单的例子。2021 年修订的《中华人民共和国兵役法》这样规定:士兵包括义务兵和志愿兵。义务陆军服满两年兵役后可转为志愿兵,写一程序判断是否有资格转为志愿兵,代码如下。

```
#include <stdio.h>
int main()
{
    int n;
    printf("请输入您的服役年数: ");
    scanf("%d", &n);
    if (n>=2) {
        printf("恭喜,您符合条件,可以转为志愿兵! \n");
    } else {
        printf("抱歉,您不符合条件,不可以转为志愿兵! \n");
    }
    return 0;
}
```

可能的运行结果:

```
请输入你的工龄: 4↙
恭喜,您符合条件,可以转为志愿兵!
```

或者:

```
请输入你的工龄: 1↙
抱歉,您不符合条件,不可以转为志愿兵!
```

这段代码中,n>=2 是需要判断的条件。如果条件成立,也即 n 大于或等于 2,那么执行 if 后面的语句;如果条件不成立,也即 n 小于 2,那么执行 else 后面的语句。

4.2.2 if 语句的不同形式

通过上面的例子,可以初步知道怎样使用 if 语句去实现选择结构。if 语句有三种不同形式。

（1）只使用 if 语句，其形式为

```
if (判断条件) {
    语句块
}
```

意思是，如果判断条件成立就执行语句块，否则直接跳过。其执行过程可表示为图 4-1。

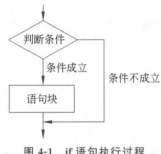

图 4-1　if 语句执行过程

语句块（Statement Block）就是由{ }包围的一个或多个语句的集合。如果语句块中只有一个语句，也可以省略{ }，例如：

```
if(n>=5) printf("恭喜,您符合条件,可以转为志愿兵! \n");
else printf("抱歉,您不符合条件,不可以转为志愿兵! \n");
```

例：只使用 if 语句来求两个数中的较大值。

```
#include <stdio.h>
int main()
{
    int a, b, max;
    printf("输入两个整数: ");
    scanf("%d %d", &a, &b);
    max=b;                //假设 b 较大
    if(a>b) max=a;        //如果 a>b,那么更改 max 的值
    printf("%d 和%d 的较大值是: %d\n", a, b, max);
    return 0;
}
```

运行结果：

```
输入两个整数: 34 28↙
34 和 28 的较大值是: 34
```

本例程序中，输入两个数 a、b。把 b 先赋予变量 max，再用 if 语句判别 a 和 b 的大小，如 a 大于 b，则把 a 赋予 max。因此 max 中总是大数，最后输出 max 的值。

（2）if…else 语句，其形式为

```
if (判断条件) {
    语句块 1
```

```
} else {
    语句块 2
}
```

意思是,如果判断条件成立,那么执行语句块1,否则执行语句块2。其执行过程可表示为图4-2。

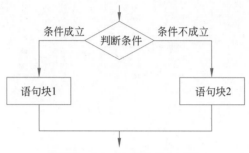

图 4-2   if…else 语句执行过程

例:使用 if…else 语句来求两个数中的较大值。

```
#include <stdio.h>
int main()
{
    int a, b, max;
    printf("输入两个整数: ");
    scanf("%d %d", &a, &b);
    if(a>b) max=a;
    else max=b;
    printf("%d 和%d 的较大值是: %d\n", a, b, max);
    return 0;
}
```

运行结果:

```
输入两个整数: 34 28↙
34 和 28 的较大值是: 34
```

本例中借助变量 max,用 max 来保存较大的值,最后将 max 输出。

(3) 多个 if…else 语句,构成多个分支,其形式为

```
if(判断条件 1){
    语句块 1
} else   if(判断条件 2){
    语句块 2
}else   if(判断条件 3){
    语句块 3
}else   if(判断条件 m){
    语句块 m
}else{
    语句块 n
}
```

意思是，从上到下依次检测判断条件，当某个判断条件成立时，则执行其对应的语句块，然后跳到整个 if…else 语句之外继续执行其他代码。如果所有判断条件都不成立，则执行语句块 n，然后继续执行后续代码。也就是说，一旦遇到能够成立的判断条件，则不再执行其他的语句块，所以最终只能有一个语句块被执行。

例：使用多个 if…else 语句判断输入的字符的类别。

```
#include <stdio.h>
int main(){
    char c;
    printf("Input a character:");
    c=getchar();
    if(c<32)
        printf("This is a control character\n");
    else if(c>='0'&&c<='9')
        printf("This is a digit\n");
    else if(c>='A'&&c<='Z')
        printf("This is a capital letter\n");
    else if(c>='a'&&c<='z')
        printf("This is a lower-case letter\n");
    else
        printf("This is an other character\n");
    return 0;
}
```

运行结果：

```
Input a character:e↙
This is a lower-case letter
```

本例要求判别键盘输入字符的类别。可以根据输入字符的 ASCII 码来判别类型。由 ASCII 码表可知，ASCII 值小于 32 的为控制字符。在"0"和"9"之间的为数字，在"A"和"Z"之间的为大写字母，在"a"和"z"之间的为小写字母，其余则为其他字符。这是一个多分支选择的问题，用多个 if…else 语句编程，判断输入字符 ASCII 码所在的范围，分别给出不同的输出。例如，输入为"e"，输出显示它为小写字符。

注意：整个 if 语句可以写在多行上，也可以写在一行上，如：

```
if(x>0) y=1; else y=-1;
```

但是，为了程序的清晰，提倡写成锯齿形式。

一般地，形式 3 中"语句块 1""语句块 2""语句块 m""语句块 n"等是 if 语句中的"内嵌语句"，它们是 if 语句中的一部分。每个内嵌语句的末尾都应当有分号，因为分号是语句中的必要成分。例如：

```
if (x>0)
    y=1;                //语句末尾必须有分号
else
    y=-1;               //语句末尾必须有分号
```

不能写成:

```
if(x>0) y=1 else y=-1               //"语句 1"的末尾缺少分号
```

如果无此分号,则会出现语法错误。

  if 语句无论写在几行上,都是一个整体,属于同一个语句。不要误认为 if 部分是一个语句,else 部分是另一个语句。不要一看见分号,就以为是 if 语句结束了。在系统对 if 语句编译时,若发现内嵌语句结束(出现分号),还要检查其后有无 else,如果无 else,就认为整个 if 语句结束,如果有 else,则把 else 子句作为 if 语句的一部分。注意,else 子句不能作为语句单独使用,它必须是 if 语句的一部分。与 if 配对使用。

  内嵌语句也可以是一个 if 语句。如用 if 语句表示以下阶跃函数

$$y = \begin{cases} 1 & (x > 0) \\ 0 & (x = 0) \\ -1 & (x < 0) \end{cases}$$

可以写成:

```
if(x<0)
    y=-1;
else
    if(x==0)
        y=0;
    else
        y=1;
```

其流程图见图 4-3。

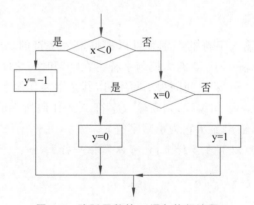

图 4-3 阶跃函数的 if 语句执行流程

  在 if 语句中要对给定的条件进行检查,判定所给定的条件是否成立。判断的结果是一个逻辑值"是"或"否"。例如,需要判断的条件是"考试是否合格",答案只能有两个:"是"或"否",而不是数值 100、1000 或 10 000。在计算机语言中用"真"和"假"来表示"是"或"否"。例如,判断一个人是否为"70 岁以上",如果有一个人年龄为 75 岁,对他而言,"70 岁以上"是"真的",如果有一个人年龄为 15 岁,对他而言,"70 岁以上"是"假的"。又如,判断"a>b"条件是否满足,当 a>b 时,就称条件"a>b"为"真",如果 a≤b,则不满足"a>b"条件,就称此时条件"a>b"为假。

4.2.3　if 语句的嵌套问题

if 语句也可以嵌套使用,例如:

```c
#include <stdio.h>
int main(){
    int a,b;
    printf("Input two numbers:");
    scanf("%d %d",&a,&b);
    if(a!=b){
        if(a>b) printf("a>b\n");
        else printf("a<b\n");
    }else{
        printf("a=b\n");
    }
    return 0;
}
```

运行结果:

```
Input two numbers:12 68
a<b
```

if 语句嵌套时,要注意 if 和 else 的配对问题。C 语言规定,每个 else 部分总是属于前面最近的那个缺少对应的 else 部分的 if 语句,例如:

```c
if(a!=b)                    //①
if(a>b) printf("a>b\n");    //②
else printf("a<b\n");       //③
```

③和②配对,而不是和①配对。

◆ 4.3　switch 语句

4.3.1　用 switch 语句实现选择结构

C 语言虽然没有限制 if…else 能够处理的分支数量,但当分支过多时,用 if…else 处理会不太方便,而且容易出现 if…else 配对出错的情况。例如,输入一个整数,输出该整数对应的星期几的英文表示。

```c
#include <stdio.h>
int main(){
    int a;
    printf("Input integer number:");
    scanf("%d",&a);
    if(a==1){
        printf("Monday\n");
    }else if(a==2){
```

```
        printf("Tuesday\n");
    }else if(a==3){
        printf("Wednesday\n");
    }else if(a==4){
        printf("Thursday\n");
    }else if(a==5){
        printf("Friday\n");
    }else if(a==6){
        printf("Saturday\n");
    }else if(a==7){
        printf("Sunday\n");
    }else{
        printf("error\n");
    }
    return 0;
}
```

运行结果:

```
Input integer number:3✓
Wednesday
```

对于这种情况,实际开发中一般使用 switch 语句代替,请看下面的代码。

```
#include <stdio.h>
int main(){
    int a;
    printf("Input integer number:");
    scanf("%d",&a);
    switch(a){
        case 1: printf("Monday\n"); break;
        case 2: printf("Tuesday\n"); break;
        case 3: printf("Wednesday\n"); break;
        case 4: printf("Thursday\n"); break;
        case 5: printf("Friday\n"); break;
        case 6: printf("Saturday\n"); break;
        case 7: printf("Sunday\n"); break;
        default:printf("error\n"); break;
    }
    return 0;
}
```

运行结果:

```
Input integer number:4✓
Thursday
```

switch 是另外一种选择结构的语句,用来代替简单的、拥有多条分支的语句,基本格式如下。

```
switch(表达式){
    case 整型数值 1: 语句 1;
    case 整型数值 2: 语句 2;
    ...
    case 整型数值 n: 语句 n;
    default: 语句 n+1;
}
```

它的执行过程如下。

(1) 首先计算"表达式"的值,假设为 m。

(2) 从第一个 case 开始,比较"整型数值 1"和 m,如果它们相等,就执行冒号后面的所有语句,也就是从"语句 1"一直执行到"语句 $n+1$",而不管后面的 case 是否匹配成功。

(3) 如果"整型数值 1"和 m 不相等,就跳过冒号后面的"语句 1",继续比较第二个 case、第三个 case……一旦发现和某个整型数值相等了,就会执行后面所有的语句。假设 m 和"整型数值 5"相等,那么就会从"语句 5"一直执行到"语句 $n+1$"。

(4) 如果直到最后一个"整型数值 n"都没有找到相等的值,那么就执行 default 后的"语句 $n+1$"。需要重点强调的是,当和某个整型数值匹配成功后,会执行该分支以及后面所有分支的语句。例如:

```
#include <stdio.h>
int main(){
    int a;
    printf("Input integer number:");
    scanf("%d",&a);
    switch(a){
        case 1: printf("Monday\n");
        case 2: printf("Tuesday\n");
        case 3: printf("Wednesday\n");
        case 4: printf("Thursday\n");
        case 5: printf("Friday\n");
        case 6: printf("Saturday\n");
        case 7: printf("Sunday\n");
        default:printf("error\n");
    }
    return 0;
}
```

运行结果:

```
Input integer number:4
Thursday
Friday
Saturday
Sunday
Error
```

输入 4,发现和第 4 个分支匹配成功,于是就执行第 4 个分支以及后面的所有分支。这显然不是想要的结果。我们希望只执行第 4 个分支,而跳过后面的其他分支,为了达到这个目标,必须要在每个分支最后添加"break;"语句。

break 是 C 语言中的一个关键字,可用于跳出 switch 语句。所谓"跳出",是指一旦遇到 break,就不再执行 switch 中的任何语句,包括当前分支中的语句和其他分支中的语句;也就是说,整个 switch 执行结束了,接着会执行整个 switch 后面的代码。

使用 break 修改上面的代码。

```
#include <stdio.h>
int main(){
    int a;
    printf("Input integer number:");
    scanf("%d",&a);
    switch(a){
        case 1: printf("Monday\n"); break;
        case 2: printf("Tuesday\n"); break;
        case 3: printf("Wednesday\n"); break;
        case 4: printf("Thursday\n"); break;
        case 5: printf("Friday\n"); break;
        case 6: printf("Saturday\n"); break;
        case 7: printf("Sunday\n"); break;
        default:printf("error\n"); break;
    }
    return 0;
}
```

运行结果:

```
Input integer number:4↙
Thursday
```

由于 default 是最后一个分支,匹配后不会再执行其他分支,所以也可以不添加"break;"语句。

4.3.2 switch 语句的注意事项

(1) case 后面必须是一个整数,或者是结果为整数的表达式,但不能包含任何变量。请看下面的例子。

```
case 10: printf("..."); break;            //正确
case 8+9: printf("..."); break;           //正确
case 'A': printf("..."); break;           //正确,字符和整数可以相互转换
case 'A'+19: printf("..."); break;        //正确,字符和整数可以相互转换
case 9.5: printf("..."); break;           //错误,不能为小数
case a: printf("..."); break;             //错误,不能包含变量
case a+10: printf("..."); break;          //错误,不能包含变量
```

(2) default 不是必需的。当没有 default 时,如果所有 case 都匹配失败,那么就什么都不执行。

（3）switch(表达式)中表达式的值可以是字符、整型数。

（4）case 中若有 break 语句,则使控制流程跳出 switch;若无 break,则顺序执行下一个 case。

（5）case 后可有多个语句,不必加{},系统顺序执行。

（6）多个 case 可用一组执行语句,例如:

```
case 'a':
case 'b':
case 'c':printf ("ok");
```

节后练习

1. 从键盘输入一个小于 1000 的正整数,要求输出它的平方根(如平方根不是整数,则输出其整数部分)。要求在输入数据后先对其检查是不是小于 1000 的正数。若不是,则要求重新输入。

2. 给出一百分制成绩,要求输出成绩等级'A'、'B'、'C'、'D'、'E'。90 分以上为'A',80～89 分为'B',70～79 分为'C',60～69 分为'D',60 分以下为'E'。

◆ 4.4 goto 语句

C 语言中的 goto 语句允许把控制无条件转移到同一函数内的被标记的语句。其格式如下。

```
goto 语句标号;
```

语句标号用标识符表示,它的命名规则与变量名相同,即由字母、数字和下画线组成,其第一个字符必须为字母或下画线,例如:

```
goto label_1;        //合法
goto 123;            //不合法
```

结构化程序设计方法主张限制使用 goto 语句,因为滥用 goto 语句将使程序流程无规律、可读性差。一般来说,可以有以下两种用途。

（1）与 if 语句一起构成循环结构。

（2）从循环体中跳转到循环体外。

但是这种用法不符合结构化原则,一般不宜采用,只有在不得已时(例如能大大提高效率)才使用。

◆ 4.5 程序举例

示例 1:写一程序,从键盘上输入任意两个数和一个运算符(＋:加,－:减,＊:乘,/:除),计算其运算的结果并输出。

解：

```c
#include <stdio.h>
void main()
{
    float a, b;                                      //存放两个数的变量
    int tag = 0;                                     //运算合法的标志,0-合法,1-非法
    char ch;                                         //运算符变量
    float result;                                    //运算结果变量
    printf("input two number : ");                   //提示输入两个数
    scanf("%f%f", &a, &b);                           //输入两个数字
    fflush(stdin);                                   //清键盘缓冲区
    printf("input arthmetic lable(+ - *  /) : ");    //提示输入运算符
    scanf("%c", &ch);                                //输入运算符
    switch(ch)                                       //根据运算符来进行相关的运算
    {
        case '+': result = a + b; break;             //加法运算
        case '-': result = a - b; break;             //减法运算
        case '*': result = a * b; break;             //乘法运算
        case '/':
            if(!b)                                   //除法运算,且判断除数是不是0
            {
                printf("divisor is zero !\n");       //显示除数为0
                tag = 1;                             //运算非法标志
            }else                                    //除数不为0
                result = a / b;                      //计算商
        break;
        default: printf("illegal arthmetic lable\n");        //非法的运算符
        tag = 1;                                     //运算非法标志
    }
    if(!tag)                                         //运算合法,显示运算结果
        printf("%.2f %c %.2f = %.2f\n", a, ch, b, result);
}
```

示例 2：已知某公司员工的保底薪水为 3000 元,某月所接工程的利润(整数)与提成比例的关系见表 4-2(计量单位：元)。计算员工的当月薪水。

表 4-2　某月所接工程的利润与提成比率的关系

工 程 利 润	提 成 比 率
profit≤1000	没有提成
1000<profit≤2000	提成 10%
2000<profit≤5000	提成 15%
5000<profit≤10 000	提成 20%
10 000<profit	提成 25%

解题思路：首先要定义一个变量用来存放员工所接工程的利润;其次提示用户输入员工所接工程的利润,并调用 scanf() 函数接收用户输入员工所接工程的利润;然后根据表 4-2

的规则,计算该员工当月的提成比率;最后计算该员工当月的薪水(保底薪水＋所接工程的利润×提成比率),并输出结果。

解:

```c
#include <stdio.h>
void main()
{
    long profit;                        //所接工程的利润
    float ratio;                        //提成比例
    float salary = 3000;                //薪水,初始值为保底 3000
    printf("input profit:");            //提示输入所接工程的利润
    scanf("%ld", &profit);              //输入所接工程的利润
    //计算提成比率
    if(profit<=1000)
        ratio = 0;
    else if(profit<=2000)
        ratio = (float)0.10;
    else if(profit<=5000)
        ratio = (float)0.15;
    else if(profit<=10000)
        ratio = (float)0.20;
    else
        ratio = (float)0.25;
    salary += profit * ratio;           //计算当月薪水
    printf("salary=%.2f\n", salary);    //输出结果
}
```

场景案例

基于第 1 章场景案例的背景,现在来解决第 3 个问题。

加密名字中的所有字符都在字母表中循环右移三个位置得到原名字(如 Abz->Dec)。

本章中同学们先试写一段程序,实现输入一个字母,输出循环右移三个位置后的字母(如果循环左移的话有什么不同呢?)。学习完循环结构后再完整解答这个问题。

企业案例

抖音,是一款由字节跳动孵化的音乐创意短视频社交软件。该软件于 2016 年 9 月 20 日上线,在此之前,很少有来自中国的"全球性"应用。但抖音不仅在国内大受欢迎,在国际舞台上的表现也足够抢眼。改名为 TikTok 的抖音海外版已经成为国际影响力不亚于 Instagram 的新一代"网红"应用。

抖音在方方面面传播着积极向上的能量。2018 年 7 月,TikTok 携手印尼妇女儿童权益保护部助力青少年教育,双方在 TikTok 发起在线挑战活动,旨在提升社会对青少年教育的重视;2019 年 2 月,TikTok 在日本推出"育成计划",对来自 20 个垂直领域的 1000 余名优质创作者进行重点扶持,使其成为粉丝破万的 TikTok 达人;2019 年 6 月,TikTok 与联合国国际农业发展基金合作,在平台发起主题为＃danceforchange 的舞蹈挑战,鼓励全球年轻

人行动起来,战胜饥饿问题,并以此说服各国领导人加大农业投资,扶持农村年轻人和发展农业。

不仅如此,为了正确引导青少年价值观,屏蔽不良因素对青少年的影响,2021 年 5 月,抖音官方将软件分为正常模式和青少年模式。在进入软件时如系统判定用户为未成年人时,便会进入青少年模式,青少年模式中将推送以科技、美术等益智内容为主的短视频。该功能可以使用 C 语言中的选择结构实现,现试写一程序,要求用户输入年龄,如用户为成年人,则输出"进入普通模式";如用户为未成年人,则输出"进入未成年模式"。

前沿案例

深度学习是机器学习中的重要分支之一。它的目的是教会计算机做那些对于人类来说相当自然的事情。深度学习也是无人驾驶汽车背后的一项关键性技术,可以帮助无人车识别停车标志、区分行人与路灯柱。它是手机、平板、电视和免提扬声器等设备实现语音控制的关键技术。近期深度学习以其前所未有的成果获得了广泛关注。

在深度学习中,计算机模型直接从图像、文本或声音中学习如何执行分类任务。深度学习模型可以达到最高的准确度,有时甚至超过了人类的水平。通常使用大量标记的数据和包含许多层的神经网络体系结构来训练模型。深度学习的基本原理就是基于人工神经网络,神经网络中的每个神经元结点接收上一层神经元的输出值作为本神经元的输入值,并将输入值传递给下一层,输入层神经元结点会将输入属性直接传递到下一层(隐藏层或输出层)。在多层神经网络中,上层结点的输出和下层结点的输入之间具有一个函数关系,这个函数称为激活函数。激活函数在很早以前就被引入,其作用是保证神经网络的非线性,因为线性函数无论怎样复合结果还是线性的。

常见的激活函数有以下几种。

sigmoid 函数:

$$\text{sigmoid}(x) = \frac{1}{1 + e^{-x}}$$

tanh 函数:

$$\tanh = \frac{e^x - e^{-x}}{e^x + e^{-x}}$$

relu 函数:

$$\text{relu}(x) = \begin{cases} 0, & x < 0 \\ x, & x \geqslant 0 \end{cases}$$

现利用本章所学的选择结构,实现神经网络中的 relu 激活函数,从键盘输入,计算结果后由屏幕输出。

易错盘点

1. 运算符优先级和结合性

到本章为止,已经学习完了大部分运算符,它们具有不同的优先级和结合性,表 4-3 将它们全部列了出来,方便对比和记忆。

注意: 同一优先级的运算符,运算次序由结合方向所决定。

表 4-3　运算符优先级和结合性

优先级	运　算　符	名称或含义	使　用　形　式	结合方向
1	[]	数组下标	数组名[常量表达式]	左到右
	()	圆括号	(表达式)/函数名(形参表)	
	.	成员选择(对象)	对象.成员名	
	->	成员选择(指针)	对象指针->成员名	
2	-	负号运算符	-表达式	右到左
	(类型)	强制类型转换	(数据类型)表达式	
	++	自增运算符	++变量名/变量名++	
	--	自减运算符	--变量名/变量名--	
	*	取值运算符	*指针变量	
	&	取地址运算符	&变量名	
	!	逻辑非运算符	!表达式	
	~	按位取反运算符	~表达式	
	sizeof	长度运算符	sizeof(表达式)	
3	/	除	表达式/表达式	左到右
	*	乘	表达式*表达式	
	%	余数(取模)	整型表达式%整型表达式	
4	+	加	表达式+表达式	左到右
	-	减	表达式-表达式	
5	<<	左移	变量<<表达式	左到右
	>>	右移	变量>>表达式	
6	>	大于	表达式>表达式	左到右
	>=	大于或等于	表达式>=表达式	
	<	小于	表达式<表达式	
	<=	小于或等于	表达式<=表达式	
7	==	等于	表达式==表达式	左到右
	!=	不等于	表达式!=表达式	
8	&	按位与	表达式&表达式	左到右
9	^	按位异或	表达式^表达式	左到右
10	|	按位或	表达式|表达式	左到右
11	&&	逻辑与	表达式&&表达式	左到右
12	||	逻辑或	表达式||表达式	左到右
13	?:	条件运算符	表达式1?表达式2:表达式3	右到左

续表

优先级	运 算 符	名称或含义	使 用 形 式	结合方向
14	=	赋值运算符	变量＝表达式	右到左
	/=	除后赋值	变量/＝表达式	
	*=	乘后赋值	变量*＝表达式	
	%=	取模后赋值	变量%＝表达式	
	+=	加后赋值	变量＋＝表达式	
	-=	减后赋值	变量-＝表达式	
	<<=	左移后赋值	变量<<＝表达式	
	>>=	右移后赋值	变量>>＝表达式	
	&=	按位与后赋值	变量&＝表达式	
	^=	按位异或后赋值	变量^＝表达式	
	|=	按位或后赋值	变量|＝表达式	
15	,	逗号运算符	表达式,表达式,…	左到右

此表不需死记硬背,很多运算符的规则和数学中是相同的,用得多看得多自然就记得了。实际编程时,为了提高程序的可读性,可以使用括号明确优先级。

2. 运算符"陷阱"

(1) ＝不同于＝＝。

由 Algol 派生而来的大多数程序设计语言,如 Pascal 和 Ada,以符号:＝作为赋值运算符,以符号＝作为比较运算符。而 C 语言使用的是另一种表示法:以符号＝作为赋值运算符,以符号＝＝作为比较运算符。一般而言,赋值运算相对于比较运算出现得更频繁,因此字符数较少的符号＝就被赋予了更常用的含义——赋值操作。此外,在 C 语言中赋值符号被作为一种操作符对待,因而重复进行赋值操作(如 a＝b＝c)可以很容易地书写,并且赋值操作还可以被嵌入更大的表达式中。

这种使用上的便利性导致一个潜在的问题:程序员本意是做比较运算,却可能无意中误写成了赋值运算。如下例,该语句本意似乎是要检查 x 是否与 y 相等:

```
if(x=y)
break;
```

而实际上是将 y 的值赋给了 x。再看下面一个例子,本例中循环语句的本意是跳过文件中的空格符、制表符和换行。

```
while(c=' ' || c =='\t' || c=='\n')
  c=getc(f);
```

由于程序员在比较字符' '和变量 c 时,误将比较运算符＝＝写成了赋值运算符,而赋值运算符＝的优先级要低于逻辑运算符||,因此实际上是将以下表达式的值赋给了 c:

```
' ' || c=='\t' || c=='\n'
```

因为' '不等于零(' '的 ASCII 码值为 32),那么无论变量 c 此前为何值,上述表达式求值结果都是 1,所以循环将一直进行下去,直到整个文件结束。

某些 C 编译器在发现形如 e1 = e2 的表达式出现在循环语句的条件判断部分时,会给出警告消息以提醒程序员。当确实需要对变量进行赋值并检查该变量新值是不是 0 时,为了避免来自该类编译器的警告,不应该简单关闭警告选项,而应该显式地进行比较。也就是说,下例

```
if(x = y)
  foo();
```

应该写作:

```
if((x=y) !=0)
  foo()
```

前面一直谈的是把比较运算误写成赋值运算的情形,此外,如果把赋值运算误写成比较运算,同样会造成混淆。

(2) & 和 | 不同于 && 和 ||。

很多其他语言都使用=作为比较运算符,因此很容易将赋值运算符=写成比较运算符==。同样,将按位运算符 & 与逻辑运算符 && 调换,或者将按位运算符 | 与逻辑运算符 || 调换,也是很容易犯的错误。特别是 C 语言中按位与运算符 & 和按位或运算符 | ,与某些其他语言中的按位与运算符和按位或运算符在表现形式上完全不同(如 Pascal 语言中分别是 and 和 or),这更容易让程序员因为受到其他语言的影响而犯错。

知识拓展

1. 结构化程序设计

C 语言里最基本的语句包括赋值语句和函数调用语句等,它们完成一些基本操作。一次基本操作能完成的工作很有限,要实现一个复杂的计算过程,往往需要做许多基本操作,这些操作必须按照某种规定顺序逐个进行,形成一个特定操作执行序列,逐步完成整个工作。为描述各种操作的执行过程(操作流程),语言里必须提供相应的流程描述机制,这种机制一般称为控制结构,它们的作用就是控制基本操作的执行。

在机器指令层面上,执行序列的形成由 CPU 硬件直接完成。最基本的控制方式是顺序执行,一条指令完成后执行下一条指令,实现基础是 CPU 的指令计数器。另一种控制方式的代表是分支指令,这种指令的执行导致特定的控制转移,程序转到某指定位置继续下去。通过这两种方式的结合可以形成复杂的程序流程。如果将程序中的流程想象成在程序指令序列里缠绕的线路轨迹,早期程序的控制流程可能形成一团乱线,使人很难把握。

随着程序设计成为越来越多的人的职业并成为一个重要研究对象,人们对程序实践和对编程过程的规律性做了许多研究,逐渐认识到,随意的流程控制方式不是一件好事,这种随意性带来许多麻烦,使得程序设计不能变成一种具有科学性的技术工作。分析了各种情

况后，人们提出了程序执行的三种基本流程模式，即顺序执行、选择执行和重复执行模式。在顺序执行中，一个操作完成后接着执行跟随其后的下一操作；选择执行中按照所遇情况，从若干可能做的事情中选出一种去做；重复执行过程则是在某些条件成立的情况下反复做某些事情。图 4-4～图 4-6 分别描述了这三种基本流程模式的一些典型情况。图 4-4 是顺序执行。图 4-5 中画的是选择模式的一种，表示在两种可能性里选出一种执行。还有多中选一等形式。图 4-6 是一种重复执行结构，其中条件判断在先而动作在后，还有另外的重复执行模式。

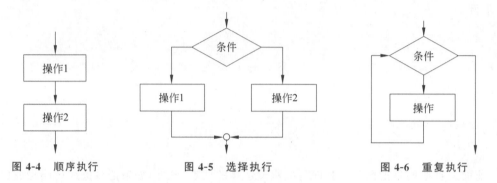

图 4-4 顺序执行   图 4-5 选择执行   图 4-6 重复执行

应特别指出，上面几种模式有一个共同点：它们都只有一个开始点和一个结束点。这一特点使一个流程模式的整体可以当作一个抽象操作看待，可以把它嵌入其他不同的(或相同的)流程模式中，构成更复杂的计算流程。这样的流程称为结构化的流程模式。

通过结构化流程模式形成的复杂流程具有层次性，具有很好的分解，其意义也比较容易把握。已严格证明，上述三种模式对于编写任何程序都已足够。也就是说，如果能用其他方式写出一个程序，那么通过这三种模式的嵌套构造也能实现它。

C 语言提供了一组控制机制，包括直接针对上面几种模式的控制结构，这些控制结构也被称作结构化的控制结构。在 C 语言里，由一个完整控制结构形成的程序片段也被当作一个语句看待，可以出现在任何可以写语句的地方。这一规定使人可以嵌套地使用这些结构，写出各种复杂的程序。正因为此，控制结构也常常被人们称作控制语句。

前面讨论过的选择结构就是一种控制结构。循环结构将在第 5 章中进行讲解。

2. ctype.h 系列的字符函数

C 语言有一系列专门处理字符的函数，ctype.h 头文件中包含这些函数的原型。这些函数接收一个字符作为参数，如果该字符属于某特殊的类别，就返回一个非 0 值(真)；否则，返回 0(假)。例如，如果 isalpha()函数的参数是一个字母，则返回一个非 0 值。下面的程序使用了这个函数。

```
#include <stdio.h>
#include <ctype.h>              //包含 isalpha()的函数原型
int main(void)
{
  char ch;
  while ((ch = getchar()) != '\n')
  {
    if (isalpha(ch))            //如果是一个字符
```

```
      putchar(ch + 1);              //显示该字符的下一个字符
   else                             //否则
      putchar(ch);                  //原样显示
   }
   putchar(ch);                     //显示换行符
   return 0;
}
```

可能的运行结果：

```
Look! It's a programmer!
Mppl! Ju't b qsphsbnnfs!
```

表 4-4 列出了 ctype.h 头文件中的一些函数。有些函数涉及本地化，指的是为适应特定区域的使用习惯修改或扩展 C 语言基本用法的工具(例如，许多国家在书写小数点时，用逗号代替点号，于是特殊的本地化可以指定 C 编译器使用逗号以相同的方式输出浮点数，这样 123.45 可以显示为 123,45)。注意，字符映射函数不会修改原始的参数，这些函数只会返回已修改的值。也就是说，下面的语句不改变 ch 的值。

```
tolower(ch);                //不影响 ch 的值
```

这样做才会改变 ch 的值：

```
ch = tolower(ch);           //把 ch 转换成小写字母
```

表 4-4 ctype.h 头文件的函数

函数名	描 述	函数名	描 述
isalnum()	判断一个字符是不是字母或数字	isprint()	判断一个字符是不是可打印字符
isalpha()	判断一个字符是不是字母	ispunct()	判断一个字符是不是标点符号
isblank()	判断一个字符是不是空白符	isspace()	判断一个字符是不是空白符
iscntrl()	判断一个字符是不是控制字符	isupper()	判断一个字符是不是大写字母
isdigit()	判断一个字符是不是十进制数字	isxdigit()	判断一个字符是不是十六进制数字
isgraph()	判断一个字符是否带有图形	tolower()	将大写字母转换为小写字母
islower()	判断一个字符是不是小写字母	toupper()	将小写字母转换为大写字母

3. case 语句的注意事项

1) case 语句的排列顺序

似乎从来没有人考虑过这个问题，也有很多人认为 case 语句的顺序无所谓，但事实却不是如此。如果 case 语句很少，也许可以忽略这点，但是如果 case 语句非常多，那就不得不好好考虑这个问题了。比如写的是某个驱动程序，也许会经常遇到几十个 case 语句的情况。一般来说，可以遵循下面的规则。

(1) 按字母或数字顺序排列各条 case 语句。

如果所有的 case 语句没有明显的重要性差别，那就按 A—B—C 或 1—2—3 等顺序排列 case 语句。这样做的话,可以很容易地找到某条 case 语句。如下面的例子。

```
switch(variable)
{
  case A:
     //program code
     break;
  case B:
     //program code
     break;
  case C:
     //program code
     break;
  ...
  default:
  break;
}
```

(2) 把正常情况放在前面,而把异常情况放在后面。

如果有多个正常情况和异常情况,把正常情况放在前面,并做好注释;把异常情况放在后面,同样要做注释。如下面的例子。

```
switch(variable)
{
  ////////////////////////////////////////////////////////////////////
  //正常情况开始
  case A:
     //program code
     break;
  case B:
     //program code
     break;
  //正常情况结束
  ////////////////////////////////////////////////////////////////////
  //异常情况开始
  case -1:
     //program code
     break;
  //异常情况结束
  ////////////////////////////////////////////////////////////////////
  ...
  default:
     break;
}
```

(3) 按执行频率排列 case 语句:把最常执行的情况放在前面,而把最不常执行的情况放在后面。

最常执行代码可能也是调试的时候要单步执行最多的代码。如果放在后面的话,找起来可能会比较困难,而放在前面,可以很快地找到。

2）使用 case 语句的其他注意事项

（1）简化每种情况对应的操作。

使得与每种情况相关的代码尽可能的精练。case 语句后面的代码越精练，case 语句的结果就会越清晰。如果 case 语句后面的代码整个屏幕都无法全部显示，这样的代码将难以清晰阅读。如果某个 case 语句确实需要这么多的代码来执行某个操作，那可以把这些操作写成一个或几个子程序，然后在 case 语句后面调用这些子程序就可以了。一般来说，case 语句后面的代码尽量不要超过 20 行。

（2）不要为了使用 case 语句而刻意制造一个变量。

case 语句应该用于处理简单的、容易分类的数据。如果数据并不简单，那可能使用 if…else if 的组合更好一些。为了使用 case 而刻意构造出来的变量很容易把人搞糊涂，应该避免这种变量。如下面的例子。

```
char action = a[0];
switch (action)
{
  case 'c':
      fun1();
      break;
  case 'd':
      ...
      break;
  default:
      break;
}
```

这里控制 case 语句的变量是 action。而 action 的值是取字符数组 a 的一个字符。但是这种方式可能带来一些隐含的错误。一般而言，当为了使用 case 语句而刻意去造出一个变量时，真正的数据可能不会按照所希望的方式映射到 case 语句里。在这个例子中，如果用户输入字符数组 a 里面存的是"const"这个字符串，那么 case 语句会匹配到第一个 case 上，并调用 fun1() 函数。然而如果这个数组里存的是别的以字符 c 开头的任何字符串（如"col""can"），case 分支同样会匹配到第一个 case 上。但是这也许并不是想要的结果，这个隐含的错误往往使人抓狂。如果这样还不如使用 if…else if 组合。例如：

```
if(0 == strcmp("const",a))
{
  fun1();
}
else if
{
  ...
}
```

（3）把 default 子句只用于检查真正的默认情况。

有时候，只剩下了最后一种情况需要处理，于是就决定把这种情况用 default 子句来处理。这样也许可以少输入几个字符，但是这却很不明智。这样做将失去 case 语句的标号所提供的自说明功能,而且也丧失了使用 default 子句处理错误情况的能力。所以,应尽可能地把每一种情况都用 case 语句来完成,而把真正默认情况的处理交给 default 子句。

翻转课堂

(1) 思考哪些常用软件的功能在代码实现的过程中可能会使用到选择结构。

(2) goto 语句允许使程序在没有任何条件的情况下跳转到指定的位置,可以在程序中跳来跳去,随心所欲。为什么如此"方便自由"的语句却被限制使用呢? 能否用生活中形象的例子来向他人解释 goto 带来的不良后果?

章末习题

1. 编写程序: 输入一个整数,判断该数的奇偶性。

2. 输入三个数 a,b,c,要求按由大到小的顺序输出。

3. 写一程序,从键盘上输入年份 year(4 位十进制数),判断其是不是闰年。闰年的条件是: 能被 4 整除但不能被 100 整除,或者能被 400 整除。

4. 输入一个字符,请判断是字母、数字还是特殊字符。

5. 输入某年某月某日,判断这一天是这一年的第几天。

6. 水仙花数是指一个三位整数,该数三个数位的立方和等于该数本身,输入一个三位整数,判断该数是否为水仙花数。

7. 给一个不多于 5 位的正整数,要求:

(1) 求出它是几位数。

(2) 分别输出每一位数字。

(3) 按逆序输出各位数字,例如,原数为 321,应输出 123。

8. 要求由键盘输入 a,b,c,求 ax+bx+c=0 方程的解。

9. 输入一个字符,判断它如果是小写字母,则输出其对应大写字母;如果是大写字母,则输出其对应小写字母;如果是数字,则输出数字本身;如果是空格,输出"space";如果不是上述情况,输出"other"。

第 5 章

循 环 结 构

 编程先驱

何积丰(图 5-0),1943 年 8 月 5 日出生于上海市,计算机软件专家,中国科学院院士,上海华科智谷人工智能研究院院长,华东师范大学软件学院原院长、教授、博士生导师,他在计算机领域有着卓越的贡献。

何积丰与图灵奖获得者 Hoare 教授创造性地提出了软件的程序统一理论,解决了程序语义的一致性问题,奠定了软件语义元理论基础,开创了程序统一理论学派,出版了英文专著 *Unifying Theories of Programming*,该文献他引超过 800 次。

图 5-0　何积丰

针对软件开发各阶段模型正确性问题,何积丰创建了数据精化完备理论,首次提出了数据精化的"程序分解算子"与"上下仿真映照对"方法,将规范语言与程序语言看成同一类数学对象,采用"关系代数"作为程序和软件规范的统一数学模型,在此框架中建立了求解规范方程的演算法则。该成果被国际计算机科学界誉为"面向模型软件的开发的一个里程碑"。

何积丰创造性地开拓和发展了基于模型的可信软件的开发与验证研究领域,建立了正确性系统的可证理论与方法,解决了可信嵌入式系统构造与验证技术的若干关键问题,并应用于轨道交通、汽车电子、航天控制等安全攸关行业,推动了相关产业发展。

 引言

自动化指的是利用各种机械、设备、技术来代替大脑和双手进行操作,在没有人工参与的情况下,按照人们预想的方式来完成人们不能做或很难完成的工作。随着自动化技术的不断普及和发展,各种机器人、机械臂不仅将人类从繁重的体力劳动、部分脑力劳动以及恶劣、危险的工作环境中解放出来,而且还极大地提高了劳动生产率,增强了人类认识世界和改造世界的能力。

工厂中随处可见日夜不停工作的机械臂,它们往往都不断重复着各自独特的工作,有的专门负责组装,有的专门负责喷涂。如果只使用前几章学习过的知识点,是无法实现这类重复不停工作的机械臂的控制的。本章学习的循环结构将解决在编程时遇到需要大量重复操作的问题。

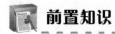 **前置知识**

1. 增量和减量运算符(++、--)

增量和减量运算符用于将变量值加1或减1。两种运算符都有前置写法和后置写法。

```
将变量 x 的值增加 1          将变量 x 的值减少 1
++x       x++               --x       x--
```

以增量运算符为例,上述两种写法在将变量的值增加1的方面作用相同,但它们作为表达式求出的值不同:前置写法++x求出的值是x加1以后的值;后置写法x++的值是x加1操作之前的值。减量操作情况也类似。请看下面语句序列在计算中的情况。

```
x = 2;
y = 2 + ++x;    /* x 值变为 3,y 置为 5,因为++x 的值是加 1 之后的值 */
z = 3 + x++;    /* x 值变为 4,z 取得值 6,因为 x++ 的值是 3,是加 1 之前的值 */
```

增量和减量运算符常用于循环变量更新。另请注意上面第二个语句的写法,我们在增量运算符和加运算符之间写了空格,这是非常必要的。这里前后出现了三个加符号,插入空格可以保证编译系统对这个表达式的分析不出现错误。

2. 二元运算符操作的赋值运算符

程序里常常需要"sum＝sum＋n＊n;"形式的赋值语句做变量更新,其中用到一个二元运算符,从变量原有值出发,通过与另一表达式运算得到新值再赋给变量。这种操作在程序中很典型。为了能更方便地描述这类操作,C 语言为许多二元运算符提供了对应的赋值运算符。每个算术运算符都有对应的赋值运算符,分别是:

```
+=       -=       *=       /=       %=
```

这些运算符的优先级与简单赋值运算符相同,同样采用从右向左的结合方式。它们的计算结果就是变量的最后更新值,类型与变量类型相同。写在这些赋值运算符左边的必须是变量,右边可以是任何表达式。

下面是一些例子,每行中左边的语句在效用上与右边语句相同。

```
x += 3.5;           x = x + 3.5;
sum += n * n;       sum = sum + n * n;
res *= x;           res = res * x;
x += y += 3;        x = x + (y = y + 3);
```

下面是使用赋值运算符的例子。

```
for (sum = 0, i = 1; i <= 100; i++)
  sum += n * n;
```

这些赋值运算符也有与增量、减量运算符类似的问题。因此上面说的效用等价并不准确。这里也有一次计算或两次计算的问题等,也可能有实现效率问题。

本章知识点

⬥ 5.1　循 环 结 构

在 C 语言中,共有以下三大常用的程序结构。

(1) 顺序结构:代码从前往后执行,函数中的第一个语句先执行,接着是第二个语句,以此类推。

(2) 选择结构:也叫分支结构,重点要掌握 if…else、switch 以及条件运算符。

(3) 循环结构:重复执行同一段代码。

前面介绍了程序中常用到的顺序结构和选择结构,但是只有这两种结构是不够的,还需要用到循环结构(或称重复结构)。因为在日常生活中或是在程序所处理的问题中常常遇到需要重复处理的问题,例如,要计算 $1+2+3+\cdots+99+100$ 的值,就要重复进行 99 次加法运算。最原始的方法是先编写求一次加法的程序段,然后再重复写 98 个相同的程序段。这种方法虽然可以实现要求,但是显然是不可取的,因为工作量大,程序冗长、重复,难以阅读和维护。实际上,几乎每一种计算机高级语言都提供了循环控制,用来处理需要进行的重复操作。

在 C 语言中,可以使用以下循环语句来处理上面的问题。

```c
#include <stdio.h>
int main(){
    int i=1, sum=0;
    while(i<=100){
        sum+=i;
        i++;
    }
    printf("%d\n",sum);
    return 0;
}
```

可以看到:用一个循环语句(while 语句),就把需要重复执行 99 次程序段的问题解决了。一个 while 语句实现了一个循环结构。我们将在 5.2 节对其执行过程进行学习。

大多数的应用程序都会包含循环结构。循环结构和顺序结构、选择结构是结构化程序设计的三种基本结构,它们是各种复杂程序的基本构成单元。因此熟练掌握选择结构和循环结构的概念及使用是进行程序设计最基本的要求。

⬥ 5.2　while 语句

while 循环的一般形式为

```
while(表达式){
  语句块
}
```

意思是,先计算"表达式"的值,当值为真(非0)时,执行"语句块";执行完"语句块",再次计算表达式的值,如果为真,继续执行"语句块"……这个过程会一直重复,直到表达式的值为假(0),就退出循环,执行 while 后面的代码。

通常将"表达式"称为循环条件,把"语句块"称为循环体,整个循环的过程就是不停判断循环条件并执行循环体代码的过程。

下面以 5.1 节中的代码为例进行分析。

(1) 程序运行到 while 时,因为 i=1,i<=100 成立,所以会执行循环体;执行结束后 i 的值变为 2,sum 的值变为 1。

(2) 接下来会继续判断 i<=100 是否成立,因为此时 i=2,i<=100 成立,所以继续执行循环体;执行结束后 i 的值变为 3,sum 的值变为 3。

(3) 重复执行步骤(2)。

(4) 当循环进行到第 100 次,i 的值变为 101,sum 的值变为 5050;因为此时 i<=100 不再成立,所以就退出循环,不再执行循环体,转而执行 while 循环后面的代码。

while 循环的整体思路是:设置一个带有变量的循环条件,也即一个带有变量的表达式;在循环体中额外添加一条语句,让它能够改变循环条件中变量的值。这样,随着循环的不断执行,循环条件中变量的值也会不断变化,终有一个时刻,循环条件不再成立,整个循环就结束了。

如果循环条件中不包含变量,会发生什么情况呢?

(1) 循环条件成立时,while 循环会一直执行下去,永不结束,成为"死循环"。例如:

```c
#include <stdio.h>
int main(){
    while(1){
        printf("1");
    }
    return 0;
}
```

运行程序,会不停地输出"1",直到用户强制关闭。

(2) 循环条件不成立的话,while 循环就一次也不会执行。例如:

```c
#include <stdio.h>
int main(){
    while(0){
        printf("1");
    }
    return 0;
}
```

运行程序,什么也不会输出。

(3) 再看一个例子,统计从键盘输入的一行字符的个数。

```c
#include <stdio.h>
int main(){
    int n=0;
```

```
    printf("Input a string:");
    while(getchar()!='\n') n++;
    printf("Number of characters: %d\n", n);
    return 0;
}
```

运行结果：

```
Input a string:c.biancheng.net↙
Number of characters: 15
```

本例程序中的循环条件为 getchar()!='\n',其意义是,只要从键盘输入的字符不是
Enter 键就继续循环。循环体中的 n++;完成对输入字符个数计数。

◆ 5.3　do…while 语句

除了 while 语句以外,C 语言还提供了 do…while 语句来实现循环结构。例如：

```
int i=1;
do
  {
     printf("%d",i++);
  }
  while(i<=100);
```

它的作用是：执行(用 do 表示"做")printf 语句,然后在 while 后面的括号内的表达式
中检查 i 的值,当 i 小于或等于 100 时,就返回再执行一次循环体(printf 语句),直到 i 大于
100 为止。执行此 do…while 语句的结果是输出 1～100,共 100 个数。请注意分析 printf()
函数中的输出项 i++的作用：先输出当前 i 的值,然后再使 i 的值加 1。如果改为 printf
("%d",++i),则是先使 i 的值加 1,然后输出 i 的新值。若在执行 printf()函数之前,i 的
值为 1,则 printf()函数的输出是 i 的新值 2。在本例中 do 下面的一对花括号其实不是必要
的,因为花括号内只有一个语句。可以写成

```
do
  printf("%d",i++);
while(i<=100);
```

但这样写,容易使人在看到第 2 行末尾的分号后误认为整个语句结束了。为了使程序
清晰、易读,建议把循环体用花括号括起来。

do…while 循环的一般形式为

```
do{
    语句块
}while(表达式);
```

do…while 循环与 while 循环的不同在于：它会先执行"语句块",然后再判断表达式是

不是真,如果为真则继续循环;如果为假,则终止循环。因此,do…while 循环至少要执行一次"语句块"。

5.2 节中求解 1+2+3+…+99+100 的值问题也可以使用 do…while 语句。

```c
#include <stdio.h>
int main(){
    int i=1, sum=0;
    do{
        sum+=i;
        i++;
    }while(i<=100);
    printf("%d\n", sum);
    return 0;
}
```

注意:while(i<=100);最后的分号必须要有。while 循环和 do…while 各有特点,可以适当选择,实际编程中使用 while 循环较多。

◆ 5.4 for 语句

5.4.1 用 for 语句实现循环结构

除了 while 循环,C 语言中还有 for 循环,它的使用更加灵活,完全可以取代 while 循环。5.2 节使用 while 循环来计算从 1 加到 100 的值,代码如下。

```c
#include <stdio.h>
int main(){
    int i, sum=0;
    i = 1;                  //语句①
    while(i<=100 /* 语句② */){
        sum+=i;
        i++;                //语句③
    }
    printf("%d\n",sum);
    return 0;
}
```

可以看到,语句①②③被放到了不同的地方,代码结构较为松散。为了让程序更加紧凑,可以使用 for 循环来代替,如下。

```c
#include <stdio.h>
int main(){
    int i, sum=0;
    for(i=1/* 语句① */; i<=100/* 语句② */; i++/* 语句③ */){
        sum+=i;
    }
    printf("%d\n",sum);
    return 0;
}
```

在 for 循环中,语句①②③被集中到了一起,代码结构一目了然。

for 循环的一般形式为

```
for(表达式 1; 表达式 2; 表达式 3){
    语句块
}
```

它的运行过程如下。

(1) 先执行"表达式 1"。

(2) 再执行"表达式 2",如果它的值为真(非0),则执行循环体,否则结束循环。

(3) 执行完循环体后再执行"表达式 3"。

(4) 重复执行步骤(2)和(3),直到"表达式2"的值为假,就结束循环。

上面的步骤中,(2)和(3)是一次循环,会重复执行,for 语句的主要作用就是不断执行步骤(2)和(3)。

"表达式 1"仅在第一次循环时执行,以后都不会再执行了,可以认为这是一个初始化语句。"表达式 2"一般是一个关系表达式,决定了是否还要继续下次循环,称为"循环条件"。"表达式3"在很多情况下是一个带有自增或自减操作的表达式,以使循环条件逐渐变得"不成立"。

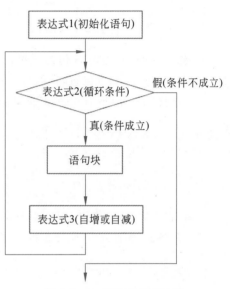

图 5-1　for 循环的执行过程

for 循环的执行过程可用图 5-1 表示。

再来分析一下"计算从 1 加到 100 的和"的代码。

```
#include <stdio.h>
int main(){
    int i, sum=0;
    for(i=1; i<=100; i++){
        sum+=i;
    }
    printf("%d\n",sum);
    return 0;
}
```

运行结果:

```
5050
```

代码分析:

(1) 执行到 for 语句时,先给 i 赋初值 1,判断 i<=100 是否成立;因为此时 i=1,i<=100 成立,所以执行循环体。循环体执行结束后(sum 的值为 1),再计算 i++。

(2) 第二次循环时,i 的值为 2,i<=100 成立,继续执行循环体。循环体执行结束后(sum 的值为 3),再计算 i++。

(3) 重复执行步骤(2),直到第 101 次循环,此时 i 的值为 101,i<＝100 不成立,所以结束循环。

由此可以总结出 for 循环的简单形式:

```
for(初始化语句; 循环条件; 循环变量增值){
    语句块
}
```

5.4.2 for 循环中的三个表达式

for 循环中的"表达式 1(初始化条件)"、"表达式 2(循环条件)"和"表达式 3(循环变量增值)"都是可选项,都可以省略(但分号;必须保留)。

(1) 修改"从 1 加到 100 的和"的代码,省略"表达式 1(初始化条件)"。

```
int i = 1, sum = 0;
for(; i<=100; i++){
    sum+=i;
}
```

可以看到,将 i＝1 移到了 for 循环的外面。

(2) 省略了"表达式 2(循环条件)",如果不做其他处理就会成为死循环。例如:

```
for(i=1;; i++) sum=sum+i;
```

相当于:

```
i=1;
while(1){
    sum=sum+i;
    i++;
}
```

(3) 省略了"表达式 3(循环变量增值)",就不会修改"表达式 2(循环条件)"中的变量,这时可在循环体中加入修改变量的语句。例如:

```
for(i=1; i<=100;){
    sum=sum+i;
    i++;
}
```

(4) 省略了"表达式 1(初始化语句)"和"表达式 3(循环变量增值)"。例如:

```
for(; i<=100;){
    sum=sum+i;
    i++;
}
```

相当于：

```
while(i<=100){
    sum=sum+i;
    i++;
}
```

（5）三个表达式可以同时省略。例如：

```
for(; ;)  语句
```

相当于：

```
while(1)  语句
```

（6）"表达式 1"可以是初始化语句,也可以是其他语句。例如：

```
for(sum=0; i<=100; i++ )  sum=sum+i;
```

（7）"表达式 1"和"表达式 3"可以是一个简单表达式,也可以是逗号表达式。例如：

```
for(sum=0,i=1; i<=100; i++ )  sum=sum+i;
```

或：

```
for(i=0,j=100; i<=100; i++,j-- )  k=i+j;
```

（8）"表达式 2"一般是关系表达式或逻辑表达式,但也可以是数值或字符,只要其值非零,就执行循环体。例如：

```
for(i=0; (c=getchar())!='\n'; i+=c);
```

又如：

```
for(; (c=getchar())!='\n';)
    printf("%c",c);
```

5.4.3　几种循环的比较

（1）三种循环都可以用来处理同一问题,一般情况下它们可以互相代替。

（2）在 while 循环和 do… while 循环中,只在 while 后面的括号内指定循环条件,因此为了使循环能正常结束,应在循环体中包含使循环趋于结束的语句(如 i＋＋或 i＝i＋1 等)。for 循环可以在表达式 3 中包含使循环趋于结束的操作,甚至可以将循环体中的操作全部放到表达式 3 中。因此 for 语句的功能更强,凡用 while 循环能完成的,用 for 循环都能实现。

（3）用 while 和 do…while 循环时,循环变量初始化的操作应在 while 和 do…while 语句之前完成。而 for 语句可以在表达式 1 中实现循环变量的初始化。

◆ 5.5　改变循环执行的状态

以上介绍的都是根据事先指定的循环条件正常执行和终止的循环。但有时在某些情况下需要提前结束正在执行的循环操作。此时可以使用 break 语句或 continue 语句。

5.5.1　break 语句

在 4.3 节中讲到了 break,用它来跳出 switch 语句。当 break 关键字用于 while、for 循环时,会终止循环而执行整个循环语句后面的代码。break 关键字通常和 if 语句一起使用,即满足条件时便跳出循环。

使用 while 循环计算从 1 加到 100 的值:

```c
#include <stdio.h>
int main(){
    int i=1, sum=0;
    while(1){          //此循环条件导致死循环
        sum+=i;
        i++;
        if(i>100) break;
    }
    printf("%d\n", sum);
    return 0;
}
```

while 循环条件为 1,是一个死循环。当执行到第 100 次循环的时候,计算完 i++;后 i 的值为 101,此时 if 语句的条件 i>100 成立,执行 break;语句,结束循环。

在多层循环中,一条 break 语句只向外跳一层。例如,输出一个 4×4 的整数矩阵:

```c
#include <stdio.h>
int main(){
    int i=1, j;
    while(1){                    //外层循环
        j=1;
        while(1){                //内层循环
            printf("%-4d", i*j);
            j++;
            if(j>4) break;       //跳出内层循环
        }
        printf("\n");
        i++;
        if(i>4) break;           //跳出外层循环
    }
    return 0;
}
```

运行结果:

```
1    2    3    4
2    4    6    8
3    6    9    12
4    8    12   16
```

当 j>4 成立时,执行 break;,跳出内层循环;外层循环依然执行,直到 i>4 成立,跳出外层循环。内层循环共执行了 4 次,外层循环执行了 1 次。

5.5.2　continue 语句

有时并不希望终止整个循环的操作,而只希望提前结束本次循环,接着执行下次循环。这时可以用 continue 语句。continue 语句只用在 while、for 循环中,常与 if 条件语句一起使用,判断条件是否成立。

来看一个例子。

```c
#include <stdio.h>
int main(){
    char c = 0;
    while(c!='\n'){                    //Enter 键结束循环
        c=getchar();
        if(c=='4' || c=='5'){          //按数字键 4 或 5
            continue;                  //跳过当次循环,进入下次循环
        }
        putchar(c);
    }
    return 0;
}
```

运行结果:

```
0123456789↙
01236789
```

程序遇到 while 时,变量 c 的值为'0',循环条件 c!='\n'成立,开始第一次循环。getchar()使程序暂停执行,等待用户输入,直到用户按 Enter 键才开始读取字符。

本例输入的是 0123456789,当读取到 4 或 5 时,if 的条件 c=='4'||c=='5'成立,就执行 continue 语句,结束当前循环,直接进入下一次循环,也就是说,“putchar(c);”不会被执行到。而读取到其他数字时,if 的条件不成立,continue 语句不会被执行到,“putchar(c);”就会输出读取到的字符。

◆ 5.6　循 环 嵌 套

在 C 语言中,if…else、while、do…while、for 都可以相互嵌套。所谓嵌套,就是一条语句里面还有另一条语句,例如,for 里面还有 for,while 里面还有 while,或者 for 里面有 while,while 里面有 if…else,这都是允许的。

示例 1：for 嵌套执行的流程。

```c
#include <stdio.h>
int main()
{
    int i, j;
    for(i=1; i<=4; i++){          //外层 for 循环
        for(j=1; j<=4; j++){      //内层 for 循环
            printf("i=%d, j=%d ", i, j);
        }
        printf("\n");
    }
    return 0;
}
```

运行结果：

```
i=1, j=1 i=1, j=2 i=1, j=3 i=1, j=4
i=2, j=1 i=2, j=2 i=2, j=3 i=2, j=4
i=3, j=1 i=3, j=2 i=3, j=3 i=3, j=4
i=4, j=1 i=4, j=2 i=4, j=3 i=4, j=4
```

本例是一个简单的 for 循环嵌套，外层循环和内层循环交叉执行，外层 for 每执行一次，内层 for 就要执行四次。在 C 语言中，代码是顺序、同步执行的，当前代码必须执行完毕后才能执行后面的代码。这就意味着，外层 for 每次循环时，都必须等待内层 for 循环完毕(也就是循环 4 次)才能进行下次循环。虽然 i 是变量，但是对于内层 for 来说，每次循环时它的值都是固定的。

示例 2：输出一个 4×4 的整数矩阵。

```c
#include <stdio.h>
int main()
{
    int i, j;
    for(i=1; i<=4; i++){          //外层 for 循环
        for(j=1; j<=4; j++){      //内层 for 循环
            printf("%-4d", i * j);
        }
        printf("\n");
    }
    return 0;
}
```

运行结果：

```
1   2   3   4
2   4   6   8
3   6   9   12
4   8   12  16
```

外层 for 第一次循环时,i 为 1,内层 for 要输出四次 1*j 的值,也就是第一行数据;内层 for 循环结束后执行 printf("\n"),输出换行符;接着执行外层 for 的 i++ 语句,此时外层 for 的第一次循环才算结束。外层 for 第二次循环时,i 为 2,内层 for 要输出四次 2*j 的值,也就是第二行的数据;接下来执行 printf("\n") 和 i++,外层 for 的第二次循环才算结束。外层 for 第三次、第四次循环以此类推。可以看到,内层 for 每循环一次输出一个数据,而外层 for 每循环一次输出一行数据。

示例 3：输出九九乘法表。

```
#include <stdio.h>
int main(){
    int i, j;
    for(i=1; i<=9; i++){          //外层 for 循环
        for(j=1; j<=i; j++){      //内层 for 循环
            printf("%d * %d=%-2d  ", i, j, i * j);
        }
        printf("\n");
    }
    return 0;
}
```

运行结果：

```
1 * 1=1
2 * 1=2    2 * 2=4
3 * 1=3    3 * 2=6    3 * 3=9
4 * 1=4    4 * 2=8    4 * 3=12   4 * 4=16
5 * 1=5    5 * 2=10   5 * 3=15   5 * 4=20   5 * 5=25
6 * 1=6    6 * 2=12   6 * 3=18   6 * 4=24   6 * 5=30   6 * 6=36
7 * 1=7    7 * 2=14   7 * 3=21   7 * 4=28   7 * 5=35   7 * 6=42   7 * 7=49
8 * 1=8    8 * 2=16   8 * 3=24   8 * 4=32   8 * 5=40   8 * 6=48   8 * 7=56   8 * 8=64
9 * 1=9    9 * 2=18   9 * 3=27   9 * 4=36   9 * 5=45   9 * 6=54   9 * 7=63   9 * 8=72   9 * 9=81
```

和示例 2 一样,内层 for 每循环一次输出一条数据,外层 for 每循环一次输出一行数据。需要注意的是,内层 for 的结束条件是 j<=i。外层 for 每循环一次,i 的值就会变化,所以每次开始内层 for 循环时,结束条件是不一样的。具体如下：

当 i=1 时,内层 for 的结束条件为 j<=1,只能循环一次,输出第一行。

当 i=2 时,内层 for 的结束条件是 j<=2,循环两次,输出第二行。

当 i=3 时,内层 for 的结束条件是 j<=3,循环三次,输出第三行。

当 i=4,5,6,…时,以此类推。

◆ 5.7　程序举例

示例 1：利用式(5-1)计算 π 的近似值,要求累加到最后一项小于 10^{-6} 为止。

$$\frac{\pi}{4} \approx 1 - \frac{1}{3} + \frac{1}{5} - \frac{1}{7} + \cdots \tag{5-1}$$

解：

```
#include <stdio.h>
#include <stdlib.h>
#include <math.h>
int main(){
    float s=1;
    float pi=0;
    float i=1.0;
    float n=1.0;
    while(fabs(i)>=1e-6){
        pi+=i;
        n=n+2;
        s=-s;
        i=s/n;
    }
    pi=4 * pi;
    printf("pi 的值为: %.6f\n",pi);
    return 0;
}
```

解题思路：先计算 $\pi/4$ 的值，然后再乘以 4，s＝－s;，每次循环，取反，结果就是，这次是正号，下次就是负号，以此类推。

示例 2：利用式(5-2)，用前 100 项之积计算 π 的值。

$$\frac{\pi}{2} \approx \frac{2}{1} \times \frac{2}{3} \times \frac{4}{3} \times \frac{4}{5} \times \frac{6}{5} \times \frac{6}{7} \times \cdots \qquad (5\text{-}2)$$

观察分子数列：

$$a_1=2 \quad a_2=2$$
$$a_3=4 \quad a_4=4$$
$$a_5=6 \quad a_6=6$$
$$\cdots$$

由此得知，当 n 为偶数时，$a_n＝n$；当 n 为奇数时，$a_n＝a_{n+1}＝n+1$。

同理，观察分母数列：

$$b_1=1 \quad b_2=3$$
$$b_3=3 \quad b_4=5$$
$$b_5=5 \quad b_6=7$$
$$b_7=7 \quad b_8=9$$
$$\cdots$$

由此可知，当 n 为奇数时，$b_n＝n$，当 n 为偶数时，$b_n＝b_{n+1}＝n+1$。

综上可知，当 n 为奇数时，每次应乘以 $(n+1)/n$；当 n 为偶数时，每次应乘以 $n/(n+1)$。

解：

```
#include <stdio.h>
#include <math.h>
int main(){
```

```
float pi=1;
float n=1;
int j;
for(j=1;j<=100;j++,n++){
    if(j%2==0){
        pi *= (n/(n+1));
    }else{
        pi *= ((n+1)/n);
    }
}
pi=2 * pi;
printf("pi 的值为: %.7f\n",pi);
return 0;
}
```

示例 **3**：判断一个数是不是素数（素数是指除了 1 和它本身以外，不能被任何整数整除的数，例如，17 就是素数，因为它不能被 2～16 的任一整数整除）。

解题思路 1：判断一个整数 m 是不是素数，只需让 m 被 2～$m-1$ 的每一个整数去除，如果都不能被整除，那么 m 就是一个素数。

解：

```
#include <stdio.h>
int main(){
    int a=0;              //素数的个数
    int num=0;            //输入的整数
    int i;
    printf("输入一个整数: ");
    scanf("%d",&num);
    for(i=2;i<num;i++){
        if(num%i==0){
            a++;          //素数个数加 1
        }
    }
    if(a==0){
        printf("%d 是素数。\n", num);
    }else{
        printf("%d 不是素数。\n", num);
    }
    return 0;
}
```

解题思路 2：m 不必被 2～$m-1$ 的每一个整数去除，只需被 2～$\sqrt{m}$ 的每一个整数去除就可以了。如果 m 不能被 2～$\sqrt{m}$ 的任一整数整除，m 必定是素数。例如，判别 17 是不是素数，只需使 17 被 2～4 的每一个整数去除，由于都不能整除，可以判定 17 是素数。因为如果 m 能被 2～$m-1$ 的任一整数整除，其两个因子必定有一个小于或等于 $\sqrt{m}$，另一个大于或等于 $\sqrt{m}$。例如，16 能被 2、4、8 整除，16＝2×8，2 小于 4，8 大于 4，16＝4×4，4＝$\sqrt{16}$，因此只需判定在 2～4 中有无因子即可。

解：

```
#include <stdio.h>
#include <math.h>
void main(){
    int m;              //输入的整数
    int i;              //循环次数
    int k;              //m 的平方根
    printf("输入一个整数：");
    scanf("%d", &m);
    //求平方根,注意 sqrt()的参数为 double 类型,这里要强制转换 m 的类型
    k=(int)sqrt((double)m);
    for(i=2;i<=k;i++)
        if(m%i==0)
            break;
    //如果完成所有循环,那么 m 为素数
    //注意最后一次循环,会执行 i++,此时 i=k+1,所以有 i>k
    if(i>k)
        printf("%d 是素数。\n",m);
    else
        printf("%d 不是素数。\n",m);
    return 0;
}
```

场景案例

基于第 1 章场景案例的背景,现在来同时解决第 1 个和第 3 个问题。

(1) 加密代号为小于 100 的正整数,加密代号中十位乘 2,个位加 2 然后除以 10 取余得到原代号(如 18->20)。

(2) 加密名字中所有的字符都在字母表中循环右移三个位置得到原名字(如 Abz->Dec)。尝试写一程序输入完整的加密代号与名字,并输出解密后的代号与名字。

企业案例

福耀集团是国内最具规模、技术水平较高、出口量最大的汽车玻璃生产供应商,产品"FY"商标是中国汽车玻璃行业迄今为止唯一的"中国驰名商标"。福耀集团的董事长曹德旺是名副其实的玻璃大王,中国 70％的汽车、全球 25％的汽车,用的都是曹德旺公司的玻璃。世界企业界有一个奥斯卡奖,名为"安永全球企业家大奖"。该奖项于 1986 年在美国设立,一年评选一次,颁发给表现最杰出的企业家。2009 年 5 月 30 日,曹德旺拿到了"安永全球企业家大奖",是第一位获此殊荣的中国人。从曹德旺的身上我们看到了,一个真正的民营企业家所应有的慈善之心、爱国之情。

在玻璃制造的过程中,有一种名为"退火"的工艺。玻璃的退火,是为了减少或消除玻璃在成型或热加工过程中产生的永久应力,提高玻璃使用性能的一种热处理过程。不同的玻璃有不同的最高退火温度,为了方便记忆,人们通常将不同玻璃的最高退火温度以表格的方式记录下来。现思考,如何通过循环结构完成表格的输出。学习完第 6 章的数组后,编写程

序将不同材质玻璃的最高退火温度存储在数组中,并通过循环结构输出。

前沿案例

假如有一串数字,已知前 6 个是 1、3、5、7、9、11,我们一眼能看出来第 7 个数字是 13。再如一串数字前 6 个是 0.14、0.57、1.29、2.29、3.57、5.14,虽然不能一眼看出来,但只要把这几个数字在坐标轴上标识一下,可以得到图 5-2。

用曲线连接这几个点,沿着曲线的走势,可以推算出第七个数字——7。

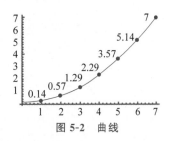

图 5-2 曲线

由此可见,回归问题其实是个曲线拟合(Curve Fitting)问题。那么究竟该如何拟合?

其实很简单,先随意画一条直线,然后不断旋转它。每转一下,就分别计算一下每个样本点和直线上对应点的距离(误差),求出所有点的误差之和。这样不断旋转,当误差之和达到最小时,停止旋转。说得再复杂点,在旋转的过程中,还要不断平移这条直线,这样不断调整,直到误差最小时为止。这种方法就是著名的梯度下降法(Gradient Descent)。

梯度下降是一个在机器学习中用于寻找最佳结果(曲线的最小值)的迭代优化算法。梯度的含义是斜率或者斜坡的倾斜度,下降的含义是代价函数的下降。算法是迭代的,意味着需要多次使用算法获取结果,以得到最优化结果。在迭代的过程中,要多次使用相同的算法,这正需要本章所学习的循环结构。现在我们还没有能力完成一个完整的梯度下降过程,所以写一个简单的程序模拟梯度下降,每次循环在屏幕输出这是第几次迭代,并在第 10 次迭代完成后输出“完成”。

易错盘点

break 语句和 continue 语句的区别：continue 语句只结束本次循环,而不是终止整个循环的执行。而 break 语句则是结束整个循环过程,不再判断执行循环的条件是否成立。如果有以下两个循环结构：

(1) break 语句所在的 while(表达式 1)。

```
{
    语句 1
    if(表达式 2)break;
    语句 2
}
```

(2) continue 语句所在的 while(表达式 1)。

```
{
语句 1
    if(表达式 2)continue;
    语句 2
}
```

它们的流程图如图 5-3 和图 5-4 所示。

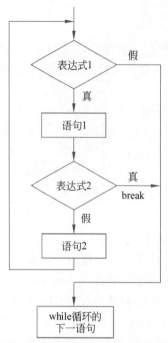

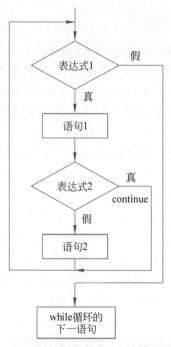

图 5-3　break 语句所在 while 循环流程图　　　图 5-4　continue 语句所在 while 循环流程图

知识拓展

1. 如何设计出好的循环程序

写好循环首先要发现计算过程中可能需要的(应该用)循环。在分析问题时,应注意识别计算过程中需要重复执行的类似动作,这常常是重要线索,说明可能需要引进一个循环,统一描述和处理这些重复性动作。常见的如需要一批可以按统一规律计算的数据;需要反复从一个结果算出另一结果;需要对一系列类似数据做同样的处理;等等。这些情况都可看作重复性计算,如果重复次数多或次数无法确定,就应考虑用循环结构描述。

从发现重复性动作到建立起一个循环结构,还需考虑和解决许多具体问题。通常包括:循环中涉及哪些变量?循环开始前应给它们什么初值?循环中这些变量应如何改变?在什么情况下应该继续(或应该终止)循环?循环终止后如何得到所需结果?等等。具体问题还包括使用语言里的哪种结构实现循环等。

本节将讨论一批程序设计实例,描述各种典型循环程序设计问题。对于许多实例都采用了首先分析问题,发掘完成程序的线索,最终完成能解决问题的程序的叙述方式。这样讨论是为了使读者能看到"从问题到程序"的思维过程。对许多例子给出了多个能解决问题的不同程序,并着重说明其差异或优缺点。这样做是希望读者能理解,程序设计不是教条,即使是对一个典型问题,也没有需要背的标准解答。非极端简单的问题总有许多种解决方法,可以写出许多有着或多或少形式的或实质的差异程序。许多程序往往各有长短。当然,能写出多个程序,并不说明这些程序都有同等价值。实际上,"正确的"程序也常有优劣之分。下面的讨论里也会提出一些看法。

由于本节涉及函数的一些基本知识,如果读者理解起来有困难,可以在学习完第 7 章后再来看本部分。

1)基本循环方式

假设现在要求出从 13 到 315 的所有整数之和。显然的解法是写一个循环,这时需要用一个变量保存求出的和,计算过程中用它保存部分和。循环中顺序将各个数加上去,直至所有的数加完了,部分和就变成了完全和。为了实现这一循环,还需要一个变量保存应加入的数的轨迹,每次重复时将这个变量加 1。这正好是 for 语句的循环形式。

假定已经定义了名为 sum 的总和变量和名为 n 的循环变量。n 的取值应包括[13,213]范围中所有的整数。一种典型的实现方式称为向上循环,即让循环变量 n 从最小值开始逐步增加,直至达到取值范围的最大值。这样写出的循环具有如下形式。

```
for (sum = 0, n = 13; n <= 315; ++n)
    sum += n;
```

对于这个问题,同样可以采用向下循环的方式。

```
for (sum = 0, n = 315; n >= 13; --n)
    sum += n;
```

对于这个具体问题而言,采用向上或者向下循环的效果完全一样。许多其他循环的情况与此类似,都可以自由选择向上或者向下的方式。在这种情况下,人们一般采用向上循环的方式,因为这种方式似乎更符合人的习惯。也确实存在一些循环,对它们必须采用某种特定循环方式,否则就会导致程序错误。今后读者会遇到这样的例子。

此外,完全可以用 while 语句重写上述循环。实际上,while 语句和 for 语句具有同样的表达能力,用 for 循环表述的代码都可等价地翻译为用 while 语句表述的代码,反之亦然。

有时需要的不是一个范围内的所有整数值,而是具有同等间隔的值。例如,需要求出[13,315]中每隔 7 的各个整数之和。写出相应数学公式并不难(上例也一样),采用循环语句写也很简单:

```
for (sum = 0, n = 13; n <= 315; n += 7)
    sum += n;
```

在写循环时,人们一般不赞成采用浮点数控制循环的次数,尤其是在增量为小数或者包含小数时。例如,假设需要求从 0 到 100,每隔 0.2 的各数的平方和:

```
double sum, x;
for (sum = 0.0, x = 0.2; x <= 100.0; x += 0.2)
    sum += x * x;
```

因为浮点数运算有误差,我们不能保证这一循环恰好重复了 500 次,因此就不能保证它一定得到所需结果。这一循环的正确写法是:

```
int n;
double sum, x;
```

```
for (sum = 0.0, n = 1; n <= 500; ++n) {
    x = 0.2 * n;
    sum += x * x;
}
```

2) 求出一系列完全平方数

问题：写一个程序，打印出 1~200 的所有完全平方数，即那些是另一个数的平方的数。通过分析可以发现，这样一个简单问题也有许多不同解法。

方法一：一种最显然的方法是逐个检查 1~200 的所有整数，遇到完全平方数时就打印。这一计算过程中有一系列重复动作(每次检查一个数)，可以用循环描述。循环中用一个变量，顺序取被检查的那些值，从 1 开始每次加 1。这样就可以得到所需循环的基本框架：

```
for (n = 1; n <= 200; ++n)
    if (n 是完全平方数) 打印 n;
```

这里假设 n 是已有定义的整型变量，循环中它遍历从 1 到 200 的各个值。这种循环特别适合用 for 语句描述。

上面只是一个程序框架，其中有些部分还不是用程序语言精确描述的，需要在随后的工作中填充。显然打印语句很容易，剩下的问题就是条件语句中的判断。由于 C 语言没有直接判断一个数是不是完全平方数的手段，这个问题还需要做进一步分析。

假设被考查的整数是 n，一种可能方式是从 1 开始检查各个整数，看是否有一个数的平方正好为 n。如果有，n 就是完全平方数；否则 n 就不是完全平方数。这个过程又构成一个循环(循环里的循环)，需要用另一变量(例如 m)记录检查中所用的值。这就又产生了问题：m 取值从哪里开始，什么条件下应当继续(或结束)。显然 m 应从 1 开始取值，而一旦其平方大于 n 就没有必要继续检查了，因为更大的数不会是 n 的平方根。

这样可以写出内部循环如下。

```
for (m = 1; m * m <= n; ++m)
    if (m * m == n) 打印 n;
```

循环中至多只有一个值的平方等于 n。如果 n 是完全平方数，这个值就会打印一次，且仅一次。把这些代码组合起来，就可以得到下面的程序。

```
#include <stdio.h>
main () {
    int m, n;
    for (n = 1; n <= 200; ++n)
        for (m = 1; m * m <= n; ++m)
            if (m * m == n)
                printf("%d ", n);
    printf("\n");        /* 最后换一行 */
}
```

方法二：这里要求打印 1~200 的所有完全平方数，它们一定是从 1 开始的一些整数的平方。由这个想法可以得到另一种解决方案：用一个循环计数变量 n，从 1 开始逐个打印 n 的平方，直到 n 的平方大于 200 为止。最后这句话也就是循环结束条件。按这种想法写出的程序更简单，只需一层循环。用 for 语句写出的程序主要部分如下。

```
for (n = 1; n * n <= 200; ++n)
    printf("%d ", n * n);           /* 注意应当打印什么 */
```

不难将以它为基础写出一个程序，这件事留给读者完成。

还有一种可能的方法是递推。不难发现，平方数序列具有如下递推关系。

$$a_1 = 1$$
$$a_{n+1} = a_n + 2n + 1$$

利用这个公式可以写出另一程序，还可以写出只用加法的程序。这些也请读者考虑。

从这个例子可以看到，即使是很简单的问题，也可能有许多不同的求解途径，写出的程序大相径庭。如果对问题做细致深入的分析，就可能发现许多解决问题的线索。

3）判断素数（谓词函数）

问题：写一个函数，判断一个整数（参数）是不是素数。

判断只有成立和不成立两种情况，完成判断的函数是一类特殊函数（也称为谓词），它们的返回值被作为逻辑值使用，通常用来控制程序流程，或放在条件表达式的控制部分。人们通常令判断函数返回 0 或 1，用 1 表示判断成立（在这里表示是素数），0 表示判断不成立（不是素数）。这样，要定义的函数的类型特征可以取定为

```
int isprime(int)
```

判断一个数（例如 n）是否素数有许多高级的数学方法，这里只考虑最直接而简单的方法，就是设法确定它有无真因子。m 整除 n 可以用条件(n%m==0)描述，如果 m<n 而且 m 不是 1，那它就是真因子了。这样，检查素数的最简单方法就是令变量 m 由 2 开始递增取值，一个个试除 n。这可以通过一个循环完成下一个问题是 m 试除到什么时候结束。显然，试完所有小于 n 的值能保证不会漏掉任何可能性。稍加分析不难看出，只要试到 m×m>n 就够了，继续试下去已经没有意义（这一论断的合理性请读者考虑）。有了上述分析，写出下面的定义已经很自然了。

```
int isprime (int n) {           /* 判断一个数是否素数 */
int m = 2;
for (; m * m <= n; ++m)
        if (n % m == 0) return 0;    /* 发现因子，不是素数 */
    return 1;                        /* 可能性均考虑过，没有因子，是素数 */
}
```

发现 n 的一个因子已经可以做出结论，不必继续循环了。代码中的 return 语句导致函数结束，也使函数体里的循环结束。这是一种从循环中退出的方式。

这个函数定义还有不完善之处，例如，它对 1 将给出"是素数"的判断。对 0 和负数也会给出不合理结果。解决这些问题并不难，只要在循环前加上特殊情况处理。例如：

```
if (n <= 1) return 0;
```

在写一个程序（或一个函数）之前，首先应该仔细分析需要考虑的情况。完成之后还应该仔细检查，看看是否有什么遗漏。如果事先分析周全，应该能看到这些问题。

4) 艰难旅程（浮点误差）

问题：假定有一只乌龟决心去做环球旅行。出发时它踌躇满志，第一秒四脚飞奔，爬了1m。随着体力和毅力的下降，它第二秒钟爬了 1/2m，第三秒钟爬了 1/3m，第四秒钟爬了 1/4m，以此类推。现在问这只乌龟一小时能爬出多远？爬出 20m 需要多少时间？

显然，要计算的是无穷和式 $\sum\limits_{n=1}^{\infty}\dfrac{1}{n}$ 前面的有限一段之和。由数学知识有 $\sum\limits_{n=1}^{\infty}\dfrac{1}{n}=+\infty$，也就是说，只要乌龟坚持爬下去，它不但能完成环球旅行，也能爬到宇宙的尽头。我们想用这个例子研究一下浮点数的误差问题，并对 float 和 double 类型的情况做些比较。这里先定义两个采用 float 类型的函数。

```
float distf (long n) {
  long i;
  float x = 0.0;
  for (i = 1; i <= n; ++i) x += 1/(float)i;
  return x;
}
long secondsf (float d) {
  long i;
  float x = 0.0;
  for (i = 1; x < d; ++i) x += 1/(float)i;
  return i - 1;
}
```

其中，distf 计算出乌龟 n 秒爬出的距离，而 secondsf 计算出它爬 d 米所用的秒数。注意，secondsf 在返回值时减 1，因为循环最后的变量更新已经将 i 多加了一次。

现在就很容易写出完成题目的主函数了，其中有如下函数调用。

```
printf("%ld seconds, %f meters\n", 3600, distf(3600));
printf("%ld seconds, %f meters\n", secondsf(20.0), 20.0);
```

在作者所用的系统上，程序打印出：

```
3600 seconds, 8.766049 meters
```

也就是说，乌龟一小时爬出了 8m 多。但此后程序再也没有输出了，运行了很长时间也不停止。仔细检查程序没有发现错误，修改主函数放入如下语句。

```
for (x = 10.0; x <= 20.5; x += 1.0)
printf("%ld seconds, %f meters\n", secondsf(x), x);
```

程序输出了下面几行。

```
12367 seconds, 10.000000 meters
33617 seconds, 11.000000 meters
91328 seconds, 12.000000 meters
248695 seconds, 13.000000 meters
662167 seconds, 14.000000 meters
1673859 seconds, 15.000000 meters
```

乌龟 4 个多小时爬到 10m 远，19 天多才爬到 15m，而后程序再也没有反应了。这使我们怀疑问题出在变量的表示范围或者精度方面。我们想到考虑如下测试函数。

```c
void test_float () {
  long i;
  float sum = 0.0, sum0 = -1.0;
  for (i = 1; sum != sum0; ++i) {
    sum0 = sum;
    sum += 1 / (float)i;
  }
  printf ("float: %ld terms at %f\n", i-1, sum);
}
```

循环的结束条件是变量 sum 的部分和不再变化。在同一系统里，函数很快就输出了一行：

```
float: 2097152 terms at 15.403683
```

这就是说，在加入 200 多万项之后，以后所加的数值很小的项已经不再起作用了。由此可见，我们对乌龟活动情况的模拟受到了数据表示精度和范围的限制。

为了进一步弄清不同数据类型带来的变化，采用 double 类型写出同样的程序，结果发现，在 20 亿秒时和数还在增长，当时的输出值是：

```
double: 2000000000 seconds, 21.993629 meters
```

也就是说，经过大约 63 年半，乌龟爬出了 21m。在大约 2.5 亿秒，也就是大约 8 年的时候爬过了 20m，这是题目第二部分的答案。由于我们所用系统中的 long 类型用 32 位二进制表示，在其范围内无法找到采用 double 类型的增长结束点。可以保证的一点是，这个结束点一定出现在比采用 float 类型大得多的地方。

那么，在精度允许的范围内，采用 float 和 double 类型会产生不同结果吗？我们又写出下面的比较代码。

```c
int i;
float sumf = 0.0;
double sumd = 0.0;
for (i = 1; i <= 2000000; ++i) {
  sumf += 1 / (float)i;
  sumd += 1 / (double)i;
}
printf ("float: %d terms at %14.10f\n", i-1, sumf);
printf ("double: %d terms at %14.10f\n", i-1, sumd);
```

得到的结果确实不同:

```
float: 2000000 terms at 15.3110322952
double: 2000000 terms at 15.0858736534
```

精确到小数点后 10 位的正确值应该是 15.085 873 653 4。到这时为止,采用 double 类型的计算结果在 10 位精度内还没有产生误差,而用 float 计算已经产生了明显的误差,只剩下两位正确数字了。通过这些实验,可以看到多次浮点数运算确实可能带来明显的误差。在解决实际问题时,运算的次数可能远远多于这个小实验,累计误差的情况更复杂。由此可以看到选择适当浮点数的需要。人们建议,如果没有特殊原因,就应选用 double 类型。float 表示的范围和精度不能满足许多常规浮点运算的需要,而 long double 类型有可能影响程序效率。它们应该只用于特殊场合。

上面的实验展示了浮点数运算的误差问题。在某些特殊情况下,浮点数运算的误差积累还可能更迅速得多。有两个情况值得特别提出:①将一批较小的数一个个加到很大的数上,常常会导致丢掉小数的重要部分,甚至导致小数整个被丢掉(其实,上例中的情况就是这样);②两个值相当接近的数相减,也可能导致结果的精度大幅度下降。

5)求立方根(迭代和逼近)

问题:已知求 x 立方根的迭代公式(递推公式)是 $x_{n+1} = \frac{1}{3}\left(2x_n + \frac{x}{x_n^2}\right)$,写一个函数,利用这个公式求 x 的立方根的近似值,要求达到精度 $\left|\frac{x_{n+1}-x_n}{x_n}\right| < 10^{-6}$。

给所定义函数取名为 cbrt(仿照 sqrt),其类型特征为

```
double cbrt(double x)
```

从公式中看到,迭代中每次求下一迭代值时都要用参数 x,所以这个值需要保留。在这个例子里,事先也没有办法确定循环执行的次数,只能按题目要求给出循环结束条件,期望这一条件能在某个时刻被满足(该条件最终将被满足是由人们对这个计算方法的研究保证的)。按照定义,判断迭代终止时要用到前后两个近似值,因此这两个值必须用两个变量保存。根据这些分析,这个函数可以如下实现。

```
double x1, x2;
x1 = x;
x2 = (2.0 * x1 + x / (x1 * x1)) / 3.0;
while (fabs((x2 - x1) / x1) >= 1E-6) {
  x1 = x2;
  x2 = (2.0 * x1 + x / (x1 * x1)) / 3.0;
}
return x2;
```

读者应该记得,这里的 fabs 是 math.h 里的标准数学函数,它可以求出参数的绝对值。这段代码有一个问题:如果初始时参数 x 值就是 0,函数执行时会发生以 0 作除数的错误。这个问题需要在函数执行的开始位置处理,加上一句:

```
if (x == 0.0) return 0.0;
```

这样写出的函数定义如下。

```
double cbrt (double x) {
  double x1, x2;
  if (x == 0.0) return 0.0;
x1 = x;
x2 = (2.0 * x1 + x / (x1 * x1)) / 3.0;
  while (fabs((x2 - x1) / x1) >= 1E-6) {
    x1 = x2;
    x2 = (2.0 * x1 + x / (x1 * x1)) / 3.0;
  }
  return x2;
}
```

这个函数定义直截了当,但其中有两个相同的语句,似乎不够简约。采用 C 语言的其他控制语句可以消除这类重复,本章后面有相应程序示例。仅采用 while 或 for 语句也可以消除这类重复,但需要利用逗号表达式,写出的程序也不那么清晰,这里就不讨论了。

这个函数也很典型。人们研究了许多典型函数的计算方法,许多函数的计算都采用类似本函数计算方式的公式,其中需要通过一系列迭代计算,取得一系列逐渐逼近实际函数值的近似值。实现这类计算的程序通常都具有上述函数的形式:采用几个互相协作的临时性变量,通过它们值的相互配合,最终算出所需要的函数值。

6) 求 sin 函数值(通项计算)

问题:定义一个函数,利用公式 $\sin x = \sum_{n=0}^{\infty} (-1)^n \frac{x^{2n+1}}{(2n+1)!}$ 求 $\sin x$ 的近似值。

假设要定义的函数是 double dsin(double x)(为避免与标准库函数冲突,这里另选了一个名字)。显然在计算过程中需要将各项的值不断加进来,在 n 趋向无穷时,项的值将逐渐趋向于 0。为写出这个程序,需要给近似值概念一个精确定义。例如,采用项的值小于 10^{-6} 作为结束条件,在这时结束循环,以得到的累积值作为近似值。

在这一循环中,显然需要一个保存累积和的变量,假定选用 sum;每次循环将求出一个项的值,用一个变量 t 保存这个值。下一个问题是如何算出 t 的值。直截了当的方式是每次都按通项公式 $(-1)^n \frac{x^{2n+1}}{(2n+1)!}$ 计算,有关的计算并不难写出:

```
for (t = 0.0, i = 1; i <= 2 * n+1; ++i)
t *= x/i;
```

仔细分析不难看出,这一做法将形成许多重复的计算,因为后一项的大部分计算在算前一项时都已经做过。如果记录当前项的值,就可以很容易算出下一项的值。也就是说,项的值可以一个个向前推。不难发现,从一项算出下一项的递推公式是

$$t_n = -t_{n-1} \cdot \frac{x^2}{2n \cdot (2n+1)}$$

找到这个公式,计算各项的事情就很简单了。

整个循环的初始值应是 sum=0.0,n=0,t=x。现在已经很容易给出如下的函数定义。

```
double dsin (double x) {
  double sum = 0.0, t = x;
  int n = 0;
  while (t >= 1E-6 || t <= -1E-6) {
    sum = sum + t;
    n = n + 1;
    t = -t * x * x / (2 * n) / (2 * n + 1);
  }
  return sum;
}
```

通过分析发现了项的递推性质,在这个函数定义里节省了许多计算。假设需要算 m 个项,采用上面的方法,计算中各种基本运算的次数与 m 的值成正比;如果用分别计算各项的方式,总的计算量将与 m^2 成正比。如果项数很多,两种不同方式的效率差异将很明显。

还有一个情况值得提出:这个函数中循环体的执行次数依赖于参数情况,甚至很难做出近似估计。根据数学知识,当实参绝对值较小时(例如,$x \in [-\pi, \pi]$ 时),级数收敛很快,项的绝对值将迅速减小,使函数很快完成。如果实参绝对值很大,循环就可能做许多次,甚至一直做到 n 的值超出整数表示范围(n 值超出整数表示范围会发生什么事?请读者考虑)。一个可能改进是利用标准库函数 fmod,将参数值对 π 值取余数后再计算。

从这个例子和讨论可以看出,对于问题本身的理解很重要。对级数收敛性质的考虑能帮助我们认识许多情况。所以说,写程序时必须仔细考虑问题本身的性质。

这个函数也很典型。许多程序里需要计算一系列项的值,此时,寻找项值的共性就尤为重要了,因为只有这样,才能将计算这些项值的工作写成一个循环。如果顺序各项的值有某种递推关系,就应该利用它减少计算量,写出效率更高的程序。

2. 如何为计算过程计时

使用循环,尤其是嵌套循环时,很容易增加程序的复杂性。统计一个程序或程序片段的计算时间,能帮助我们了解程序的性质,编程序的人们常需要做这件事。为程序计时可以用普通计时器,如手表或秒表,但那样做既费事又不精确。许多程序语言或系统都提供了内部的计时功能,下面介绍 C 标准库的计时功能。

C 标准库里有几个与时间有关的函数,它们在标准头文件 time.h 里说明。如果要在程序中统计时间,程序的头部应当写:

```
#include <time.h>
```

做程序计时通常写表达式:

```
clock() / CLOCKS_PER_SEC
```

这是调用库函数 clock 的值除以标识符 CLOCKS_PER_SEC 代表的常量。这个表达式将算出一个数,表示从程序开始执行到这个表达式求值的时刻所经历的时间,以秒数计。

作为例子,假设想确定在所用计算机上计算一些 Fibonacci 序列值需要的时间,可以写出下面的程序。

```
#include <stdio.h>
#include <time.h>
long fib (int n) {
    return n <= 1 ? 1 : fib(n-1) + fib(n-2);
}
int main () {
    double x;
    int n;
    for (n = 35; n < 46; ++n) {
        x = clock();
        printf("Fab %d is %ld in ", n, fib(n));
        printf(" %fs\n", (clock()-x)/CLOCKS_PER_SEC);
    }
    return 0;
}
```

这里需要说明几点。首先,程序输出的是两次计时之差,它基本上等于计算 fib 所用时间。另外,每个 C 系统有一个最小时间单位,小于这个时间单位的计时值都是 0,计时结果也是以这个时间单位步进增长的,所以得到的计时值只能作为参考。

为程序或程序中某部分计时,是人们在实现大的复杂系统、研究具体计算过程的性质等工作中经常做的事情。在程序工作中,如果发现某个程序很慢,可以做的工作一方面是仔细检查程序,估计其中各部分耗费的时间(该部分的"复杂程度"),另一方面还可以给某些部分计时,考察其实际情况。然后考虑设计或实现方法的改进。计算代价的理论研究形成了称为"算法分析和复杂性"的研究领域,该领域的研究工作已经取得了许多极其重要的成果。例如,数学家提出的目前排行第一的"最重要数学问题"就源自这一领域。

关于函数,将在第 7 章进行更为详细的说明。

3. 再读增量和减量运算符(++、--)

在本章的预备知识中已经简单了解了增量和减量运算符(++、--),下面来深入了解一下这对让人头疼的兄弟,看下面一个例子。

```
int i= 3;
(++i)+(++i)+(++i);
```

表达式的值为多少? 15 吗? 16 吗? 18 吗? 其实对于这种情况,C 语言标准并没有做出规定。有的编译器计算出来为 18,因为 i 经过 3 次自加后变为 6,然后 3 个 6 相加得 18;而有的编译器计算出来为 16(如 Visual C++ 6.0),先计算前两个 i 的和,这时候 i 自加两次,两个 i 的和为 10,然后再加上第三次自加的 i 得 16。其实这些没有必要辩论,用到哪个编译器写句代码测试就行了。但不会计算出 15 结果来。

++、--作为前缀是先自加或自减,然后再做别的运算;但是作为后缀时,到底什么时候自加、自减? 这是很多初学者迷糊的地方。假设 i=0,看以下例子。

```
(1)
j =(i++,i++,i++);
```

```
(2)
for(i=0;i<10;i++)
{
    //code
}
(3)
k = (i++)+ (i++)+ (i++);
```

读者可以试着计算它们的结果。

例子(1)为逗号表达式,i 在遇到每个逗号后,认为本计算单位已经结束,i 这时候自加。关于逗号表达式与"++"或"--"的连用,还有一个比较好的例子:

```
int x;
int i = 3;
x = (++i, i++, i+10);
```

问 x 的值为多少?i 的值为多少?

按照上面的讲解,可以很清楚地知道,逗号表达式中,i 在遇到每个逗号后,认为本计算单位已经结束,i 这时候自加。所以,本例子计算完后,i 的值为 5,x 的值为 15。

例子(2)中 i 与 10 进行比较之后,认为本计算单位已经结束,i 这时候自加。

例子(3)中 i 遇到分号才认为本计算单位已经结束,i 这时候自加。

也就是说,后缀运算是在本计算单位计算结束之后再自加或自减。C 语言里的计算单位大体分为以上三类。

上面的例子很简单,下面把括号去掉看看。

```
int i = 3;
++i+++i+++i;
```

问题变得复杂了起来。先看看这个:a+++b 和下面哪个表达式相当?

```
(1) a++ +b;
(2) a+ ++b;
```

C 语言有这样一个规则:每一个符号应该包含尽可能多的字符。也就是说,编译器将程序分解成符号的方法是,从左到右一个一个字符地读入,如果该字符可能组成一个符号,那么再读入下一个字符,判断已经读入的两个字符组成的字符串是否可能是一个符号的组成部分;如果可能,继续读入下一个字符,重复上述判断,直到读入的字符组成的字符串已不再可能组成一个有意义的符号。需要注意的是,除了字符串与字符常量,符号的中间不能嵌有空白(如空格、制表符、换行符等)。例如,==是单个符号,而= =是两个等号。

按照这个规则可能很轻松地判断 a+++b 表达式与 a++ +b 一致。那++i+++i+++i;会被解析成什么样子呢?希望读者好好研究研究。

翻转课堂

(1) 查阅相关资料并思考除引言提到的工业应用外,循环结构在前沿科技、日常生活中是否也有相关应用。

（2）试讨论结构化程序设计中"结构化"的思想，在现实生活中是否也有相关的应用。

章末习题

1. 写一个程序，它在 0°～90°每隔 5°输出一行数据，打印一个表。每行中包括 5 个项目：角度数，以及它所对应的正弦、余弦、正切、余切函数值。

2. 给定 N 个正整数，请统计其中奇数和偶数各有多少个？

3. 输入一行字符，分别统计出其中英文字母、空格、数字和其他字符的个数。

4. 求 $S_n = a + aa + aaa + \cdots + \overset{n\text{个}a}{\overbrace{aa\cdots a}}$ 的值，其中，a 是一个数字，n 表示 a 的位数，n 由键盘输入。例如：

$$2 + 22 + 222 + 2222 + 22222（此时 n = 5）$$

5. 一个三位的十进制整数，如果它的三个数位的数字立方和等于这个数的数值，则称它为一个"水仙数"。编写程序，计算出某一范围内的所有"水仙数"。

6. 一个球从 100m 高度自由落下，每次落地后反弹回原高度的一半，再落下，再反弹。求它在第 10 次落地时共经过多少米，以及第 10 次反弹多高？

7. 猴子吃桃问题。猴子第一天摘下若干个桃子，当即吃了一半，还不过瘾，又多吃了一个。第二天早上又将剩下的桃子吃掉一半，又多吃一个。以后每天早上都吃了前一天剩下的一半零一个。到第 10 天早上想再吃时，见只剩下一个桃子了。求第一天共摘多少桃子？

8. 两个乒乓球队进行比赛，各出三人。甲队为 a、b、c 三人，乙队为 x、y、z 三人。已抽签决定比赛名单。有人向队员打听比赛的名单，a 说他不和 x 比，c 说他不和 x、z 比，请编程序找出三队赛手的名单。

9. 国王将金币作为工资，发放给忠诚的骑士。第一天，骑士收到一枚金币；之后两天（第二天和第三天），每天收到两枚金币；之后三天（第四、五、六天），每天收到三枚金币；之后四天（第七、八、九、十天），每天收到四枚金币……这种工资发放模式会一直这样延续下去：当连续 n 天每天收到 n 枚金币后，骑士会在之后的连续 $n+1$ 天里，每天收到 $n+1$ 枚金币。请计算在前 k 天里，骑士一共获得了多少金币？

10. 现在请你输入一个只含 0、1 和 * 的字符串，其中，* 是结束标志，统计其中 0 和 1 的个数。例如：

```
0100100 *
```

第6章 数 组

 编程先驱

黄煦涛(图 6-0),1936 年 6 月出生于中国上海,担任中国工程院外籍院士、中国科学院外籍院士、美国国家工程院院士、美国伊利诺伊大学厄巴纳-香槟分校 Beckman 研究院图像实验室主任等。

黄煦涛主要从事信息和信号处理方面的研究工作,发明了预测差分量化(Predictive Differential Quantizing,PDQ)的二维传真(文档)压缩方法,该方法已发展为国际 G3/G4FAX 压缩标准;在多维数字信号处理领域中,他提出了关于递归滤波器的稳定性的理论;建立了从二维图像序列中估计三维运动的公式,为图像处理和计算机视觉开启了新领域。此外,他的研究小组还实现了基于语音识别和可视手语分析以控制显示的原型系统。

图 6-0 黄煦涛

黄煦涛在 Beckman 研究院图像实验室成立了图像形成和处理(Image Formation Processing,IFP)小组,该小组的大多数学生成员都隶属于伊利诺伊大学厄巴纳-香槟分校电气和计算机工程系,培养了许多硕士生、博士生和访问学者,同时长期帮助中国培养高级科研人才。

 引言

2020 年 11 月 24 日,习近平总书记在全国劳动模范和先进工作者表彰大会上说"劳模精神、劳动精神、工匠精神是以爱国主义为核心的民族精神和以改革创新为核心的时代精神的生动体现,是鼓舞全党全国各族人民风雨无阻、勇敢前进的强大精神动力。"

——工匠精神内容引自《人民日报》(2021 年 05 月 06 日 13 版)

在 2018 年 11 月 9 日的节目《榜样 3》中,西安城南,大雁塔北,测绘路旁,驻扎着中国经济建设的一支野战军队伍。自 1954 年成立以来,这支队伍的几代人满怀理想和激情,投身祖国的测绘事业,测天量地,只步为尺,用青春和生命默默丈量着祖国的壮美河山。他们便是自然资源部第一大地测量队,建队 64 年来,他们先后六测珠峰、两下南极、36 次进驻内蒙古荒原、46 次深入西藏无人区、48 次踏入新疆腹地,徒步行程近 6000 万千米,相当于绕地球 1500 多圈,测出了近半个中国的大地测量控制成果。这写在本上的一个个测绘数据组成数组,彰显着这支尖兵铁旅的光辉品格。

　　而在节目中另一位榜样王淑芬也同样受人敬佩,作为我国自主研发的卫星导航系统,从1994 年项目启动到 2018 年节目播出,北斗导航已经走过了 24 年的公关历程。而从做北斗到用北斗,这 24 年,王淑芬的每一步也都与北斗寸步不离。1994 年 10 月,正在北京航空航天大学读大四的她,因为一场特殊的招生宣讲会,怀着修身治学、技术报国的理想,毅然放弃外企工作机会,参军投身北斗系统建设。从设计师到主任设计师,她见证了北斗的问世和成长。她说:"自己的青春换来北斗的成功,让中国崛起,让世界瞩目,就是付出再多也值得!"精益求精、追求卓越的工匠精神在王淑芬身上体现得淋漓尽致,让人敬佩。现在,基于北斗的导航服务已被电子商务、移动智能终端制造、位置服务等厂商采用,广泛进入中国大众消费、共享经济和民生领域,深刻改变着人们的生产生活方式。

　　北斗导航系统所定位的每一个地球坐标,都包括经度和纬度两种数据,用来表示所处的位置信息,例如,大连理工大学令希图书馆位于经度 121.517°E,纬度 38.884°N。这种位置信息在 C 语言中可用数组存储,经度和纬度数据共同构成了名为位置的二维数组,通过位置数组,可以清楚地了解到自己所处的真实位置、接下来的导航路线等。在 C 语言中,使用数组以高效地整理、查询并操作每一个元素。正如北斗导航系统极大地方便了人们的日常生活,数组的应用也有效地帮助我们程序的实现。

　　本章将介绍在 C 语言中一维数组、二维数组、字符数组以及字符串的使用。

 前置知识

1. 数据类型

　　C 语言中根据数据的不同性质和用处,将其分为不同的数据类型,各种数据类型具有不同的存储长度、取值范围及允许的操作。

　　C 语言将数据分成两大类型:基本类型和构造类型,其中,构造类型的数据是由若干个基本类型或构造类型按照一定的结构组合而成的。

　　C 语言数据的类型与描述可分为以下几种,见表 6-1。

表 6-1　C 语言数据的类型与描述

序号	类型与描述
1	基本类型:由整型、字符型、浮点型、指针类型、枚举类型及空类型组成
2	构造类型:由若干个基本类型或构造类型按照一定的结构组合而成,共包含数组类型、结构体类型和共用体类型三种类型

　　其中,基本类型中的整型、浮点型和枚举类型变量的值都是数值,统称为算术类型。算术类型和指针类型统称为纯量类型,因为其变量的值是以数字来表示的。数组类型和结构类型统称为组合类型。在本次预备知识中仅介绍基本类型,其他几种类型会在后边几个章节中进行详细讲解。

　　整数类型见表 6-2。

表 6-2　C 语言整数类型

类 型 名 称	字 节 数	值 范 围
char	1	$-128\sim127$ 或 $0\sim255$
unsigned char	1	$0\sim255$
signed char	1	$-128\sim127$
int(基本类型)	4	$-2^{31}\sim(2^{31}-1)$
unsigned int(无符号基本类型)	4	$0\sim(2^{32}-1)$
short(短整型)	2	$-2^{15}\sim(2^{15}-1)$
unsigned short	2	$0\sim(2^{16}-1)$
long(长整型)	4	$-2^{31}\sim(2^{31}-1)$
unsigned long	4	$0\sim(2^{32}-1)$
long long(双长型)	8	$-2^{63}\sim(2^{63}-1)$
unsigned long long	8	$0\sim(2^{64}-1)$

浮点类型见表 6-3。

表 6-3　C 语言浮点类型

类 型 名 称	字 节 数	有 效 数 字	数值范围(绝对值)
float	4	6	0 以及 $1.2\times10^{-38}\sim3.4\times10^{38}$
double	8	15	0 以及 $2.3\times10^{-308}\sim1.7\times10^{308}$
long double	8	15	0 以及 $2.3\times10^{-308}\sim1.7\times10^{308}$
	16	19	0 以及 $3.4\times10^{-4932}\sim1.1\times10^{4932}$

2. 变量

C 语言中变量分为 4 类,分别是: auto 自动变量、static 静态存储分配变量(又分为内部静态和外部静态)、extern 全程变量(用于外部变量说明)、register 寄存器变量(分配在硬件寄存器中)。所有变量都必须先定义后使用。下面对这 4 类变量做出简单介绍,具体介绍将在第 7 章中给出。

1) 自动变量(局部变量)

自动变量是在一个函数开头或段开头处说明的变量。属于自动存储类别的变量具有自动存储期、块作用域且无链接。在 C 语言中规定,函数内定义的变量默认存储类型是自动型,所以其中关键字 auto 可以省略。

(1) 作用域为定义它的函数。

(2) 编译器不会对自动变量给予隐含的初值,故其值不确定,因此每次使用前必须明确置初值。

(3) 形参是自动变量,作用域仅限于相应函数内。

(4) 自动变量随函数的引用而存在和消失,由一次调用到下一次调用之间不保持值。

```
void Auto_ab()
{
    auto int a,b;
    …
}
```

2）全程变量

全程变量是在函数外部定义的变量,它的作用域是整个程序。

（1）C 程序可以分别放在几个文件上,每个文件可以作为一个编译单位分别进行编译。全程变量只需在某个文件上定义一次,其他文件若要引用此变量时,应用 extern 加以说明（全程变量定义时不必加 extern 关键字）。

（2）在同一文件中,若前面的函数要引用后面定义的全程（在函数之外）变量时,在函数里应加 extern 以说明。

3）静态变量

静态变量分为内部静态变量和外部静态变量。

（1）内部静态变量。

① 在局部变量前加上 static 就为内部静态变量。

② 静态局部变量仍是局部变量,其作用域仍在定义它的函数范围内,但它采用静态存储分配（由编译程序在编译时分配,而一般的自动变量和函数形参均采用动态存储分配,即在运行时分配空间）,当函数执行完,返回调用点时,该变量并不撤销,再次调用时,其值将继续存在。

（2）外部静态变量。

① 在函数外部定义的变量前加 static 即为外部静态变量。

② 作用域为定义它的文件,即成为该文件的私有变量,其他文件上的函数一律不得直接访问,除非通过它所在文件上的函数进行操作,这可实现数据隐藏。

```
void Static_ab()
{
    int a;
    static b;
    …
}
```

4）寄存器变量

变量通常存储在计算机内存中。寄存器变量存储在 CPU 的寄存器中,或者概括地说,存储在最快的可用内存中。与普通变量相比,访问和处理这些变量的速度更快。由于寄存器变量存储在寄存器而非内存中,所以无法获取寄存器变量的地址。绝大多数方面,寄存器变量和自动变量都一样。也就是说,它们都是块作用域、无链接和自动存储期。使用存储类别说明符 register 便可声明寄存器变量。

由于现在的计算机的速度越来越快,性能越来越高,优化的编译系统能够识别使用频繁的变量,从而自动地将这些变量放在寄存器中,而不需要程序设计者指定。因此,现在实际上用 register 声明变量的必要性不大。

（1）使用 register 变量可以提高存取速度,但寄存器变量的数目依赖于具体机器,声明多个也只有前几个有效。

（2）只有自动变量和形参可以作为寄存器变量,其余变量类型(如全局变量、静态局部变量)则不能。

（3）在变量类型中,只有 int、char 和指针类型变量可定义为寄存器变量,而 long 类型、浮点数类型(如 double 和 float 类型)变量不能定义为寄存器变量,因为它们的数据长度已经超过了通用寄存器本身的位长。

（4）不能对 register 变量取地址(即 & 操作)。

```
void Register_ab(register int a)
{
    register char b;
    ...
}
```

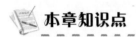

本章知识点

◆ 6.1 数组的概念

在前几章的知识和预备知识中,了解到 C 语言的数据类型分为两类：基本类型和构造类型。构造类型包含数组类型、结构体类型和共用体类型三种类型,它们是由若干个基本类型或构造类型按照一定的结构组合而成。在本章中将介绍构造类型中的第一个类型,即数组类型。

数组(array)就是将具有相同数据类型的数据排放在一起的有序数据的集合(可以视为数据按序排列在一个容器中),如 a_1,a_2,…,a_{10} 共 10 个整型数据排放在 a 的集合之中。数组中的每个数据称为数组元素(如 a_1)。根据在数组中的位置,每个数组元素都有一个序号,这个序号称为下标,利用下标可以访问数组中的每一个元素。

因此,数组是按顺序存储的一系列类型相同的值。数组中各数据的排列具有一定规律,下标代表数据在数组中的序号。用一个数组名(如 a)和下标(如 1)来唯一地确定数组中的元素。数组中的每一个元素都属于同一个数据类型,不能把不同类型的数据(如身高数据和名字)放在同一数组中。由于在 C 语言中,无法输入表示下标,因此在 C 语言中规定用方括号中的数字来表示下标,如 a[2]、a[3]。在 C 语言中,数组的下标是从 0 开始的,因此数组中的第一个数组元素 a1 在数组中表示为 a[0]。

将数据排成一行或一列(即向量形式)的数组叫作一维数组,用下标便可以确定元素的位置,如[0]。将数据排成多行或多列(即矩阵形式)的数组叫作二维数组,用行下标和列下标可确定元素的位置,如 a[0][1]。同理,还有三维数组和多维数组。其中,用来确定数组元素位置的下标的个数叫作数组的维数。

无论数组的维数是多少,同一数组中所有元素必须是相同的数据类型,这个数据类型称为数据的基类型。基类型可以是任何一种合法的 C 语言数据类型,当基类型是整型、浮点型、字符型时,对应组成的数组称为整型数组、浮点型数组和字符型数组。当学习到后几章了每个数据占用的内存字节数。

$$总字节数 = sizeof(基本类型) \times 数组元素个数$$

例如：

```
int a[5];          //数组长度为 5,基类型为 int,则数组占内存空间字节数为 40
double b[100];      //数组长度为 100,基类型为 double,则数组占内存空间字节数为 800
char c[12];        //数组长度为 12,基类型为 char,则数组占内存空间字节数为 12
```

（7）C 语言规定,数组名是数组的首地址,即 a=&a[0]。

（8）数组的下标是从 0 开始的,最大的访问值是 size−1。当数组越界访问时并不会造成编译错误,即 C 语言编译器无法判断和指出代码"访问越界"。

6.2.2 一维数组的引用

在定义数组并对其中各个元素赋值后,就可以引用数组中的元素。应注意,只能引用数组元素而不能一次整体调用整个数组全部元素的值。例如：

```
x=s[0];            //引用数组 s 中第一个元素
y=s;               //试图引用整个数组的全部元素,不合法
```

引用数组元素的表示形式为

```
数组名[下标]
```

数组元素访问通过数组名和表示下标的表达式进行,用下标运算符[]描述。下标运算符[]是 C 语言里优先级最高的运算符之一,它的两个运算对象的书写形式比较特殊：一个运算对象写在方括号前面,表示一个数组；另一个应该是整型常量或整型表达式,写在括号里面表示元素下标。例如,s[0]就是数组中序号为 0 的元素(即数组 s 的第一个元素),它和一个简单变量的地位和作用相似。

"下标"必须是整型数据,可以是常量或变量,包括整型常量、整型常量表达式、字符常量、代表整型数据的符号常量、整型变量、整型变量表达式以及返回值为整型数据的函数等。

例如,下面的赋值表达式包含对数组元素的引用。

```
int i = 4;
s[2] = 10;
s[0] = s[0] + s[1] - s[2 * 2];
s[i-3] = s[0] + 1;
```

注意：定义数组时用到的"数组名[常量表达式]"和引用数组元素时用的"数组名[下标]"形式相同,但含义不同。例如：

```
int d[10];         //前面有 int,这是定义数组,指定数组包含 10 个元素
t=d[2];            //这里的 d[2]表示引用 d 数组中序号为 2 的元素
```

有了上面的定义之后,程序里就可以写下面这些语句。

```
d[0] = 1; d[1] = 2;
d[2] = d[0] + d[1];
d[3] = d[1] + d[2];
```

显然,对于这些简单情况,完全可以用几个简单变量代替 d 这样的数组变量,例如写:

```
int d0, d1, d2, d3;
d0 = 1; d1 = 1;
d2 = d0 + d1;
d3 = d1 + d2;
```

这里还看不出数组的实际价值。数组的真正意义在于它使我们能够以统一方式描述对一组数据的处理。由于下标表达式可以是任何具有整数值的表达式,也允许包含变量。例如可以写:

```
d[i] = d[i-1] + d[i-2];
```

这个语句执行时访问哪三个数组元素,要看变量 i 当时的值。改变下标表达式里变量 i 的值,同一个访问数组元素的语句在每次执行时访问的可能是数组的不同元素。把这种形式的语句写在循环语句中,执行中实际访问的将是数组 d 的一组元素甚至全部元素。

注意:数组的引用一定不能超出数组下标的合法范围,如上述 d[10]数组的合法下标范围是 0~9。引用 d[10]元素是不合法的,用超出数组下标合法范围的下标表达式进行访问的现象称为越界访问。这是使用数组的程序里最常见的一种语义错误。这种错误仅通过查看程序常常无法判断,因为越界情况产生的原因是下标表达式的值不合适,而表达式的值要在程序运行过程中确定。

6.2.3　一维数组的初始化

数组通常被用来存储程序需要的数据。例如,一个内含 12 个整数元素的数组可以存储 12 个月的天数。为了使程序简洁,常在定义数组的同时给各数组元素赋值,这称为数组的初始化。可以用"初始化列表"方法实现数组的初始化。

(1) 在初始化列表中对全部数组元素赋初值,将数组元素的初值依次放在一对花括弧内。例如:

```
int a[5] = {0,1,2,3,4};
```

0	1	2	3	4

(2) 在初始化列表中只给一部分元素赋值。例如:

```
int a[10] = {0,1,2,3,4};
```

定义 a 数组有 10 个元素,但花括号(初始化列表)内只提供 5 个初值,这表示只给前面 5 个元素赋初值,系统自动给后 5 个元素赋初值为 0。其存储内容如下。

0	1	2	3	4	0	0	0	0	0

（3）如果想使一个数组中全部元素值为 0,可以写成:

```
int a[10] = {0,0,0,0,0,0,0,0,0,0};
```

或

```
int a[10] = {0};          //根据上述(2),未赋值的部分元素自动设定为 0
```

其存储内容如下。

0	0	0	0	0	0	0	0	0	0

不能写成:

```
int a[10]={0 * 10};
```

（4）在对全部数组元素赋初值时,由于数组中数据元素的个数已经确定,因此可以不指定数组长度。例如:

```
int a[5] = {0,1,2,3,4};
```

可以写成:

```
int a[] = {0,1,2,3,4};
```

其存储内容如下。

0	1	2	3	4

若被定义的数组长度与提供初值的个数不相同,则数组长度不能省略。例如,想定义数组长度为 10,就不能省略数组长度的定义,而必须写成:

```
int a[10] = {1,2,3,4,5}; 只初始化前 5 个元素,后 5 个元素为 0
```

注意:如果定义数组时没做初始化,外部数组和局部静态数组的元素将自动初始化为 0,自动数组的元素将不初始化,这些元素的值处在没有明确初始化的状态。这里是没做初始化的数组,下面的例子没有对数组做初始化,与上述未被"初始化列表"指定初始值的含义是不同的。

```
int a[5];
printf("%d", a[0]);       //并未对数组 a 做初始化便输出数组元素,输出结果随机
```

6.2.4　程序举例

示例 1:输入 n(n<10),再输入 n 个数,用选择法将它们从小到大排序后输出。

设 n＝5

3　5　2　8　1

编写程序：

```
1.   for(k = 0; k < n-1; k++){
2.       index = k;
3.       for(i = k + 1; i < n; i++)
4.           if(a[i] < a[index])  index = i;
5.       temp = a[index];
6.       a[index] = a[k];
7.       a[k] = temp;
8.   }
```

运行结果：

```
Enter n: 5
Enter 10 integers: 3 5 2 8 1
After sorted: 1 2 3 5 8
```

程序分析：

(1) 5 个数(a[0]～a[4])中找最小数,与 a[0]交换。

(2) 4 个数(a[1]～a[4])中找最小数,与 a[1]交换。

(3) 3 个数(a[2]～a[4])中找最小数,与 a[2]交换。

(4) 2 个数(a[3]～a[4])中找最小数,与 a[3]交换。

选择法：

(1) n 个数(a[0]～a[n−1])中找最小数,与 a[0]交换。

(2) n−1 个数(a[1]～a[n−1])中找最小数,与 a[1]交换。

(3) 2 个数(a[n−2]～a[n−1])中找最小数,与 a[n−2]交换。

示例 2：用数组求 Fibonacci(斐波那契)数列前 20 个数。

编写程序：

```
1.   #include <stdio.h>
2.   main()
3.   {  int i;
4.       int f[20]={1,1};
5.       for(i=2;i<20;i++)
6.           f[i]=f[i-2]+f[i-1];
7.       for(i=0;i<20;i++)
8.       {
9.           if(i%5==0)  printf("\n");
10.          printf("%12d",f[i]);
11.      }
12.  }
```

运行结果：

1	1	2	3	5
8	13	21	34	55
89	144	233	377	610
987	1597	2584	4181	6765

if 语句用来控制换行,每行输出 5 个数据。

示例 **3**:用冒泡法排序。

编写程序:

```
1.   #include <stdio.h>
2.   void main()
3.   {
4.     int a[10];
5.     int i,j,t;
6.     printf("input 10 numbers :\n");
7.     for (i=0;i<10;i++)
8.        scanf("%d",&a[i]);
9.     printf("\n");
10.  for(j=0;j<9;j++)
11.     for(i=0;i<9-j;i++)
12.       if (a[i]>a[i+1])
13.       {
14.          t=a[i];
15.          a[i]=a[i+1];
16.          a[i+1]=t;
17.       }
18.  printf("the sorted numbers :\n");
19.  for(i=0;i<10;i++)
20.       printf("%d",a[i]);
21.  printf("\n");
22.  }/* 程序结束 */
```

运行结果:

```
input 10 numbers:
1 0 4 8 12 65 - 76 100 - 45 123↙
the sorted numbers:
- 76 - 45 0 1 4 8 12 65 100 123
```

程序分析:

(1) 比较第一个数与第二个数,若为逆序 a[0]>a[1],则交换;然后比较第二个数与第三个数;以此类推,直至第 $n-1$ 个数和第 n 个数比较为止——第一趟冒泡排序,结果最大的数被安置在最后一个元素位置上。

(2) 对前 $n-1$ 个数进行第二趟冒泡排序,结果使次大的数被安置在第 $n-1$ 个元素位置。

(3) 重复上述过程,共经过 $n-1$ 趟冒泡排序后,排序结束。

示例 **4**:对无序数组的查询。

编写程序：

```
1.   #include <stdio.h>
2.   int main(){
3.       int nums[10] = {1, 100, 12, 13, 11, 752, 510, 51, 604, 992}; //数组初始化
4.       int i, num, thisindex = -1;
5.
6.       printf("Input an integer: ");
7.       scanf("%d", &num);                              //输入查询数值
8.       for(i=0; i<10; i++){
9.           if(nums[i] == num){
10.               thisindex = i;
11.               break;
12.           }
13.       }
14.       if(thisindex < 0){
15.         printf("%d isn't  in the array.\n", num);
16.       }
17.       else{
18.           printf("%d is  in the array, it's index is %d.\n", num, thisindex);
19.       }
20.
21.       return 0;
22.   }
```

运行结果：

```
Input an integer: 100
100 is in the array, it's index is 1.
```

或

```
Input an integer: 28
28 isn'tin the array.
```

　　程序分析：这段代码的作用是让用户输入一个数字，判断该数字是否在数组中，如果在，就打印出下标。第 8～13 行代码是关键，它会遍历数组中的每个元素，和用户输入的数字进行比较，如果相等就获取它的下标并跳出循环。注意：数组下标的取值范围是非负数，当 thisindex≥0 时，该数字在数组中，当 thisindex<0 时，该数字不在数组中，所以在定义 thisindex 变量时，必须将其初始化为一个负数。

　　示例 5：对有序数组的查询。

　　编写程序：

```
1.   #include <stdio.h>
2.   int main(){
3.       int nums[10] = {1, 11, 12, 13, 51, 100, 510, 604, 752, 992};
4.       int i, num, thisindex = -1;
5.       printf("Input an integer: ");
```

```
6.     scanf("%d", &num);
7.     for(i=0; i<10; i++){
8.         if(nums[i] == num){
9.             thisindex = i;
10.            break;
11.        }
12.        else if(nums[i] > num){
13.            break;
14.        }
15.    }
16.    if(thisindex < 0){
17.        printf("%d isn't  in the array.\n", num);
18.    }
19.    else{
20.        printf("%d is  in the array, it's index is %d.\n", num, thisindex);
21.    }
22.    return 0;
23. }
```

程序分析：与前面的对无序数组的查询代码相比，这段代码的改动很小，只增加了一个判断语句，也就是 12～14 行。因为数组元素是升序排列的，所以当 nums[i]>num 时，i 后边的元素也都大于 num 了，num 肯定不在数组中了，就没有必要再继续比较了，终止循环即可。

节后练习

1. 用筛选法求 100 之内的素数。

2. 将一个数组中的值按逆序重新存放。例如，原来的顺序为 1,2,3,4,5,要求改为 5,4,3,2,1。

3. 以下一维数组 a 的正确定义是（   ）。

    A. int a(10);   B. int n=10,a[n];

    C. int n;   D. #define SIZE 10

       scanf("%d",&n);   int a[SIZE];

       int a[n];

4. 若有以下数组说明，则 i=10;a[a[i]]元素数值是（   ）

```
int a[12]={1,4,7,10,2,5,8,11,3,6,9,12};
```

    A. 10   B. 9   C. 6   D. 5

6.3   二维数组的定义和引用

6.3.1   二维数组的定义

具有两个下标的数组元素构成的数组称为二维数组。例如，北斗导航的坐标便是一个二维数组，通过经度和纬度来表示。二维数组称为矩阵，把二维数组写成行和列的排列形式,如图 6-2 所示。

a[0][0]	a[0][1]	a[0][2]	a[0][3]
a[1][0]	a[1][1]	a[1][2]	a[1][3]
a[2][0]	a[2][1]	a[2][2]	a[2][3]

图 6-2　逻辑结构

定义二维数组的一般形式为

类型说明符 数组名[常量表达式][常量表达式];

即:

类型说明符 数组名[行数][列数];

类型说明符同一维数组一样,是二维数组中所有元素共同的数据类型,类型说明符也称为数组的基类型。

例如:

```
int a[3][4];
float b[2][5];
```

定义 a 为 3×4(3 行 4 列)的数组,b 为 2×5(2 行 5 列)的数组。需注意,不能写成:

```
int a[3,4];
float b[2,5];        //在一对方括号内写两个坐标,错误
```

注意:定义数组后,在程序运行过程中行数和列数不能再被改变。数组占内存空间的字节数由行数、列数和元素数据类型共同决定。例如:

```
int a[3][4];        //共有 3 * 4 个元素,基类型为 int,则数组占内存空间字节数为 48
double b[2][5];     //共有 2 * 5 个元素,基类型为 double,则数组占内存空间字节数为 80
```

在 C 语言中,二维数组是按行排列的。也就是先存放 a[0]行,再存放 a[1]行,最后存放 a[2]行;每行中的 4 个元素也是依次存放。可以认为,二维数组是由多个长度相同的一维数组构成的。

注意:用矩阵形式(如 3 行 4 列形式)表示二维数组,是逻辑结构。而在物理内存中,各元素是连续存放的,其物理结构如图 6-3 所示。

a[0][0]
a[0][1]
a[0][2]
a[0][3]
a[1][0]
a[1][1]
a[1][2]
a[1][3]
a[2][0]
a[2][1]
a[2][2]
a[2][3]

6.3.2　二维数组的引用

同一维数组的引用相同,由于二维数组排放成矩阵形式,则二维数组元素的表示形式为

图 6-3　物理结构

数组名[行下标][列下标]

注意:

(1) 数组名后跟两对方括号,分别填写行下标和列下标,代表要引用的数组元素。一定要注意区分数组定义和数组元素的引用:在定义数组时,出现在数组名后边方括号中的数据是行数和列数;而在引用数组元素时,出现在数组名后边方括号中的数据是数组元素的行下标和列下标。

(2) 同一维数组的引用相同,在引用数组元素时,下标值应在已定义的数组大小的范围内。对于具有 m 行 n 列的二维数据,行下标取值范围为 $0 \sim m-1$,列下标取值范围为 $0 \sim n-1$。在这个问题上常出现错误。例如:

```
int a[3][4];        //定义 a 为 3 * 4 的二维数组
a[3][4]=3;          //不存在 a[3][4]元素
```

6.3.3 二维数组的初始化

利用初始化列表,在定义二维数组的同时给数组全部元素赋初值(也称为数组的初始化)。具体方法如下。

(1) 按行分组写出初值。由于二维数组的每一行本质上是一维数组,因此可将每一行的元素初值按一维数组的初始化列表形式写出,每一行分组之间用逗号分隔。例如:

```
int a[3][4] = {{1,2,3,4},{5,6,7,8},{9,10,11,12}};
```

(2) 按存储顺序写出初值。由于二维数组在内存中是按行顺序存储的,因此可将数组中的全部元素按行的顺序写出,这样可以省略每一行的元素两边的花括号。例如:

```
int a[3][4] = {1,2,3,4,5,6,7,8,9,10,11,12};
```

(3) 只给一部分元素赋值。例如:

```
int a[3][4] = {{1},{2},{3}};
```

它的作用是只对各行第 1 列(即序号为 0 的列)的元素赋初值,其余元素值自动为 0。赋初值后数组各元素为

$$\begin{bmatrix} 1 & 0 & 0 & 0 \\ 2 & 0 & 0 & 0 \\ 3 & 0 & 0 & 0 \end{bmatrix}$$

对各行中的某一个元素赋初值,例如:

```
int a[3][4] = {{1},{0,2},{0,0,3}};
```

赋初值后数组各元素为

$$\begin{bmatrix} 1 & 0 & 0 & 0 \\ 0 & 2 & 0 & 0 \\ 0 & 0 & 3 & 0 \end{bmatrix}$$

也可以只对某几行元素赋初值,例如:

```
int a[3][4] = {{1},{2,3}};          //仅对前两行赋初值
int a[3][4] = {{1},{ },{0,4}};      //不对第二行赋初值
```

$$\begin{bmatrix} 1 & 0 & 0 & 0 \\ 2 & 3 & 0 & 0 \\ 0 & 0 & 0 & 0 \end{bmatrix} \qquad \begin{bmatrix} 1 & 0 & 0 & 0 \\ 0 & 0 & 0 & 0 \\ 0 & 4 & 0 & 0 \end{bmatrix}$$

(4) 利用初始化列表赋初值时,第一维方括号中的行数可以省略,第二维方括号中的列数不能省略,C 语言编译器会根据指定的列数或内置花括号自动确定行数。例如:

```
int a[3][4] = {1,2,3,4,5,6,7,8,9,10,11,12};
```

与下面的定义等价。

```
int a[][4] = {1,2,3,4,5,6,7,8,9,10,11,12};
```

思考题:请判断以下错误或进行比较。
(1) 错误。

```
char name[0];
float weight[10.3];
int array[-100];
```

(2) 错误。

```
int a[10];
float i=3;
a[i]=10;
```

(3) 错误。

```
int  a[5];
a={2,4,6,8,10};
```

(4) 错误。

```
int a[][10];
float f[2][]={1.2 ,2.2};
```

(5) 比较。

```
int a[2][3]={{5,6},{7,8}};
int a[2][3]={5,6,7,8};
```

6.3.4　程序举例

示例 1:定义 1 个 3×2 的二维数组 a,数组元素的值由下式给出,按矩阵的形式输出 a。

$$a[i][j] = i+j \quad (0{\leqslant}i{\leqslant}2,0{\leqslant}j{\leqslant}1)$$

编写程序：

```
#include <stdio.h>
int main(void)
{   int i, j;
    int a[3][2];
    for(i = 0; i < 3; i++)
        for(j = 0; j < 2; j++)
            a[i][j] = i + j;
    for(i = 0; i < 3; i++){
        for(j = 0; j < 2; j++)
            printf("%4d", a[i][j]);
        printf("\n");
    }
    return 0;
}
```

示例 2：有一个 3×4 的矩阵，要求编程序求出其中值最大的那个元素的值，以及其所在的行号和列号。

编写程序：

```
#include <stdio.h>
void main()
{
    int i,j,row=0,colum=0,max;
    int a[3][4]={{1,2,3,4},{9,8,7,6},{-10,10,-5,2}};
    max=a[0][0];
    for (i=0;i<=2;i++)
        for (j=0;j<=3;j++)
            if (a[i][j]>max){
                max=a[i][j];
                row=i;
                colum=j;
            }
    printf("max=%d,row=%d,colum=%d\n",max,row,colum);
}
```

示例 3：一个学习小组有 5 个人，每个人有 3 门课程的考试成绩，见表 6-4，求该小组各科的平均分和总平均分。

表 6-4　学习小组的成绩

--	Math	C	English
Jin	80	75	92
Wang	61	65	71
Li	59	63	70
Zhang	85	87	90
Zhao	76	77	85

编写程序：

```
#include <stdio.h>
int main(){
    int i, j;                              //二维数组下标
    int sum = 0;                           //当前科目的总成绩
    int average;                           //总平均分
    int v[3];                              //各科平均分
    int a[5][3];                           //用来保存每个同学各科成绩的二维数组
    printf("Input score:\n");
    for(i=0; i<3; i++){
        for(j=0; j<5; j++){
            scanf("%d", &a[j][i]);         //输入每个同学的各科成绩
            sum += a[j][i];                //计算当前科目的总成绩
        }
        v[i]=sum/5;                        //当前科目的平均分
        sum=0;
    }
    average = (v[0] + v[1] + v[2]) / 3;
    printf("Math: %d\nC Language: %d\nEnglish: %d\n", v[0], v[1], v[2]);
    printf("Total: %d\n", average);
    return 0;
}
```

运行结果：

```
Input score:
80 61 59 85 76 75 65 63 87 77 92 71 70 90 85
Math: 72
C Language: 73
English: 81
Total: 75
```

程序分析：程序使用了一个嵌套循环来读取所有学生所有科目的成绩。在内层循环中依次读入某一门课程的各个学生的成绩，并把这些成绩累加起来，退出内层循环（进入外层循环）后再把该累加成绩除以 5 送入 v[i] 中，这就是该门课程的平均分。外层循环共循环三次，分别求出三门课各自的平均成绩并存放在数组 v 中。所有循环结束后，把 v[0]、v[1]、v[2] 相加除以 3 就可以得到总平均分。

节后练习

1. 求一个 5×5 的整型矩阵对角线元素之和。

2. 有一个 3×4 的矩阵，要求求出该矩阵外围元素之和。

3. 将一个二维数组行和列的元素互换，存到另一个二维数组中。例如：

$$a = \begin{bmatrix} 1 & 2 & 3 \\ 4 & 5 & 6 \end{bmatrix} \quad b = \begin{bmatrix} 1 & 4 \\ 2 & 5 \\ 3 & 6 \end{bmatrix}$$

4. 在定义 int array[3][6]后,array [1][1]是数组 array 中的第_____个元素。

◆ 6.4 字符数组与字符串

6.4.1 字符数组

若数组中的每个数组元素存放的都是字符型数据,则称该数组为字符型数组或字符数组。字符数组用数据类型关键字 char 来说明其类型。同整型数组一样,字符数组可以是一维的,也可以是二维甚至多维的。

其定义的一般形式为

```
char 数组名[数组长度]
```

首先,字符数组也是数组,其定义方式与其他数组相同,例如:

```
char a[10];                //一维字符数组
char b[5][10];             //二维字符数组
char c[20]={'c', ' ', 'p', 'r', 'o', 'g', 'r', 'a','m}; //给部分数组元素赋值
char d[]={'c', ' ', 'p', 'r', 'o', 'g', 'r', 'a', 'm' }; //对全体元素赋值时可以省去长度
```

6.4.2 字符数组的初始化

利用初始化列表,在定义字符数组的同时给数组元素赋值(即初始化)。例如:

```
char c[12]={'I', ' ', 'a', 'm', ' ', 'C', 'h', 'i', 'n', 'e','s','e'};
```

注意:如果花括号中提供的初值个数(即字符个数)大于数组长度,则会出现语法错误。
如果初值个数小于数组长度,则将这些字符赋给数组中前面那些元素,其余的元素自动赋值为空字符(即'\0')。

例如:

```
char c[10]={'C',' ', 'p', 'r', 'o', 'g', 'r', 'a', 'm'};
```

数组状态如图 6-4 所示。

C		p	r	o	g	r	a	m	\0

图 6-4　数组状态

6.4.3 字符串

字符数组实际上是一系列字符的集合,也就是字符串(String)。在 C 语言中,没有专门的字符串变量,没有 string 类型,通常就用一个字符数组来存放一个字符串。

C 语言规定,可以将字符串直接赋值给字符数组,例如:

```
char str[30]={"C program"};
char str[30]= "C program";
```

数组第 0 个元素为'C',第 1 个元素为' ',第 2 个元素为'p',后面的元素以此类推。

同时,可以不指定数组长度:

```
char str[]={"C program"};
char str[]= "C program";
```

注意:字符数组只有在定义时才能将整个字符串一次性地赋值给它。在引用时,只允许一个字符赋值。请看下面的例子。

```
char str[4];
str ="abc";                          //错误
str[0]='a'; str[1]='b'; str[2]='c';    //正确
```

在 C 语言中,字符串总是以'\0'作为结尾,所以'\0'也被称为字符串结束标志,或者字符串结束符。'\0'是 ASCII 码表中的第 0 个字符,英文称为 NULL,中文称为"空字符"。该字符既不能显示,也没有控制功能,输出该字符不会有任何效果,它在 C 语言中唯一的作用就是作为字符串结束标志。

因此,C 语言在处理字符串时,会从前往后逐个扫描字符,一旦遇到'\0'就认为到达字符串的末尾,即结束处理。由" "包围的字符串会自动在末尾添加'\0'。例如," C program"从表面看起来只包含 9 个字符,但是,C 语言会在最后隐式地添加一个'\0'。其存储形式如图 6-5 所示。

C		p	r	o	g	r	a	m	\0

图 6-5 字符串存储格式

注意:

(1)逐个字符地给数组赋值并不会自动添加'\0'。例如,数组 str 的长度为 3,而不是 4,因为最后没有'\0'。

```
char str[] = {'a', 'b', 'c'};
```

(2)字符串长度:表示字符串包含多少个字符(不包括最后的结束符'\0')。例如,字符串"abc"的长度是 3,而不是 4。

思考题:判断字符串。

```
char a[5] = {'i', 's', 'n', 'o', 't'},
b[5] = {'g', 'o', 'o', 'd'},
c[5] = {'f', 'i', 'n', 'e', '\0'},
d[5] = {'o', 'k', '\0'},
e[5] = {'o', 'k', '\0', '?', '?'};
```

分析:数组 a 里存的不是字符串,因为缺少表示串结束的空字符。

数组 b 和 c 里存的都是字符串。给数组 b 提供的初始化表达式个数不够,按规定,剩余位置自动置为空字符(字符值的 0 就是空字符),正好当作字符串结束标志。c 初始化时已在有效字符后加了一个空字符,所以它也存了一个字符串。

数组 d 最后两个字符未给,将自动设为空字符,对 d 作为字符串没有影响。

数组 e 的情况有些特殊,5 个元素都给了值,但在空字符后面又有另外两个字符,这该怎么看呢? 作为字符数组,e 的 5 个元素分别有了值,意义很清楚。如果将 e 中数据当作字符串看待和处理,遇到空字符就认为串已结束,后面的东西对串处理已经没意义了。所以,如果将 e 看作字符串,那就是一个只包含两个字符的串。

6.4.4 字符串的输入输出

1. 字符串的输出

在 C 语言中,有三个函数可以在控制台(显示器)上输出字符串,分别如下。

(1) printf():通过格式控制符%s 输出字符串,不能自动换行。除了字符串,printf()还能输出其他类型的数据。

(2) puts():输出字符串并自动换行,该函数只能输出字符串。

(3) putchar():利用 putchar()函数输出字符串。

例如:

```
#include <stdio.h>
int main(){
    char str[] = "China";
    printf("%s\n", str);        //通过字符串名字输出
    printf("%s\n", "China");    //直接输出
    puts(str);                  //通过字符串名字输出
    puts("China");              //直接输出
    return 0;
}
```

运行结果:

```
China
China
China
China
```

注意:输出字符串时只需要给出名字,不能带后边的[ ]。例如,下面的两种写法都是错误的。

```
printf("%s\n", str[]);     //错误
puts(str[10]);             //错误
```

2. 字符串的输入

在 C 语言中,有三个函数可以让用户从键盘上输入字符串,分别如下。

(1) scanf():通过格式控制符%s 输入字符串。除了字符串,scanf()还能输入其他类型的数据。

(2) gets():直接输入字符串,并且只能输入字符串。gets()函数的参数要求是用于存储字符串空间的起始地址。gets()函数将从键盘读入的字符串存储到字符数组中,并自动

在末尾添加一个字符串结束符'\0'。

(3) getchar()：利用 getchar()函数读入字符，存储到字符数组中。

注意：scanf()和 gets()是有区别的。

(1) scanf()读取字符串时以空格为分隔，遇到空格就认为当前字符串结束了，所以无法读取含有空格的字符串。

(2) gets()认为空格也是字符串的一部分，只有遇到 Enter 键时才认为字符串输入结束，所以，不管输入了多少个空格，只要不按 Enter 键，对 gets()来说就是一个完整的字符串。换句话说，gets()用来读取一整行字符串。

例如：

```c
#include <stdio.h>
int main(){
    char str1[30] = {0};
    char str2[30] = {0};
    char str3[30] = {0};

    //gets()的用法
    printf("Input a string: ");
    gets(str1);

    //scanf()的用法
    printf("Input a string: ");
    scanf("%s", str2);
    scanf("%s", str3);

    printf("\nstr1: %s\n", str1);
    printf("str2: %s\n", str2);
    printf("str3: %s\n", str3);

    return 0;
}
```

运行结果：

```
Input a string: C   Java Python↙
Input a string: CC++↙

str1: C Java Python
str2: C
str3: C++
```

6.4.5 字符串处理函数

在 C 函数库中提供了一些用来专门处理字符串的函数，在使用字符串处理函数时，应当在程序文件的开头使用。例如：

```c
#include <string.h>
```

把 string.h 文件包含到本文件中。

下面介绍几种常用的字符串处理函数。

1. 字符串连接函数 strcat( )

函数调用的一般形式为

```
strcat(str1,str2);
```

其中,第一个参数 str1 是目的字符串的首字符地址,可以是字符数组名、字符指针变量;第二个参数 str2 是源字符串的首字符地址,可以是字符数组名、字符指针变量或字符串变量。

    strcat( )函数(用于拼接字符串)接收两个字符串作为参数。该函数把第二个字符串的备份附加到第一个字符串末尾,并把拼接后形成的新字符串作为第一个字符串,第二个字符串不变。strcat( )函数的类型是 char *(即指向 char 的指针)。strcat( )函数返回第一个参数,即拼接第二个字符串后的第一个字符串的地址。例如:

```
charstr1[30] = {"Dalian University "};
char str2[] = {"of technology"};
printf("%s",strcat(str1,str2));
```

输出:

```
Dalian University of technology
```

    说明:strcat( )函数无法检查第一个数组是否能容纳第二个字符串。如果分配给第一个数组的空间不够大,多出来的字符溢出到相邻存储单元时就会出问题。使用 strncat( )函数,该函数的第三个参数指定了最大添加字符数。例如,strncat(str1,str2,5)将把 str2 字符串的内容附加给 str1,在加到第 5 个字符或遇到空字符时停止。因此,算上空字符(无论哪种情况都要添加到空字符),str1 数组应该足够大,以容纳原始字符串(不包含空字符)、添加原始字符串在后面的 5 个字符和末尾的空字符。

2. 字符串复制函数 strcpy( )

函数调用的一般形式为

```
strcpy(str1,str2)
```

其中,第一个参数 str1 是目的字符串的首字符地址,可以是字符数组名、字符指针变量;第二个参数 str2 是源字符串的首字符地址,可以是字符数组名、字符指针变量或字符串变量。函数返回值为目的字符串的首字符地址(即 str1)。其作用是将字符串 2 复制到字符数组 1 中去。例如:

```
char str1[10],str2[]="Dalian";
strcpy(str1,str2);
```

执行后,str1 的状态如下:

D	a	l	i	a	n	\0	\0	\0	\0

strcpy()函数还有两个有用的属性。第一,strcpy()的返回类型是 char＊,该函数返回的是第一个参数的值,即一个字符的地址。第二,第一个参数不必指向数组的开始,这个属性可用于复制数组的其中一部分。

3. 字符串比较函数 strcmp()

函数调用的一般形式为

```
strcmp(str1,str2)
```

其中,两个参数 str1 和 str2 各是字符串的首字符地址,可以是字符数组名、字符指针变量或字符串常量。其作用是比较字符串 1 和字符串 2。

例如:

```
strcmp(str1,str2);
strcmp("Dalian","Beijing");
strcmp(str1,"Beijing");
```

说明:字符串比较的规则是将两个字符串自左至右逐个字符相比(按 ASCII 码值大小比较),直到出现不同的字符或遇到'\0'为止。strcmp()函数比较的是字符串,不是整个数组。即使有的数组占用较多的字节,而存储在其中的"Dalian"只占用了 7B(还有一个用来存放空字符),因此 strcmp()函数只会比较第一个空字符前面的部分。因此,可以用 strcmp()比较存储在不同大小数组中的字符串。

如果全部字符相同,则认为两个字符串相等;若出现不相同的字符,则以第一对不相同的字符的比较结果为准。比较的结果由函数值带回。

如果 str1 与 str2 相同,则函数值为 0。

如果 str1>str2,则函数值为一个正整数。

如果 str1<str2,则函数值为一个负整数。

4. 测字符串长度的函数 strlen()

函数调用的一般形式为

```
strlen(str)
```

其中,函数的参数 str 是字符串的首字符地址,可以是字符数组名、字符指针变量或字符串常量。其作用是测试字符串长度的函数。函数的值为字符串中的实际长度(不包括'\0'在内)。例如:

```
char str[10]="Dalian";
printf("%d",strlen(str));
```

输出结果为

```
6
```

5. 转换为小写的函数 strlwr()

函数调用的一般形式为

```
strlwr(str)
```

其中,函数的参数 str 是字符串的首字符地址,可以是字符数组名或字符指针变量,函数返回值是字符串的首字符地址(即 str)。其作用是将字符串中的大写字母换成小写字母。

```
char str[10] = "CHINA";
strlwr(str);
printf("%s",str);
```

输出结果为

```
china
```

6. 转换为大写的函数 strupr()
函数调用的一般形式为

```
strupr(str)
```

其中,函数的参数 str 是字符串的首字符地址,可以是字符数组名或字符指针变量,函数返回值是字符串的首字符地址(即 str)。其作用是将字符串中的小写字母换成大写字母。

```
char str[10] = "china";
strupr(str);
printf("%s",str);
```

输出结果为

```
CHINA
```

7. 其他字符串函数

```
char * strchr(const char * s, int c);
```

如果字符串 s 中包含 c 字符,该函数返回指向 s 字符串首位置的指针(末尾的空字符也是字符串的一部分,所以也在查找范围内);如果字符串 s 中未找到 c 字符,该函数则返回空指针。

```
char * strrchr(const char * s, int c);
```

该函数返回 s 字符串中 c 字符的最后一次出现的位置(末尾的空字符也是字符串的一部分,所以在查找范围内),如果未找到 c 字符,则返回空指针。

```
char * strstr(const char * s1,const char * s2);
```

该函数返回指针 s1 字符串中 s2 字符串出现的位置。如果在 s1 中没有找到 s2,则返回空指针。

```
char * strpbrk(const char * s1, const char * s2);
```

如果 s1 字符中包含 s2 字符串中的任意字符,该函数返回指向 s1 字符串首位置的指针;如果在 s1 字符串中未找到任何 s2 字符串中的字符,则返回空字符。

6.4.6　程序举例

示例 1:输出一个字符串。

编写程序:

```
#include <stdio.h>
void main()
{   char c[10]={'I',' ','a','m',' ','a',' ','b','o','y'};
    int i;
    for(i=0;i<10;i++)
        printf("%c",c[i]);
    printf("\n");
}
```

运行结果:

```
I am a boy
```

示例 2:输出一个钻石图形,如图 6-6 所示。

```
    *
  *   *
 *     *
  *   *
    *
```

图 6-6　钻石图形

编写程序:

```
#include <stdio.h>
void main()
{
    char diamond[][5]={{' ',' ','*'},{' ','*',' ','*'}, {'*',' ',' ',' ','*'},
    {' ','*',' ','*'},{' ',' ','*'}};
    int i,j;
    for(i=0;i<5;i++)
    { for(j=0;j<5;j++)
        printf("%c",diamond[i][j]);
        printf("\n");
    }
}
```

示例 3:计算字符串的有效长度。

编写程序:

```
#include <stdio.h>
int main(void)
{   int i = 0, len;
    char str[80] = "Happy";                /* 初始化 */
    for(i = 0; str[i] != '\0'; i++)
        ;
    len = i;
    printf("len = %d\n", len);
    for(i = 0; str[i] != '\0'; i++)        /* 输出字符串 */
        putchar(str[i]);
    return 0;
}
```

运行结果:

```
len = 5
Happy
```

示例 4:字符数组初始化。
编写程序:

```
#include <stdio.h>
void main()
{   char a[7]={'a', 'p', 'p', 'l', 'e'};
    char b[7]={"apple"};
    char c[7];
    int i;
    for (i=0;i<=6;i++)
        printf("%d%d%d\n",a[i],b[i],c[i]);
}
```

示例 5:strcmp()与 strlen()举例。
编写程序:

```
#include <string.h>
#include <stdio.h>
void main()
{   char str1[] = "Hello!", str2[] = "How are you?",str[20];
    int len1,len2,len3;
    len1=strlen(str1);       len2=strlen(str2);
    if(strcmp(str1, str2)>0)
    {   strcpy(str,str1);        strcat(str,str2);    }
    else  if (strcmp(str1, str2)<0)
    {   strcpy(str,str2);        strcat(str,str1);    }
    else    strcpy(str,str1);
    len3=strlen(str);
    puts(str);
    printf("Len1=%d, Len2=%d, Len3=%d\n",len1,len2,len3);
}
```

运行结果：

```
How are you?Hello!
Len1=6,Len2=12,Len3=18
```

示例 6：有三个字符串，要求找出其中最大者。今设有一个二维的字符数组 str，大小为 3×20，即有 3 行 20 列，每一行可以容纳 20 个字符。

编写程序：

```
#include <stdio.h>
#include <string.h>
void main()
{   char string[20],str[3][20];
    int i;
    for(i=0;i<3;i++)
        gets(str[i]);
    if(strcmp(str[0],str[1])>0)
        strcpy(string,str[0]);
    else
        strcpy(string,str[1]);
    if(strcmp(str[2],string)>0)
        strcpy(string,str[2]);
    printf("\nThe largest string is:\n%s\n",string);
}
```

运行结果：

```
CHINA
HOLLAND
AMERICA
The largest string is :
HOLLAND
```

程序分析：把 str[0]，str[1]，str[2]看作三个一维字符数组，它们各有 20 个元素。可以把它们如同一维数组那样进行处理。可以用 gets()函数分别读入三个字符串。经两次比较，就可得到值最大者，把它放在一维字符数组 string 中。

节后练习

1. 输入一行字符，统计其中有多少个单词，单词之间用空格分隔开。
2. 以下给定字符数组 str 定义和赋值正确的是(　　)。
    A. char str[10]；str={"China!"}；
    B. char str[ ]={"China!"}；
    C. char str[10]；strcpy(str,"abcdefghijkl")；
    D. char str[10]={"abcdefghijkl"}；
3. 设有数组定义："char array[]="China";"则数组 array 所占用的存储空间为(　　)。
    A. 4B　　　　　　B. 5B　　　　　　C. 6B　　　　　　D. 10B

4. 设有数组定义："char array[10]="China";"则数组 array 所占用的存储空间为(　　)。

A. 4B　　　　　　B. 5B　　　　　　C. 6B　　　　　　D. 10B

场景案例

经过本章的学习后,同学们已经可以完整解答第 1 章中的场景案例问题了,问题如下。

现有一份抗战时期的伤员名单,每位伤员都由代号和名字两部分组成(例如:18 lrdfXdkxfG,18 表示代号,lrdfXdkxfG 表示经过加密处理的伤员名字)。经过研究发现了如下解密规律(括号中是一个"密文->原文"的例子)。

(1) 加密代号为小于 100 的正整数,加密代号中十位乘 2,个位加 2 然后除以 10 取余得到原代号(18->20)。

(2) 加密名字逆序存储(dcba->abcd)。

(3) 加密名字中所有的字符都在字母表中循环右移三个位置得到原名字(Abz->Dec)。

写一段程序,实现输入解密前的代号和名字,输出解密后的代号和名字。

企业案例

微博是一个基于用户关系的信息分享、传播以及获取的平台,通过微博,人们可以将视频、图画、文字等多种形式嵌入其中,并且可以供每个人阅读、欣赏或转载。微博在我国的使用越来越广泛,已经成为很多人不可缺少的一部分。看微博、发微博、谈论微博,成为人们传递信息的主要方式。

早在 2012 年,人民日报就开通了官方微博,经过多年的发展已成为粉丝过亿的"大 V",不仅打破了传统党媒严肃刻板的形象局限,而且为自身融媒体转型提供了核心驱动力。近年来,人民日报在微博中设置了♯人民微评♯、♯人民锐评♯、♯你好,明天♯等评论类栏目,以一针见血的犀利微评论快速赢得受众认可,形成了独树一帜的新闻评论风格。截至 2022 年 4 月 15 日,♯人民微评♯的总阅读量达到 9.3 亿,♯人民锐评♯总阅读量为 45.3 亿,♯你好,明天♯总阅读量为 234.5 亿,讨论次数超过 1000 万,其影响力可见一斑。整体而言,人民日报微博评论形成了聚焦话题、大众叙事、原创评论、多维交互的特色,在品牌效应的推动下,进一步扩大了沟通渠道,提高了新闻评论覆盖率,在深层次的思想交锋中寻求社会发展的共同方向和完成社会舆论的正向引导。

其中,微博热搜榜显示着话题的实时热度排行,在热搜榜中,可以了解到最关注的事情和话题。微博热搜,指的是用户在微博上搜索获取信息行为的热度排行。该排行主要依据关键词搜索频次对用户搜索行为进行量化处理,通过阅读次数、讨论次数和原创人数三个指标进行加权计算,然后自动生成实时热度排行。

本章所学习到的知识可以简单实现该功能。编写一程序,通过数组存储话题关键词、阅读次数、讨论次数和原创人数 4 项属性,共 n 组数据。通过加权计算和排序算法,最终输出热度递减的热度排行,其中包括话题关键词及热度值。

前沿案例

1. K 折交叉验证

深度学习是学习样本数据的内在规律和表示层次,这些学习过程中获得的信息对诸如文字、图像和声音等数据的解释有很大的帮助。它的最终目标是让机器能够像人一样具有分析学习能力，能够识别文字、图像和声音等数据。

深度学习在搜索技术、数据挖掘、机器学习、机器翻译、自然语言处理、多媒体学习、语音、推荐和个性化技术，以及其他相关领域都取得了很多成果。深度学习使机器模仿视听和思考等人类的活动，解决了很多复杂的模式识别难题，使得人工智能相关技术取得了很大进步。

在深度学习中使用训练集对参数进行训练的时候，经常会发现人们通常会将一整个训练集分为三部分。一般分为训练集(train_set)、评估集(valid_set)和测试集(test_set)三部分。这其实是为了保证训练效果而特意设置的。其中，测试集很好理解，其实就是完全不参与训练的数据，仅用来观测测试效果的数据。而训练集和评估集则牵涉到下面的知识了。

因为在实际的训练中，训练的结果对于训练集的拟合程度通常还是挺好的，但是对于训练集之外的数据的拟合程度通常就不那么令人满意了。因此通常并不会把所有的数据集都拿来训练，而是分出一部分来对训练集生成的参数进行测试，相对客观地判断这些参数对训练集之外的数据的符合程度。这种思想就称为交叉验证(Cross Validation)。

在给定的建模样本中，拿出大部分样本进行建模型，留小部分样本用刚建立的模型进行预报，并求这小部分样本的预报误差，记录它们的平方和。这个过程一直进行，直到所有的样本都被预报了一次而且仅被预报一次。把每个样本的预报误差平方加和，称为 PRESS。

在深度学习中，常常应用到的方法有 K 折交叉验证，将数据集等比例划分成 K 折，以其中的一份作为测试数据，其他的 $K-1$ 份数据作为训练数据，这样算是一次实验。而 K 折交叉验证只有实验 K 次才算完整的一次，也就是说，交叉验证实际是把实验重复做了 K 次，每次实验都是从 K 个部分中选取一份不同的数据作为测试数据，剩下的 $K-1$ 个当作训练数据，最后把得到的 K 个实验结果平分。

编写一个程序，输入二维数组数据集、数据集行数、交叉验证折数和交叉验证数组长度，输出划分后的数组，以此实现划分数据为 K 折。

2. GPU 的并行计算

在深度学习中，常常需要操作大量的向量和矩阵。深度学习常常使用 GPU 进行运算而非 CPU，因为 GPU 拥有的核心数比 CPU 多得多，在处理并行任务时效率更高。当然，要充分利用这些核心，也就意味着深度学习程序需要将任务进行分治(也就是拆分成多个任务)，让 GPU 可以进行并行计算。

为了完成这一任务，现在要编写矩阵的数乘函数，但是要求这个函数只对矩阵的某个子阵进行数乘。

易错盘点

(1) 数组定义：数组定义时必须定义其数组长度；数组长度必须是正整型常量或正整型常量表达式，不能是任何类型的变量。定义数组后，在程序运行过程中数组长度不能再被改变。数组长度和数组元素的数据类型共同决定了数组占内存空间的字节数，例如，以下定义是不合法的。

```
int n;
scanf("%d", &n);          //试图在程序中临时输入数组的大小
int s[n];
```

（2）数组引用：只能引用数组元素而不能一次整体调用整个数组全部元素的值，例如，以下引用是不合法的。

```
int x=s[0];               //引用数组 s 中第一个元素
int y=s;                  //试图引用整个数组的全部元素,不合法的
```

（3）越界访问：数组的引用一定不能超出数组下标的合法范围，s[n]的引用下标最小值为 0，最大值为 $n-1$。用超出数组下标合法范围的下标表达式进行访问的现象称为**越界访问**。

C 语言对程序错误的检查不够严格，一个重要方面就是它不检查数组元素访问的合法性。用 C 语言开发的程序在运行中不检查数组越界问题，在实际出现越界访问错误时也不报告出错信息。

（4）如果在定义数值型数组时，指定了数组的长度并对之初始化，凡未被"初始化列表"指定初始化的数组元素，系统会自动把它们初始化为 0。如果是字符型数组，则初始化为 '\0'，如果是指针型数组，则初始化为 NULL，即空指针。

（5）如果定义数组时没做初始化，外部数组和局部静态数组的元素将自动初始化为 0，自动数组的元素将不初始化，这些元素的值处在没有明确初始化的状态。

（6）二维数组的物理结构：用矩阵形式表示二维数组，是逻辑上的概念，能形象地表示行列关系。而在内存中（即物理结构），各元素是连续存放的，不是二维的，是线性的。

（7）二维数组的引用：同一维数组的引用相同，在引用数组元素时，下标值应在已定义的数组大小的范围内。对于具有 m 行 n 列的二维数据，行下标取值范围为 $0\sim m-1$，列下标取值范围为 $0\sim n-1$。

（8）在 C 语言中，没有专门的字符串变量，而是将字符串存入字符数组来处理。即用一个一维数组来存放一个字符串，每个元素存放一个字符。C 语言中在用字符数组存储字符串常量时会自动加一个 '\0' 作为结束符。

（9）字符串的输出：printf()通过格式控制符%s 输出字符串，不能自动换行；puts()输出字符串并自动换行，该函数只能输出字符串；putchar()只能输出单个字符，可以使用循环结构逐个输出字符串中的字符。

（10）字符串的输入：scanf()通过格式控制符%s 输入字符串；gets()直接输入字符串，并且只能输入字符串；getchar()只能读入单个字符，可以使用循环结构逐个读入字符串中的字符。

（11）scanf()读取字符串时以空格为分隔，遇到空格就认为当前字符串结束了，所以无法读取含有空格的字符串。gets()认为空格也是字符串的一部分，只有遇到 Enter 键时才认为字符串输入结束，用来读取一整行字符串。

知识拓展

1. 冒泡排序

冒泡排序是一种简单的排序算法。它重复地走访过要排序的数列,一次比较两个元素,如果它们的顺序(如从大到小、首字母从 A 到 Z)错误就把它们交换过来。

以从小到大排序为例,冒泡排序的整体思想如下。

(1) 从数组头部开始,不断比较相邻的两个元素的大小,让较大的元素逐渐往后移动(交换两个元素的值),直到数组的末尾。经过第一轮的比较,就可以找到最大的元素,并将它移动到最后一个位置。

(2) 第一轮结束后,继续第二轮。仍然从数组头部开始比较,让较大的元素逐渐往后移动,直到数组的倒数第二个元素为止。经过第二轮的比较,就可以找到次大的元素,并将它放到倒数第二个位置。

(3) 以此类推,进行 $n-1$(n 为数组长度)轮"冒泡"后,就可以将所有的元素都排列好。

(4) 整个排序过程就好像气泡不断从水里冒出来,最大的先出来,次大的第二出来,最小的最后出来,所以将这种排序方式称为冒泡排序(Bubble Sort)。

编写程序:

```
void bubble_sort(int arr[], int len) {
    int i, j, temp;
    for (i = 0; i < len - 1; i++)
        for (j = 0; j < len - 1 - i; j++)
            if (arr[j] > arr[j + 1]) {
                temp = arr[j];
                arr[j] = arr[j + 1];
                arr[j + 1] = temp;
            }
}
```

2. 选择排序

选择排序(Selection Sort)是一种简单直观的排序算法。它的工作原理如下:首先在未排序序列中找到最小(大)元素,存放到排序序列的起始位置;然后,再从剩余未排序元素中继续寻找最小(大)元素,放到已排序序列的末尾。以此类推,直到所有元素均排序完毕。

编写程序:

```
void selection_sort(int a[], int len)
{
    int i,j,temp;
    for (i = 0; i < len - 1; i++)
    {
        int min = i;                    //记录最小值,第一个元素默认最小
        for (j = i + 1; j < len; j++)   //访问未排序的元素
        {
            if (a[j] < a[min])          //找到目前最小值
            {
```

```
            min = j;                    //记录最小值
        }
    }
    if(min != i)
    {
        temp=a[min];                    //交换两个变量
        a[min]=a[i];
        a[i]=temp;
    }
  }
}
```

3. 插入排序

插入排序是一种简单直观的排序算法。它的工作原理是通过构建有序序列,对于未排序数据,在已排序序列中从后向前扫描,找到相应位置并插入。因为在从后向前扫描过程中,需要反复把已排序元素逐步向后挪位,为最新元素提供插入空间。

编写程序:

```
void insertion_sort(int arr[], int len){
    int i,j,temp;
    for (i=1;i<len;i++){
        temp = arr[i];
        for (j=i;j>0 && arr[j-1]>temp;j--)
            arr[j] = arr[j-1];
        arr[j] = temp;
    }
}
```

4. 归并排序

归并排序是建立在归并操作上的一种有效、稳定的排序算法。将已有序的子序列合并,得到完全有序的序列,即先使每个子序列有序,再使子序列段间有序。若将两个有序表合并成一个有序表,称为二路归并。

5. 快速排序

快速排序是在区间中随机挑选一个元素作基准,将小于基准的元素放在基准之前,大于基准的元素放在基准之后,再分别对小数区与大数区进行排序。

说明:排序算法的稳定性是指假定在待排序的记录序列中,存在多个具有相同的关键字的记录,若经过排序,这些记录的相对次序保持不变,即在原序列中,r[i]=r[j],且r[i]在r[j]之前,而且在排序后的序列中,r[i]仍在r[j]之前,则称这种排序算法是稳定的;否则称为不稳定的。

上述所说冒泡排序、插入排序、归并排序是稳定的,而快速排序、选择排序是不稳定的排序算法。

翻转课堂

回文就是指这样一个单词或短语,即它们顺读和倒读都是一样的。例如,"do geese see God"(回答:"O,no!")。回文是一种室内娱乐游戏,每个人争取回答出最长的句子,同时这个句子多少有点意思。例如,拿破仑最后的悔恨之语"Able was I,ere I saw Elba"。另一个经典的回文则跟开凿巴拿马运河的个人英雄事迹有关,这句话是"A man,a plan,a canal — Panama!"

当然,不可能由一个人和一个计划就能完成巴拿马运河的修凿。卡耐基·梅隆大学的一位计算机科学研究生 Jim Saxe 注意到了这一点。1983 年 10 月,Jim 闲来无聊,便开始琢磨这句巴拿马回文,并把它扩展为:

A man,a plan,a cat,a canal —Panama?

Jim 把这句话放在其他研究生可以看到的计算机系统上。于是,一场竞赛开始了!

耶鲁大学的 Steve Smith 用下面这句回文调侃上面这种修凿运河的努力。

A tool,a fool,a pool —loopaloofaloota!

几个星期之内,Guy Jacobson 把巴拿马回文扩展为

A man,a plan,a cat,a ham,a yak,a yam,a hat,a canal—Panama!

在我国古代同样也有回文对联,读起来更是妙趣无穷。例如,"雾锁山头山锁雾,天连水尾水连天""雪岭吹风吹岭雪,龙潭活水活潭龙""凤落梧桐梧落凤,珠联璧合璧联珠""处处飞花飞处处,潺潺碧水碧潺潺,重重绿树绿重重,声声笑语笑声声"。

请同学们积极思考、展开讨论,施展自己的才华,分别想一个英文回文短语和中文回文对联,同时讨论编写一个能检验回文的程序,来检验想出的短语对联是不是标准的回文。

章末习题

1. 输出以下的杨辉三角形(要求输出 10 行)。

```
          1
         1 1
        1 2 1
       1 3 3 1
      1 4 6 4 1
     1 5 10 10 5 1
```

2. 设有数组定义：char array1[]＝"victory"；char array2[10]＝"victory",则数组 array1 和 array2 所占用的存储空间分别为(　　)。

　A. 8 10　　　　　　　B. 7 10　　　　　　　C. 7 7　　　　　　　D. 8 8

3. 若有说明："int a[][3]＝{{1,2,3},{4,5},{6,7}};"则数组 a 的第一维大小为(　　)。

　A. 2　　　　　　　　B. 3　　　　　　　　C. 4　　　　　　　D. 无确定值

4. 以下不能正确定义二维数组的选项是(　　)。

　A. int a[2][2]＝{{1},{2}};　　　　　　　　B. int a[][2]＝{1,2,3,4};

　C. int a[2][2]＝{{1},2,3};　　　　　　　　D. int a[2][]＝{{1,2},{3,4}};

5. 以下程序的输出结果是(　　)。

```c
#include <stdio.h>
int main() {
    int a[3][3] = {{1,2}, {3,4}, {5,6}}, i, j, s = 0;
    for(i = 1; i < 3; ++i)
```

```
        for(j = 0; j <= i; ++j)
            s += a[i][j];
    printf("%d\n", s);
    return 0;
}
```

  A. 18   B. 19   C. 20   D. 21

6. 以下程序的输出结果是(　　)。

```
#include <stdio.h>
int main() {
    int i, x[3][3] = {1,2,3,4,5,6,7,8,9};
    for(i = 0;i < 3; ++i)
        printf("%d ", x[i][2-i]);
    return 0;
}
```

  A. 1 5 9   B. 1 4 7   C. 3 5 7   D. 3 6 9

7. 已知"char x[]="hello",y[]={'h','e','a','b','e'};",则关于两个数组长度的正确描述是(　　)。

  A. 相同   B. x 大于 y   C. x 小于 y   D. 以上答案都不对

8. 合法的数组定义是(　　)。

  A. int a[]="string";   B. int a[5]={0,1,2,3,4,5};

  C. char s="string";   D. char a[]={0,1,2,3,4,5};

9. 下列代码正确的是(　　)。

  A. char a[3][]={'abc','1'};   B. char a[][3]={'abc','1'};

  C. char a[3][]={'a',"1"};   D. char a[][3]={"a","1"};

10. 以下程序的输出结果是(　　)。

```
#include <stdio.h>
int main() {
    char str[] = "1234567";
    int i;
    for(i = 0; i < 7; i +=3)
        printf("%s\n", str + i);
    return 0;
}
```

  11. 自 1954 年成立以来,自然资源部第一大地测量队六测珠峰,带回了珍贵的测绘数据。1968 年,中国测量珠峰高度为 8849.75m;1975 年,测量珠峰高度为 8848.13m;1992 年,测量珠峰高度为 8848.82m;1998 年,测量珠峰高度为 8848.58m;1999 年,测量珠峰高度为 8848.45m;2005 年,测量珠峰高度为 8844.43m。分别用选择法、冒泡法对 6 次测绘数据进行排序并输出珠峰的平均高度。

  12. 有 10 个数按由小到大顺序存放在一个数组中,输入一个数,要求用折半查找法找出该数是数组中第几个元素的值。如果该数不在数组中,则输出"查无此数"。

13. 有一个 12 盏灭掉的灯一字形排列的走廊,会经过 n 个小朋友($0 < n \leqslant 6$),这 n 个小朋友分别编号为 $1,2,3,\cdots$。当他们经过的灯的序数刚好是他们序数的整数倍时,则要按下此灯的开关。问:n 个小朋友走过后,灯的亮灭情况。

14. 在军训中,为了让同学们得到放松,教官带同学们玩"圆圈报数"的游戏。设 n 个人围成一圈,顺序编号。从第一个人开始从 1 到 m 报数,凡报到 m 的人退出圈子,编程求解最后留下的人的初始编号。

15. 编写一个程序,将两个字符串连接起来,不要用 strcat() 函数。

16. long long 是一个数据范围非常大的数据类型,但是在一些时候,需要处理的数据可能会超过 long long 的范围,这时,就不得不通过让计算机模拟"列竖式"的过程来进行计算了。现在给出两个不超过 10 万位的整数 a,b,请算出 $a+b$ 的值。

17. 桶排序是一种非常直观的排序方法,具体操作如下。

(1)创建一个数组,用作统计每一个数出现次数的桶。

(2)遍历输入的数字,找出最大值,并将每一个数"丢进"对应的桶中。

(3)最后按照桶数组的顺序输出所有数据。

现在有 N($N \geqslant 10^5$)个数,每个数不超过 10^7 且为正数,请用桶排序的方法对该数组进行排序,并打印一份数据出现频率的统计图(要求:统计图能够展示 1 到该数组最大的数之间所有的数的出现次数)。

18. 已知如图 6-7 所示 4×4 阶数独,要求将 $1,2,3,4$ 这 4 个数填入空格,并使每行、每列和每宫都包含这 4 个数。

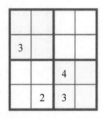

19. 随着物联网技术的发展,智能家居系统中的设备可以收集大量数据,例如,温度传感器可以记录一天中的温度变化。这些数据需要被处理和分析,以提供更舒适的居住环境或节能建议。请编写一个 C 语言程序,模拟智能家居系统中对一系列温度数据进行分析的过程。程序需要完成以下任务。

图 6-7 4×4 阶数独

(1)用户输入一系列温度数据的数量 N($N \leqslant 24$,假设每小时记录一次,代表一天内的温度变化)。

(2)程序需要找出并输出当天的最高温度和最低温度。

(3)程序还需要计算并输出所有温度数据的平均值。

(4)最后,程序需要输出温度升高的次数和温度降低的次数。

20. 在战争时期,一些机密消息往往进行加密,并将加密后的消息以电报的方式放给组织。一个简单的解密形式,是通过两段长度相同信息不同的字符串,根据在同一位置上的不同字母之间的差值,计算得到隐藏在密码之下的数字信息。

现在,假设你得到了加密过的两个字符串 s1 和 s2。计算编写一个程序,将两个字符串 s1 和 s2 中的每个字符进行比较,如果 s1>s2,输出一个正数;如果 s1=s2,输出 0;如果 s1<s2,输出一个负数,最终输出一段数字信息。不要使用 strcmp() 函数。两个字符串用 gets() 函数读入。输出的正数或者负数的绝对值应是相比较的两个字符串相应字符的 ASCII 码的差值。例如,"A"与"C"相比,由于"A"<"C",应该输出负数,由于"am"与"an"的 ASCII 码差值为 1,因此应该输出"−1"。同理,"his"和"has"比较,根据第二个字符比较的结果,"i"比"a"大 8,因此输出 8。

第 7 章

函　数

 编程先驱

董韫美(图 7-0),1936 年 3 月 4 日出生于云南昆明,计算机软件专家,中国科学院院士,中国科学院软件研究所研究员、博士生导师,吉林大学教授。主要从事软件理论、技术、工具和汉字信息处理等多个领域的研究工作,还从事软件规约与软件设计方法研究。

图 7-0　董韫美

董韫美从 20 世纪 50 年代后期起从事计算机软件的研究开发。20 世纪 60 年代初、中期,主持和作为主力研制出中国最早的实用高级程序语言 BCY 和有关计算机上的编译器,其后的工作包括形式语言理论、编译技术。1979 年提出用计算机设计高质量汉字字形的参量图形学方法,解决了有关的实现技术。20 世纪 80 年代中期以来,研究软件复用技术。20 世纪 90 年代以来,研究形式规约的获取与复用,提出基于复用的文法推断方法,并提出一种新的递归函数理论:上下文无关语言上的递归函数 CFRF。

20 世纪 60 年代初期至中期,董韫美主持研制出了中国国内最早的实用高级程序语言 BCY,并在 119 机、109 机、015 机等机器上实现了相应的编译程序及其他系统软件。其后的工作包括形式语言理论、编译技术和软件工具。1978—1980 年,首先提出用计算机设计高质量汉字字形的参量图形学方法,解决了有关的实现技术,建立了实验系统,后又发展成汉字字形设计系统。20 世纪 80 年代中期以来,率先在国内开展软件复用技术研究。在形式规约知识的获取与复用研究中,提出通过机器学习获取规约的 MLIRF 方法和有关的实现技术,提出上下文无关语言上的递归函数理论。

 引言

1970 年 4 月 24 日,东方红一号卫星成功发射,在其热控系统的诞生过程中,大量数据和公式演算都是用算盘来完成的。卫星在方案设计阶段就已经体现出模块化思想,卫星工程总体及卫星总体由中国科学院负责;运载火箭由第七机械工业部八院负责(1967 年改为由一院负责);地面观测、跟踪、遥控系统以第四机械工业部为主、中国科学院配合。在当时,东方红一号卫星在重量、信号传输形式和星上温控系统等技术方面,均超过了苏美等国首颗卫星的水平,这对于当时没有计算机,也没有高端制造设备的中国航天人来说,是不可思议的成就。

如今,我国的航天事业腾飞发展,使用算盘推演科研数据的艰苦岁月已然远去,但航空航天前辈们所留下来的两弹一星精神却始终在我们的血脉中赓续传承。在计算机技术高速发展的今天,当我们在面对着诸如系统设计等复杂问题时,同样可以通过模块化程序设计工具函数解决难题。本章将学习模块化工具函数,包括函数定义、函数调用、函数嵌套、函数递归等知识。

 前置知识

模块化编程思想是一种将复杂的系统或程序拆分为一系列相互关联的模块的方法。每个模块是一个相对独立的功能单元,通过模块化编程,可以让复杂的问题分解为更小的、可管理的部分,提高代码的可读性、可维护性和重用性。在实际的工程中,模块化思想有如下特点与优势。

(1) 抽象与封装。模块化编程通过抽象和封装将功能实现细节隐藏起来,只暴露必要的接口给其他模块。这样做可以减少不必要的复杂性,降低模块之间的耦合度,使得修改和维护模块更加方便。

(2) 接口与隔离。每个模块都有定义明确的接口,其他模块只能通过接口与模块进行通信。这种隔离性确保了代码的安全性和整体的稳定性。同时,接口的定义也促进了团队协作,让不同开发人员可以并行工作。

(3) 可重用性。通过模块化设计,可以将功能相似或共用的代码封装到模块中。这样一来,就可以在不同项目中重复使用这些模块,提高代码的重用性,减少代码的重复编写,提高开发效率。

(4) 测试和调试。模块化编程使得测试和调试更加容易。由于模块独立性比较高,可以针对每个模块进行单独的测试,确保模块的正确性。同时,在调试时也可以更容易地定位问题所在。

(5) 编程规范和可读性。模块化设计需要根据一定的规范和标准来设计接口和模块。这样可以提高代码的一致性和可读性,使得不同的开发人员能够更容易地理解和使用代码。同时,模块化编程也能够使得代码结构更清晰,便于维护和更改。

在本章的学习过程中,将从函数出发初步了解模块化编程思想,将复杂的问题分解为更小、更简单的部分。这样的设计有助于提高代码的可维护性、可读性和重用性。通过合理地划分模块,可以更好地组织和管理代码,提高开发效率,降低程序的复杂性。

 本章知识点

7.1　函数的基本知识

在前面已经介绍过,C 源程序是由函数组成的。虽然在前面各章的程序中大都只有一个主函数 main(),但实用程序往往由多个函数组成。函数是 C 源程序的基本模块,通过对函数模块的调用实现特定的功能。C 语言中的函数相当于其他高级语言的子程序。C 语言不仅提供了极为丰富的库函数(如 Turbo C、MSC 都提供了三百多个库函数),还允许用户建立自己定义的函数。用户可把自己的算法编成一个个相对独立的函数模块,然后用调用的方法来使用函数。可以说,C程序的全部工作都是由各式各样的函数完成的,所以也把C语言称为函数式语言。

7.1.1　函数的概念

由于采用了函数模块式的结构,C语言易于实现结构化程序设计。使程序的层次结构清晰,便于程序的编写、阅读、调试。在C语言中可从不同的角度对函数分类。

1. 从函数定义的角度看

函数可分为库函数和用户定义函数两种。

(1) 库函数:由C系统提供,用户无须定义,也不必在程序中做类型说明,只需在程序前包含该函数原型的头文件即可在程序中直接调用。在前面各章的例题中反复用到printf()、scanf()、getchar()、putchar()、gets()、puts()、strcat()等函数均属此类。

(2) 用户定义函数:由用户按需要写的函数。对于用户自定义函数,不仅要在程序中定义函数本身,而且在主调函数模块中还必须对该被调函数进行类型说明,然后才能使用。

2. 从C语言的函数兼有其他语言中的函数和过程两种功能角度看

函数可分为有返回值函数和无返回值函数两种。

(1) 有返回值函数:此类函数被调用执行完后将向调用者返回一个执行结果,称为函数返回值。例如,数学函数即属于此类函数。由用户定义的这种要返回函数值的函数,必须在函数定义和函数说明中明确返回值的类型,例如,整型(int)、浮点型(float)等。

(2) 无返回值函数:此类函数用于完成某项特定的处理任务,执行完成后不向调用者返回函数值。这类函数类似于其他语言的过程。由于函数无须返回值,用户在定义此类函数时可指定它的返回为"空类型",空类型的说明符为"void"。

3. 从主调函数和被调函数之间数据传送的角度看

函数可分为无参函数和有参函数两种。

(1) 无参函数:函数定义、函数说明及函数调用中均不带参数。主调函数和被调函数之间不进行参数传送。此类函数通常用来完成一组指定的功能,可以返回或不返回函数值。

(2) 有参函数:也称为带参函数。在函数定义及函数说明时都有参数,称为形式参数(简称为形参)。在函数调用时也必须给出参数,称为实际参数(简称为实参)。进行函数调用时,主调函数将把实参的值传送给形参,供被调函数使用。

以上各类函数不仅数量多,而且有的还需要了解相关硬件知识才能使用,因此要想全部掌握则需要一个较长的学习过程。应首先掌握一些最基本、最常用的函数,再逐步深入。由于篇幅关系,本书只介绍少部分常用库函数,其余部分读者可根据需要查阅相关手册。还应该指出的是,在C语言中,所有的函数定义,包括主函数main()在内,都是平行的。也就是说,在一个函数的函数体内,不能再定义另一个函数,即不能嵌套定义。但是函数之间允许相互调用,也允许嵌套调用。习惯上,把调用者称为主调函数。函数还可以自己调用自己,称为递归调用。main()函数是主函数,它可以调用其他函数,而不允许被其他函数调用。因此,C程序的执行总是从main()函数开始,完成对其他函数的调用后再返回main()函数,最后由main()函数结束整个程序。一个C源程序必须有,也只能有一个主函数main()。

7.1.2 函数的定义

函数是一段可以重复使用的代码,用来独立地完成某个功能,它可以接收用户传递的数据,也可以不接收。接收用户数据的函数在定义时要指明参数,不接收用户数据的不需要指明,根据这一点可以将函数分为有参函数和无参函数。将代码段封装成函数的过程叫作函数定义。

1. C 语言无参函数的定义

如果函数不接收用户传递的数据,那么定义时可以不带参数,如下。

```
dataType functionName(){
    //body
}
```

dataType 是返回值类型,由函数的类型决定,它可以是 C 语言中的任意数据类型,如 int、float、char 等。functionName 是函数名,它是标识符的一种,命名规则和标识符相同。函数名后面的圆括号()不能少。body 是函数体,它是函数需要执行的代码,是函数的主体部分。即使只有一个语句,函数体也要由{}包围。如果有返回值,在函数体中使用 return 语句返回。return 出来的数据类型要和 dataType 一样。例如,定义一个函数,计算从 1 加到 100 的结果。

```
int sum(){
    int i, sum=0;
    for(i=1; i<=100; i++){
        sum+=i;
    }
    return sum;
}
```

累加结果保存在变量 sum 中,最后通过 return 语句返回。sum 是 int 型,返回值也是 int 类型,它们一一对应。return 是 C 语言中的一个关键字,只能用在函数中,用来返回处理结果。将上面的代码补充完整。

```
#include <stdio.h>
int sum(){
    int i, sum=0;
    for(i=1; i<=100; i++)
    {
        sum+=i;
    }
    return sum;
}
int main(){
    int a = sum();
    printf("The sum is %d\n", a);
    return 0;
}
```

运行结果：

```
The sum is 5050
```

函数不能嵌套定义，main()也是一个函数定义，所以要将 sum 放在 main()外面。函数必须先定义后使用，所以 sum 要放在 main()前面。

注意：main()是函数定义，不是函数调用。当可执行文件加载到内存后，系统从 main()函数开始执行，也就是说，系统会调用我们定义的 main()函数。

无返回值函数：有的函数不需要返回值，或者返回值类型不确定（很少见），那么可以用 void 表示，例如：

```
void hello(){   ·
    printf ("Hello,world \n");
    //没有返回值就不需要 return 语句
}
```

void 是 C 语言中的一个关键字，表示"空类型"或"无类型"，绝大部分情况下也就意味着没有 return 语句。

2. C 语言有参数函数的定义

如果函数需要接收用户传递的数据，那么定义时就要带上参数，如下。

```
datatype functionName(dataType1 param1, dataType2 param2, …){
    //body
}
```

dataType1 param1，dataType2 param2，…是参数列表。函数可以只有一个参数，也可以有多个，多个参数之间由","分隔。参数本质上也是变量，定义时要指明类型和名称。与无参函数的定义相比，有参函数的定义仅仅是多了一个参数列表。数据通过参数传递到函数内部进行处理，处理完成以后再通过返回值告知函数外部。更改上面的例子，计算从 m 加到 n 的结果。

```
int sum(int m, int n){
    int i, sum=0;
    for(i=m; i<=n; i++){
        sum+=i;
    }
    return sum;
}
```

参数列表中给出的参数可以在函数体中使用，使用方式和普通变量一样。调用 sum()函数时，需要给它传递两份数据，一份传递给 m，一份传递给 n，调用函数时可以直接传递整数，例如：

```
int result = sum(1, 100);            //1传递给 m,100传递给 n,也可以传递变量
int begin = 4;
int end = 86;
```

```
int result = sum(begin, end);        //begin 传递给 m,end 传递给 n
//也可以整数和变量一起传递
int num = 33;
int result = sum(num, 80);           //num 传递给 m,80 传递给 n
```

函数定义时给出的参数称为形式参数,简称形参;函数调用时给出的参数(也就是传递的数据)称为实际参数,简称实参。函数调用时,将实参的值传递给形参,相当于一次赋值操作。原则上讲,实参的类型和数目要与形参保持一致。如果能够进行自动类型转换,或者进行了强制类型转换,那么实参类型也可以不同于形参类型,例如,将 int 类型的实参传递给 float 类型的形参就会发生自动类型转换。将上面的代码补充完整:

```
#include <stdio.h>
int sum(int m, int n){
    int i, sum=0;
    for(i=m; i<=n; i++){
        sum+=i;
    }
    return sum;
}
int main(){
    int begin = 5, end = 86;
    int result = sum(begin, end);
    printf("The sum from %d to %d is %d\n", begin, end, result);
    return 0;
}
```

运行结果:

```
The sum from 5 to 86 is 3731
```

定义 sum()时,参数 m、n 的值都是未知的;调用 sum()时,将 begin、end 的值分别传递给 m、n,这和给变量赋值的过程是一样的,它等价于:

```
m = begin;
n = end;
```

思考题:
(1) int function()与 int function(void)有何区别?
(2) 以下程序的输出是什么?

```
#include <stdio.h>
void swap(int a, int b);
int main()
{
    int a = 5;
    int b = 6;
    swap(a,b);
    printf("%d-%d\n", a, b);
    return 0;
}
```

```
void swap(int a, int b)
{
    int t = a;
    a = b;
    b = t;
}
```

注意：C 语言不允许函数嵌套定义。也就是说，不能在一个函数中定义另外一个函数，必须在所有函数之外定义另外一个函数。main()也是一个函数定义，也不能在 main()函数内部定义新函数。下面的例子是错误的。

```
#include <stdio.h>
void func1(){
    printf("dlut ");
    void func2();
    printf("I Love China");
}
int main(){
    func1();
    return 0;
}
```

有些初学者认为，在 func1()内部定义 func2()，那么调用 func1()时也就调用了 func2()，这是错误的。正确的写法应该是这样的：

```
#include <stdio.h>
void func2(){
    printf("I Love China");
}
void func1(){
    printf("dlut");
    func2();
}
int main(){
    func1();
    return 0;
}
```

func1()、func2()、main()三个函数是平行的，谁也不能位于谁的内部，要想达到调用 func1()时也调用 func2()的目的，必须将 func2()定义在 func1()外面，并在 func1()内部调用 func2()。

7.1.3　函数的调用

主调函数使用被调函数的功能，称为函数调用。在 C 语言中，只有在函数调用时，函数体中定义的功能才会被执行。C 语言中，函数调用的一般形式为："函数名(类型 形参,类型 形参…);"。对无参函数调用时则无实际参数表。实际参数表中的参数可以是常数、变量或其他构造类型数据及表达式，各实参之间用逗号分隔。在 C 语言中，可以用以下几种方式调用函数。

1. 函数表达式

函数作为表达式中的一项出现在表达式中,以函数返回值参与表达式的运算。这种方式要求函数是有返回值的。例如:

```
z=max(x,y);
```

上述语句是一个赋值表达式,把 max 的返回值赋予变量 z。

2. 函数语句

函数调用的一般形式加上分号即构成函数语句。例如:

```
printf ("%d",a);
scanf ("%d",&b);
```

都是以函数语句的方式调用函数。

3. 函数实参

函数作为另一个函数调用的实际参数出现。这种情况是把该函数的返回值作为实参进行传送,因此要求该函数必须是有返回值的,例如:

```
printf("%d",max(x,y));        /* 把 max 调用的返回值作为 printf 函数的实参 */
```

在主调函数中调用某函数之前应对该被调函数进行声明。在主调函数中对被调函数进行说明的目的是使编译系统知道被调函数返回值的类型,以便在主调函数中按此种类型对返回值进行相应的处理。其一般形式为

```
类型说明符 被调函数名(类型形参,类型形参,…);
```

需要注意的是,函数的声明和函数的定义有本质上的不同。主要区别在以下两方面。

(1) 函数的定义是一段可以重复使用的代码,用来独立地完成某个功能。所以函数应有函数的具体功能语句——函数体;而函数的声明仅是向编译系统的一个说明,不含具体的执行动作。

(2) 在程序中,函数的定义只能有一次,而函数的声明可以有多次。

7.1.4　函数的返回值

函数的返回值是指函数被调用之后,执行函数体中的代码所得到的结果,这个结果通过return 语句返回。return 语句的一般形式为

```
return 表达式;
```

或者:

```
return (表达式);
```

有没有()都是正确的,为了简明,一般也不写()。例如:

```
return max;
return a+b;
return (100+200);
```

对 C 语言返回值的说明如下。

（1）没有返回值的函数为空类型，用 void 表示。例如：

```
void func(){
    printf("dlut\n");
}
```

一旦函数的返回值类型被定义为 void，就不能再接收它的值了。例如，下面的语句是错误的。

```
int a = func();
```

（2）为了使程序有良好的可读性并减少出错，凡不要求返回值的函数都应定义为 void 类型。

return 语句可以有多个，可以出现在函数体的任意位置，但是每次调用函数只能有一个 return 语句被执行，所以只有一个返回值（少数的编程语言支持多个返回值，例如 Go 语言）。例如：

```
//返回两个整数中较大的一个
int max(int a, int b){
    if(a > b){
        return a;
    }else{
        return b;
    }
}
```

如果 a＞b 成立，就执行 return a，return b 不会执行；如果不成立，就执行 return b，return a 不会执行。函数一旦遇到 return 语句就立即返回，后面的所有语句都不会被执行到了。从这个角度看，return 语句还有强制结束函数执行的作用。例如：

```
//返回两个整数中较大的一个
int max(int a, int b){
    return (a>b) ? a : b;
    printf("Function is performed\n");
}
```

printf 语句就是多余的，永远没有执行的机会。下面定义了一个判断素数的函数，这个例子更加实用。

```
#include <stdio.h>
int prime(int n){
    int is_prime = 1, i;
```

```
    //n一旦小于 0 就不符合条件,就没必要执行后面的代码了,所以提前结束函数
    if(n < 0){ return -1; }
    for(i=2; i<n; i++){
        if(n % i == 0){
            is_prime = 0;
            break;
        }
    }
    return is_prime;
}
int main(){
    int num, is_prime;
    scanf("%d", &num);
    is_prime = prime(num);
    if(is_prime < 0){
        printf("%d is a illegal number.\n", num);
    }else if(is_prime > 0){
        printf("%d is a prime number.\n", num);
    }else{
        printf("%d is not a prime number.\n", num);
    }
    return 0;
}
```

prime()是一个用来求素数的函数。素数是自然数,它的值大于或等于零,一旦传递给 prime()的值小于零就没有意义了,就无法判断是不是素数了,所以一旦检测到参数 n 的值小于 0,就使用 return 语句提前结束函数的运行。return 语句是提前结束函数的唯一办法。return 后面可以跟一份数据,表示将这份数据返回主调函数;return 后面也可以不跟任何数据,表示什么也不返回,仅用来结束函数的运行。更改上面的代码,使得 return 后面不跟任何数据。

```
#include <stdio.h>
void prime(int n){
    int is_prime = 1, i;
    if(n < 0){
        printf("%d is a illegal number.\n", n);
        return;   //return后面不带任何数据
    }
    for(i=2; i<n; i++){
        if(n % i == 0){
            is_prime = 0;
            break;
        }
    }
    if(is_prime > 0){
        printf("%d is a prime number.\n", n);
    }else{
        printf("%d is not a prime number.\n", n);
    }
}
```

```
int main(){
    int num;
    scanf("%d", &num);
    prime(num);
    return 0;
}
```

prime()的函数类型是 void,函数没有返回值,return 后面不能带任何数据,直接写分号即可。

7.1.5 函数的原型说明

在程序中调用函数需满足两个条件:第一,被调用函数必须存在,且遵循"先定义后使用"原则;第二,如果被调用的函数定义在主调函数之后,可以先给出原型说明,原型的形式为

类型说明 函数名(参数类型,参数类型,…);

函数原型的作用:告诉编译器与该函数有关的信息,让编译器知道函数的存在,以及存在的形式,即使函数暂时没有定义,编译器也知道如何使用它。有了函数声明,函数定义就可以出现在任何地方了,甚至是其他文件、静态链接库、动态链接库等。但是如果函数本身带 static 修饰,那么作用域是当前文件,从声明位置或者定义位置,到文件结尾。如果函数没有 static,那么作用域为整个工程或者说是项目。

单文件例子:

```
#include <stdio.h>
//函数声明
int sum(int m, int n);   //也可以写作 int sum(int, int);
int main(){
    ...
    int result = sum(begin, end);
    return 0;
}
//函数定义
int sum(int m, int n){
    ...
    return sum;
}
```

有人会说:将函数原型删去,并且直接在原来的位置上使用函数定义,对程序本身的使用是没有任何影响的。事实上,当两个函数互相调用的时候,函数原型的作用就凸显出来了。

```
void fun2(int a);
void fun1(int a) {
    if (a > 0) {
        fun2(a);
    }else {
```

```
        return;
    }
}
void fun2(int a) {
    if (a < 0) {
        fun1(a);
    }else {
        return;
    }
}
```

对于单个源文件的程序,通常是将函数定义放到 main()函数的后面,将函数声明放到 main()函数的前面,这样就使得代码结构清晰明了,主次分明。使用者往往只关心函数的功能和函数的调用形式,很少关心函数的实现细节,将函数定义放在最后,就是尽量屏蔽不重要的信息,凸显关键的信息。将函数声明放到 main()函数的前面,在定义函数时也不用关注它们的调用顺序了,哪个函数先定义,哪个函数后定义,都无所谓了。而在实际开发中,几千上万行、百万行的代码很常见,将这些代码都放在一个源文件中不仅检索麻烦,而且打开文件慢,所以必须将这些代码分散到多个文件中。对于多个文件的程序,通常是将函数定义放到源文件(.c 文件)中,将函数的声明放到头文件(.h 文件)中,使用函数时引入对应的头文件就可以,编译器会在链接阶段找到函数体。我们在使用 printf()、puts()、scanf()等库函数时引入了 stdio.h 头文件,很多初学者认为 stdio.h 中包含函数定义(也就是函数体),只要有了头文件就能运行,其实不然,头文件中包含的都是函数声明,而不是函数定义,函数定义都放在了其他的源文件中,这些源文件已经提前编译好了,并以动态链接库或者静态链接库的形式存在,只有头文件没有系统库的话,在链接阶段就会报错,程序根本不能运行。

节后练习

C 语言规定一个函数只能返回一个值,也就是说不能用 return 语句返回多个值,那么如果想返回多个值应该怎么做?

◆ 7.2　函 数 参 数

单个数组元素可以作为函数参数,其使用和定义简单变量作为函数参数完全一致,即遵守值传递的方式。同样,数组名也可以作为函数参数。用数组名作为函数参数时,实参采用数组名,实参向形参传递的是数组的首地址,数组元素本身不被复制,采用的是地址传递。

关于形参与实参的说明如下。

(1) 形参在函数调用时分配存储单元,调用结束,释放所分配单元。

(2) 被调函数中,形参类型必须指定,以便分配存储单元。

(3) 实参、形参数据类型一致,赋值要兼容,顺序要一致。

(4) 实参对形参的数据传送是值传送,也是单向传送。在被调函数中改变形参的值,并不改变主调函数中相应实参的值。

(5) 实参表列:有确定值的数据,当有多个实参时,实参间用","分隔,形实参个数要相等,类型要一致,实参求值顺序一般是从右向左。

7.2.1 数组元素作函数实参

数组元素就是下标变量,它与普通变量并无区别。因此,它作为函数实参使用与普通变量是完全相同的,在发生函数调用时,把作为实参的数组元素的值传递给形参,实现单向的值传递。例如,判断一个整数数组 a[10]={1,2,3,4,−1,−2,−3,−4,2,3}中每个元素的值,若大于 0,则输出该值,若小于或等于 0,则输出 0。

```c
#include <stdafx.h>
#include <stdio.h>
void test(int v);
void main()
{
    int a[10]={1,2,3,4,-1,-2,-3,-4,2,3};
    int i;
    for(i=0;i<=10;i++)
    {
        test(a[i]);
    }
    printf("\n");
}
void test(int v)
{
    if(v>0)
    {
        printf("%d\n",v);
    }
    else
    {
        printf("0\n");
    }
}
```

7.2.2 一维数组作函数参数

C 语言中数组作为函数实参时,编译器总是将其解析为指向数组首元素地址的指针(地址调用)原因:C 语言函数的调用有传值调用和传地址调用。假设 C 语言对数组采用传值调用(对实参做一份拷贝,传递给被调用函数,函数不能修改实际实参值,而只能改变其拷贝),然后如果复制整个数组,则在时间和空间上开销都非常大。而对于函数,只要知道实参数组的首元素的地址,照样可以访问整个数组,所以采用传址调用效率更高。需要注意的一点是,对于函数来说,其接收的是数组首元素的地址,所以它并不知道数组的大小。

一维数组作函数实参:

```c
#include <stdio.h>
void fun1(char * p)
{
    printf("%d\n",sizeof(p));
}
```

```
void fun2(char a[10])
{
    printf("%d\n",sizeof(a));
}
void fun3(char a[])
{
    printf("%d\n",sizeof(a));
}
void main(int argc,char * argv[])
{
    char a[100] = "jhalfalsdfa1111";
    fun1(a);
    fun2(a);
    fun3(a);
}
```

以上三个函数为一维数组作为实参的函数常用的定义方式。三个函数输出的结果都是4,说明了传给函数就是一个地址,特别对于第二种定义,不要以为该函数只能接收大小为10的数组,实际实参数组的大小与函数形参数组的大小是没有任何关系的。最好采用第三种方式定义,因为第一种方式,我们也可以认为该函数的实参为指针,而第二种方式可能会误认为该函数只能接收大小为10的数组。

7.2.3　二维数组作函数参数

1. 错误认识

既然一维数组作为参数相当于一个指针,那二维数组作为参数就相当于一个二级指针。

2. 正确认识

二维数组名作为参数时相当于一个数组指针(指向一维数组的指针)。

```
#include <stdio.h>
void fun1(int a[4][3])
{
}
void fun2(int ( * p)[3])
{
}
void fun3(int a[][3])
{
}
void main(int argc,char * argv[])
{
    int a[2][3] = {1,2,3,4,5,6};
    fun1(a);
    fun2(a);
    fun3(a);
}
```

以上二维数组作为函数实参的函数常用的定义方式。函数形参定义中,必须指定数组第二维,并且要与实参第二维的数目一样,第一维的数目可任取。因为二维数组名作实参时,编译器是将其解析为一个指向大小为第二维的数组的指针。

7.2.4 含参 main() 函数

在 main() 函数中允许带两个参数,一个为整型 argc,另一个为指向字符型的指针数组 argv[]。格式为

```
int main(int argc,char * argv[])
```

其中,整型 argc 表示命令行中字符串的个数,指针数组 argv[] 指向命令行中的各个字符串。这两个参数可以用任何合法的标识符命名,但是习惯采用 argc 和 argv。带参数的 main() 函数一般能在调用其时追加参数,如磁盘操作系统(Disk Operating System,DOS)命令一样。

下面的程序运行后只输出该可执行文件的路径,即 argv[0] 中存储的字符串。

```
#include <stdio.h>
int main(int argc, char * argv[])
{
    int i;
    printf("当前的文件目录为%s", argv[0]);
    for (i = 1; i < argc; i++)
    {
        printf("%s", argv[i]);
    }
    return 0;
}
```

运行结果:

```
当前的文件目录为 C:\Users\dllsj\source\repos\parametic_main\Debug\parametic_
main.exe
```

带参数的 main() 函数是要像 DOS 命令一样能够根据参数执行,所以在 DOS 环境下执行该程序。先切换到可执行文件的路径,然后输入 parametic_main abc def。

运行结果:

```
当前的文件目录为 parametic_main
1. abc
2. def
```

可以看到,用户输入了两个字符串,因此 argc 的值为 2,在字符串数组 argv[] 中将这两个字符串分别放入 argv[1] 和 argv[2] 中,argv[0] 存储的是该程序的当前路径。

在 DOS 下一条完整的运行命令包含两部分:命令与相应的参数。格式为

```
命令 参数 1 参数 2 …
```

这种格式也叫命令行,命令行中的命令就是可执行文件的文件名,它后面的参数要用空格分隔,是对命令的进一步补充,即是传递给 main() 函数的参数。

节后练习

1. 设计函数求空间向量的模。
2. 判断两个空间向量是否垂直。
3. 求两个非零向量所确定的平面的法向量。

◈ 7.3 函数的递归

C 语言允许函数调用其他函数,称为函数嵌套,函数还可以调用它自己,这种调用过程称为递归。递归有时难以捉摸,有时却很方便实用。结束递归是使用递归的难点,因为如果递归代码中没有终止递归的条件测试部分,一个调用自己的函数会无限递归。可以使用循环的地方通常都可以使用递归。有时用循环解决问题比较好,但有时用递归更好。递归方案更简洁,但效率却没有循环高。

7.3.1 函数嵌套简介

在 C 语言中,为了保证函数之间的关系是平行的、独立的,函数不允许嵌套定义。但是,为了能够增加函数的复用性和功能性,函数是可以嵌套调用的,即在调用某函数过程中又调用另一函数,函数嵌套调用的具体过程见图 7-1。

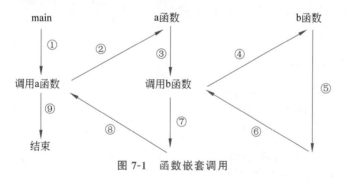

图 7-1 函数嵌套调用

思考题:以下程序的输出是什么?

```
int func(int a,int b)
{
    return(a+b);
}
void main()
{
    int x=2,y=5,z=8,r;
    r=func(func(x,y),z);
    printf("%d\n",r);
}
```

7.3.2 递归概述

递归分为递推和回归两个阶段。递推即把复杂问题的求解推到比原问题简单一些的问题求解；回归即当获得最简单的情况后，逐步返回，依次得到复杂的解。

下面通过一个程序示例来学习什么是递归。下面程序中的 main() 函数调用 up_and_down() 函数，这次调用称为"第 1 级递归"。然后 up_and_down() 函数调用自己，这次调用称为"第 2 级递归"。接着第 2 级递归调用第 3 级递归，以此类推。该程序示例共有 4 级递归。为了进一步深入研究递归时发生了什么，程序不仅显示了变量 n 的值，还显示了存储 n 的内存地址 &n(本章稍后会详细讨论 & 运算符，printf() 函数使用 %p 转换说明打印地址，如果你的系统不支持这种格式，请使用 %u 或 %lu 代替 %p)。

```c
#include <stdio.h>
void up_and_down(int);
int main(void)
{
    up_and_down(1);
    return 0;
}
void up_and_down(int n)
{
    printf("Level %d: n location %p\n", n, &n); //#1
    if (n < 4)
        up_and_down(n + 1);
    printf("LEVEL %d: n location %p\n", n, &n); //#2
}
```

下面是在系统中的输出。

```
Level 1: n location 0x0012ff48
Level 2: n location 0x0012ff3c
Level 3: n location 0x0012ff30
Level 4: n location 0x0012ff24
LEVEL 4: n location 0x0012ff24
LEVEL 3: n location 0x0012ff30
LEVEL 2: n location 0x0012ff3c
LEVEL 1: n location 0x0012ff48
```

下面来仔细分析程序中的递归是如何工作的。首先，main() 函数调用了带参数 1 的 up_and_down() 函数，执行结果是 up_and_down() 函数中的形式参数 n 的值是 1，所以打印语句 #1 打印 Level1。然后，由于 n 小于 4，up_and_down() 函数调用实际参数为 n+1(或 2) 的 up_and_down() 函数（第 2 级）。于是第 2 级调用中的 n 的值是 2，打印语句 #1 打印 Level2。与此类似，下面两次调用打印的分别是 Level3 和 Level4。当执行到第 4 级时，n 的值是 4，所以 if 条件为假。up_and_down() 函数不再调用自己。第 4 级调用接着执行打印语句 #2，即打印 LEVEL4，因为 n 的值是 4。此时，第 4 级调用结束，控制被传回它的主调函数（即第 3 级调用）。在第 3 级调用中，执行的最后一条语句是调用 if 语句中的第 4 级调用。被调函数(第 4 级调用)把控制返回在这个位置。因此,第 3 级调用继续执行后面的代码,打印语句♯2 打印 LEVEL 3。然后第 3 级调用结束,控制被传回第 2 级调用,接着打印 LEVEL2,以此类推。注意,每级递归的变量 n 都属于本级递归私有。这从程序输出的地址值可以看出。如果觉得不好理解,可以假设有一条函数调用链——fun1()函数调用 fun2()函数、fun2()函数调用 fun3()函数、fun3()函数调用 fun4()函数。当 fun4()函数结束时,控制传回 fun3()函数;当 fun3()函数结束时,控制传回 fun2()函数;当 fun2()函数结束时,控制传回 fun1()函数。递归的情况与此类似,只不过 fun1()函数、fun2()函数、fun3()函数和fun4()函数都是相同的函数。

7.3.3　递归的原理

初次接触递归会觉得较难理解。为了帮助读者理解递归过程,下面以 7.3.2 节程序为例讲解几个要点。

第一,每级函数调用都有自己的变量。也就是说,第 1 级的 n 和第 2 级的 n 不同,所以程序创建了 4 个单独的变量,每个变量名都是 n,但是它们的值各不相同。当程序最终返回 up_and_down()函数的第 1 级调用时,最初的 n 仍然是它的初值 1,如图 7-2 所示。

```
变量        n    n    n    n
第1级调用后   1
第2级调用后   1    2
第3级调用后   1    2    3
第4级调用后   1    2    3    4
从第4级调用返回后  1   2    3
从第3级调用返回后  1   2
从第2级调用返回后  1
从第1级调用返回后    (全部结束)
```

图 7-2　函数递归过程

第二,每次函数调用都会返回一次。当函数执行完毕后,控制权将被传回上一级递归。程序必须按顺序逐级返回递归,从某级 up_and_down()函数返回上一级的 up_and_down()函数,不能跳级回到 main()函数中的第 1 级调用。

第三,递归函数中位于递归调用之前的语句,均按被调函数的顺序执行。例如,上述程序中的打印语句♯1 位于递归调用之前,它按照递归的顺序:第 1 级、第 2 级、第 3 级和第 4级,被执行了 4 次。

第四,递归函数中位于递归调用之后的语句,均按被调函数相反的顺序执行。例如,打印语句♯2 位于递归调用之后,其执行的顺序是第 4 级、第 3 级、第 2 级、第 1 级。递归调用的这种特性在解决涉及相反顺序的编程问题时很有用。

第五,虽然每级递归都有自己的变量,但是并没有复制函数的代码。程序按顺序执行函数中的代码,而递归调用就相当于又从头开始执行函数的代码。除了为每次递归调用创建变量外,递归调用非常类似于一个循环语句。实际上,递归有时可用循环来代替,循环有时也能用递归来代替。最后,递归函数必须包含能让递归调用停止的语句。通常,递归函数都使用 if 或其他等价的测试条件在函数形参等于某特定值时终止递归。为此,每次递归调用的形参都要使用不同的值。例如,上述程序中的 up_and_down(n)函数调用 up_and_down (n+1) 函数。最终,实际参数等于 4 时,if 的测试条件(n<4)为假。

7.3.4 递归的使用

最简单的递归形式是把递归调用置于函数的末尾,即正好在 return 语句之前。这种形式的递归被称为尾递归,因为递归调用在函数的末尾。尾递归是最简单的递归形式,因为它相当于循环。下面要介绍的程序示例中,分别用循环和尾递归计算阶乘。一个正整数的阶乘是从 1 到该整数的所有整数的乘积。例如,3 的阶乘(写作 3!)是 1×2×3。另外,0!等于 1,负数没有阶乘。程序 factor.c 中,第 1 个函数使用 for 循环计算阶乘,第 2 个函数使用递归计算阶乘。

```c
//factor.c -- 使用循环和递归计算阶乘
#include <stdio.h>
long fact(int n);
long rfact(int n);
int main(void)
{
    int num;
    printf("This program calculates factorials.\n");
    printf("Enter a value in the range 0-12 (q to quit):\n");
    while (scanf("%d", &num) == 1)
    {
        if (num < 0)
            printf("No negative numbers, please.\n");
        else if (num > 12)
            printf("Keep input under 13.\n");
        else
        {
            printf("loop: %d factorial = %ld\n",num, fact(num));
            printf("recursion: %d factorial = %ld\n",num, rfact(num));
        }
        printf("Enter a value in the range 0-12 (q to quit):\n");}
    printf("Bye.\n");
    return 0;
}
long fact(int n)            //使用循环的函数
{
    long ans;
    for (ans = 1; n > 1; n--)
        ans *= n;
    return ans;
}
long rfact(int n)            //使用递归的函数
{
    long ans;
    if (n > 0)
```

```
        ans = n * rfact(n - 1);
    else
        ans = 1;
    return ans;
}
```

测试驱动程序把输入限制在 0～12。因为 12!已快接近 5 亿,而 13!比 62 亿还大,已超过系统中 long 类型能表示的范围。要计算超过 12 的阶乘,必须使用能表示更大范围的类型,如 double 或 long long。

下面是该程序的运行示例。

```
This program calculates factorials.
Enter a value in the range 0-12 (q to quit):
5
loop: 5 factorial = 120
recursion: 5 factorial = 120
Enter a value in the range 0-12 (q to quit):
10
loop: 10 factorial = 3628800
recursion: 10 factorial = 3628800
Enter a value in the range 0-12 (q to quit):
q Bye.
```

使用循环的函数把 ans 初始化为 1,然后把 ans 与 n～2 的所有递减整数相乘。根据阶乘的公式,还应该乘以 1,但是这并不会改变结果。现在考虑使用递归的函数。该函数的关键是 n!＝n×(n−1)!。可以这样做是因为(n−1)!是 n−1～1 的所有正整数的乘积。因此,n 乘以 n−1 就得到 n 的阶乘。阶乘的这一特性很适合使用递归。如果调用函数 rfact(),rfact(n)是 n * rfact(n−1)。因此,通过调用 rfact(n−1)函数来计算 rfact(n),如程序 factor.c 中所示。当然,必须要在满足某条件时结束递归,可以在 n＝0 时把返回值设为 1。程序 factor.c 中使用递归的输出和使用循环的输出相同。

注意:虽然 rfact()函数的递归调用不是函数的最后一行,但是当 n>0 时,它是该函数执行的最后一条语句,因此它也是尾递归。既然用递归和循环来计算都没问题,那么到底应该使用哪一个? 一般而言,选择循环比较好。首先,每次递归都会创建一组变量,所以递归使用的内存更多,而且每次递归调用都会把创建的一组新变量放在栈中。递归调用的数量受限于内存空间。其次,由于每次函数调用要花费一定的时间,所以递归的执行速度较慢。那么,演示这个程序示例的目的是什么? 因为尾递归是递归中最简单的形式,比较容易理解。在某些情况下,不能用简单的循环代替递归,因此读者还是要好好理解递归。

7.3.5 递归的优缺点

递归既有优点也有缺点。优点是递归为某些编程问题提供了最简单的解决方案。缺点是一些递归算法会快速消耗计算机的内存资源。另外,递归不方便阅读和维护。下面用一个例子来说明递归的优缺点。斐波那契数列的定义如下:第 1 个和第 2 个数字都是 1,而后续的每个数字都是其前两个数字之和。例如，该数列的前几个数是 1、1、2、3、5、8、13。斐波那契数列在数学界深受喜爱，甚至有专门研究它的刊物。不过，这不在本书的讨论范围之内。下面要创建一个函数，接收正整数 n，返回相应的斐波那契数值。首先来看递归。递归提供一个简单的定义。如果把函数命名为 Fibonacci()，那么如果 n 是 1 或 2，Fibonacci(n)函数应返回 1；对于其他数值，则应返回 Fibonacci(n−1)＋Fibonacci(n−2)。

```
Unsigned long Fibonacci (unsigned n)
{
    if(n>2)
        return Fibonacci(n-1) + Fibonacci(n-2);
    else
        return 1;
}
```

这个递归函数只是重述了数学定义的递归。该函数使用了双递归，即函数每一级递归都要调用本身两次。这暴露了一个问题。为了说明这个问题，假设调用 Fibonacci(40)函数。这是第 1 级递归调用，将创建一个变量 n。然后在该函数中要调用 Fibonacci()函数两次，在第 2 级递归中要分别创建两个变量 n。这两次调用中的每次调用又会进行两次调用，因而在第 3 级递归中要创建 4 个名为 n 的变量。此时总共创建了 7 个变量。由于每级递归创建的变量都是上一级递归的两倍，所以变量的数量呈指数增长！在本例中，指数增长的变量数量很快就消耗掉计算机的大量内存，很可能导致程序崩溃。虽然这是个极端的例子，但是该例说明：在程序中使用递归要特别注意，尤其是效率优先的程序。程序中的每个 C 函数与其他函数都是平等的。每个函数都可以调用其他函数，或被其他函数调用。虽然过程可以嵌套在另一个过程中，但是嵌套在不同过程中的过程之间不能相互调用。当 main()函数与程序中的其他函数放在一起时，最开始执行的是 main()函数中的第 1 条语句，但这也是其局限之处。

节后练习

1. 通过递归设计斐波那契函数，并让参数 n＝3，n＝5，n＝100，运行程序，分析出现的结果。

2. 请使用其他的方法设计斐波那契函数。

◇ 7.4 变量的作用域和存储方法

在 C 语言中，形参变量要等到函数被调用时才分配内存，调用结束后立即释放内存。这说明形参变量的作用域非常有限，只能在函数内部使用，离开该函数就无效了。所谓作用域就是变量的有效范围。不仅对于形参变量，C 语言中所有的变量都有自己的作用域。决定变量作用域的是变量的定义位置。

7.4.1 局部变量与全局变量

1. 局部变量
定义在函数内部的变量称为局部变量，它的作用域仅限于函数内部，离开该函数后就是

无效的,再使用就会报错。例如:

```
int f1(int a){
    int b=1,c=2;        //a,b,c仅在函数 f1()内有效
    return a+b+c;
}
int main(){
    int m,n;            //m,n仅在函数 main()内有效
    return 0;
}
```

几点说明:

(1) 在 main()函数中定义的变量也是局部变量,只能在 main()函数中使用;同时,main()函数中也不能使用其他函数中定义的变量。main()函数也是一个函数,与其他函数地位平等。

(2) 形参变量、在函数体内定义的变量都是局部变量。实参给形参传值的过程也就是给局部变量赋值的过程。

(3) 可以在不同的函数中使用相同的变量名,它们表示不同的数据,分配不同的内存,互不干扰,也不会发生混淆。

(4) 在语句块中也可定义变量,它的作用域只限于当前语句块。

2. 全局变量

在所有函数外部定义的变量称为全局变量,它的作用域默认是整个程序,也就是所有的源文件,包括 .c 和 .h 文件。在源程序开始定义的全局变量,对源程序中所有函数有效,而在源程序中间定义的全局变量,仅对其后面的所有函数有效。全局变量的使用,增加了函数间数据联系的渠道,同一文件中的所有函数都能引用全局变量的值,当某函数改变了全局变量的值时,便会影响其他的函数。变量作用域的屏蔽原则:函数或复合语句中定义的局部变量,与全局变量同名,则执行函数或复合语句,局部变量优先,全局变量不起作用。例如:

```
int a, b;           //全局变量
void func1(){
    //TODO:
}
float x,y;          //全局变量
int func2(){
    //TODO:
}
int main(){
    //TODO:
    return 0;
}
```

a、b、x、y 都是在函数外部定义的全局变量。C 语言代码是从前往后依次执行的,由于x、y 定义在函数 func1()之后,所以在函数 func1()内无效;而 a、b 定义在源程序的开头,所以在函数 func1()、func2()和 main()内都有效。

7.4.2 变量存储方法

变量可以分为全局变量、静态全局变量、局部变量和静态局部变量,变量的声明有以下两种情况。

(1) 需要建立存储空间的(定义性声明)。

例如,int a 在定义的时候就已经建立了存储空间。

(2) 不需要建立存储空间的(引用性声明)。

例如,extern int a;其中,变量 a 是在别的文件中定义的。

内存区域的划分如下。

(1) 栈区:由编译器自动分配和释放的内存区域,用于存放函数的参数值、局部变量等。

(2) 堆区:程序员向系统申请或释放。

(3) 全局区:用来保存全局变量和静态变量。

(4) 文字常量区:用来保存常量字符串的内存区域。

(5) 程序代码区:用来保存函数体的二进制代码。

节后练习

请分别使用形参实参法和全局变量法实现 swap()函数,用于交换两个整数的值。例如,设 a=3,b=4,调用函数后,得到 a=4,b=3。

◆ 7.5 内部函数与外部函数

7.5.1 C语言内部函数

一个函数只能被本文件中其他函数所调用,它称为内部函数。在定义内部函数时,在函数名和函数类型的前面加 static。内部函数又称为静态函数,因为它是用 static 声明的。使用内部函数,可以使函数的作用域只局限于所在文件,在不同的文件中即使有同名的内部函数,也互不干扰。通常把只能由本文件使用的函数和外部变量放在文件的开头,前面都加 static 使之局部化,表示其他文件不能引用。

7.5.2 C语言外部函数

在定义函数时,在函数首部的最左端加关键字 extern,则此函数是外部函数,可供其他文件调用。如果在其他文件模块中要使用全局变量,必须将它声明为外部变量,说明这是一个在其他模块中定义的全局变量。例如:

```
int main()
{
  int a;
  extern int x;
  a=1;
  x=a;
  x=x+a;
}
int x;
```

如果在定义点之前的函数想引用该外部变量,应该在引用之前用关键字 extern 对该变量做"外部变量声明",表示该变量是一个已经定义的外部变量。从"声明"处起,合法使用该外部变量。当一个程序由多个文件组成时,要在一个文件中引用另一文件中的外部变量时,此时要用 extern 加以声明;若在两个文件中同时对同名的外部变量声明,则系统将提示"重定义类型错"。

◇ 7.6 预 处 理

在嵌入式系统编程中不管是内核的驱动程序还是应用程序的编写,涉及大量的预处理与条件编译,这样做的好处主要体现在代码的移植性强以及代码的修改方便等方面。因此引入了预处理与条件编译的概念。在 C 语言的程序中可包括各种以符号♯开头的编译指令,这些指令称为预处理命令。预处理命令属于 C 语言编译器,而不是 C 语言的组成部分。通过预处理命令可扩展 C 语言程序设计的环境。

7.6.1 宏替换

使用♯define 命令并不是真正的定义符号常量,而是定义一个可以替换的宏。被定义为宏的标识符称为"宏名"。在编译预处理过程时,对程序中所有出现的"宏名",都用宏定义中的字符串去代换,这称为"宏代换"或"宏展开"。在 C 语言中,宏分为有参数和无参数两种。

无参数的宏,其定义格式如下。

```
#define 宏名　字符串
```

在以上宏定义语句中,各部分的含义如下。

(1)♯:表示这是一条预处理命令(凡是以"♯"开始的均为预处理命令)。

(2)define:关键字"define"为宏定义命令。

(3)宏名:是一个标识符,必须符合 C 语言标识符的规定,一般以大写字母标识宏名。

(4)字符串:可以是常数、表达式、格式串等。在前面使用的符号常量的定义就是一个参数宏定义。

注意:预处理命令语句后面一般不会添加分号,如果在♯define 最后有分号,在宏替换时分号也将替换到源代码中去。在宏名和字符串之间可以有任意个空格。

在使用宏定义时,还需要注意以下几点。

(1)宏定义是宏名来表示一个字符串,在宏展开时又以该字符串取代宏名。这只是一种简单的代换,字符串中可以含任何字符,可以是常数,也可以是表达式,预处理程序对它不做任何检查。如有错误,只能在编译已被宏展开后的源程序时发现。

(2)宏定义必须写在函数之外,其作用域为宏定义命令起到源程序结束。

(3)宏名在源程序若用引号括起来,则预处理程序不对其做宏替换。

(4)宏定义允许嵌套,在宏定义的字符串中可以使用已经定义的宏名。在宏展开时由预处理程序层层替换。

(5)习惯上,宏名可用大写字母表示,以方便与变量区别,但也允许用小写字母。

带参数的宏 ＃define 命令定义宏时,还可以为宏设置参数。与函数中的参数类似,在宏定义中的参数为形式参数,在宏调用中的参数称为实际参数。对带参数的宏,在调用中,不仅要宏展开,还要用实参去代换形参。

带参宏定义的一般形式为

```
#define 宏名(形参表)  字符串
```

在定义带参数的宏时,宏名和形参表之间不能有空格出现,否则,就会将宏定义成无参数形式,从而导致程序出错。

```
#define ABS(x) (x)<0?-(x):(x)
```

在以上的宏定义中,如果 x 的值小于 0,则使用一元运算符(一)对其取负,得到正数。

带参的宏和带参的函数相似,但其本质是不同的。使用带参宏时,在预处理时将程序源代码替换到相应的位置,编译时得到完整的目标代码,而不进行函数调用,因此程序执行效率要高些。而函数调用只需要编译一次函数,代码量较少,一般情况下,对于简单的功能,可使用宏替换的形式。

7.6.2　条件编译

条件编译指令将决定哪些代码被编译,而哪些是不被编译的。可以根据表达式的值或者某个特定的宏是否被定义来确定编译条件。

1. ＃if 指令

＃if 指令检测跟在关键字后的常量表达式。如果表达式为真,则编译后面的代码,直到出现 ＃else、＃elif 或 ＃endif 为止;否则就不编译。

2. ＃endif 指令

＃endif 用于终止 ＃if 预处理指令。

```
#include <stdio.h>
#define DEBUG 0
main()
{
    #if DEBUG
        printf("Debugging");
    #endif
        printf("Running");
}
```

由于程序定义 DEBUG 宏代表 0,所以 ＃if 条件为假,不编译后面的代码直到 ＃endif,所以程序直接输出 Running。如果去掉 ＃define 语句,效果是一样的。

3. ＃ifdef 和 ＃ifndef

```
#include <stdio.h>
#define DEBUG
main()
```

```
{
    #ifdef DEBUG
        printf("yes");
    #endif
    #ifndef DEBUG
        printf("no");
    #endif
}
```

#if defined 等价于 #ifdef；#if !defined 等价于 #ifndef。

7.6.3 文件包含

当一个 C 语言程序由多个文件模块组成时,主模块中一般包含 main() 函数和一些当前程序专用的函数。程序从 main() 函数开始执行,在执行过程中,可调用当前文件中的函数,也可调用其他文件模块中的函数。如果在模块中要调用其他文件模块中的函数,首先必须在主模块中声明该函数原型。一般都是采用文件包含的方法,包含其他文件模块的头文件。文件包含中指定的文件名既可以用引号括起来,也可以用尖括号括起来,格式如下。

```
#include <文件名>
```

或

```
#include"文件名"
```

如果使用尖括号<>括起文件名,则编译程序将到 C 语言开发环境中设置好的 include 文件中去找指定的文件。因为 C 语言的标准头文件都存放在 include 文件夹中,所以一般对标准头文件采用尖括号;对自己编写的文件,则使用双引号。如果自己编写的文件不是存放在当前工作文件夹,可以在 #include 命令后面加所在路径。 #include 命令的作用是把指定的文件模块内容插入 #include 所在的位置,当程序编译链接时,系统会把所有 #include 指定的文件链接生成可执行代码。文件包含必须以 #开头,表示这是编译预处理命令,行尾不能用分号结束。 #include 所包含的文件,其扩展名可以是".c",表示包含普通 C 语言源程序。也可以是".h",表示 C 语言程序的头文件。C 语言系统中大量的定义与声明是以头文件形式提供的。通过 #define 包含进来的文件模块中还可以再包含其他文件,这种用法称为嵌套包含。嵌套的层数与具体 C 语言系统有关,但是一般可以嵌套 8 层以上。

节后练习

1. 宏可以实现一些简单的函数功能,那么宏和函数的区别是什么?
2. 分析 #define sum (x)(x)+(x) 与 #define sum(x)(x)+(x) 的不同。
3. 如何避免头文件被重复包含?
4. 将 7.3.5 节中的斐波那契函数放到另一个文件中,并在主函数中调用它。

场景案例

在某场战役中,伤员信息泄露,我军不得不对密码规则进行紧急升级,在第 6 章场景案例的解密基础上，所有加密的名字还需要使用一次规则 3 进行解密，如果在 main() 函数中修改原有的规则会出现大量的重复代码，请使用本章的知识简化代码。

企业案例

（1）天美工作室群（TiMi Studio Group）成立于 2014 年，是腾讯 IEG（互动娱乐事业群）旗下负责研发精品移动游戏的工作室群。

2021 年 3 月 2 日，天美工作室群受联合国环境规划署（UNEP）邀请，正式加入了"玩游戏，救地球"联盟（Playing for the Planet Alliance）——这是一个由联合国环境规划署和 14 家知名游戏公司在 2019 年 9 月的联合国气候行动大会上联合发起的组织，它的成员包括索尼、微软、育碧、Supercell、创梦天地等，天美工作室群是首个加入联盟的中国游戏工作室。在全球气候问题日益严峻的背景下，联合国环境规划署与游戏行业共同成立"玩游戏，救地球"联盟，旨在减少游戏行业的碳排放量，并通过游戏的力量提升公众环保认知。

天美工作室群在加入联盟的同时宣布了它即将采取的一系列举措。它承诺将在未来一个月内，通过创造游戏内外的体验和教育，帮助超过 1.1 亿玩家更好地应对气候挑战，与行业共同努力实现"碳中和"目标。

目前，天美工作室开发了一款新的游戏，在设计游戏机制时需要进行物体之间的碰撞检测，请设计一个函数实现二维空间下简单的图形（如矩形、圆）等物体是否碰撞。

（2）拼多多是国内移动互联网的主流电子商务应用产品，是专注于 C2M 拼团购物的第三方交电商平台，成立于 2015 年 9 月，用户通过发起和朋友、家人、邻居等的拼团，可以以更低的价格，拼团购买优质商品。

拼多多持续探索农业现代化新路径，通过"多多农园"创新战略，实现消费端和原产地直连，为 4.4 亿消费者提供平价农产品的同时，更快速有效地带动了深度贫困地区农产品线上销售。通过"拼农货"模式，拼多多为分散的农产品整合出一条直达平台 4.4 亿用户的快速通道。经由这条通道，平台将全国贫困县的农田和城市的写字楼、居民区连在一起，成功探索出一套可持续扶贫助农机制。基于此，拼多多积极响应党中央、国务院关于打赢扶贫攻坚战和实施乡村振兴战略的号召，投入大量资源，深入全国近千农业产地，以市场为导向解决覆盖农产区产销问题，以技术为支撑打造"农货中央处理系统"，创新了以农户为颗粒度的"山村直连小区"模式，为脱贫攻坚贡献积极力量。基于"最初一千米"直连"最后一千米"的产销模式，拼多多全力培育具备网络营销能力的"新农人"，努力实现应急扶贫与长效造血的融合发展。

目前，拼多多计划推出数据分析功能，通过导入销售信息，分析商品的总体销售状况，以此制定平台战略。其中的一个模块是用标准差来分析商品每月的波动情况，请设计一个函数实现这个功能 double standardDeviation(int a[20])。

前沿案例

机器学习是一门多领域交叉学科，涉及概率论、统计学、逼近论、凸分析、算法复杂度理论等多门学科。专门研究计算机怎样模拟或实现人类的学习行为，以获取新的知识或技能，重新组织已有的知识结构使之不断改善自身的性能。它是人工智能核心，是使计算机具有智能的根本途径。在机器学习中，我们需要衡量机器学习的预测值与数据集的真实值之间的误差,这就是**损失函数**的由来。机器学习的过程就是想办法减小这个误差,来求得模型参数的最优解。由于损失函数代表预测值和真实值之间的误差,所以它的值域是非负的。均方根误差(Mean Square Error,MSE)是数据科学回归问题中常用的损失函数。其计算公式如下。

$$\text{MSE} = \frac{1}{m} \sum_{i=1}^{m} (a[i] - b[i])^2$$

其中,$a[i]$,$b[i]$ 为两个二维数组,且两个数组均为 m 行 n 列。假设两个数组都有 4×5 个元素,请根据上述公式,编写函数求出预测值与数据集的 MSE。

易错盘点

1. 函数定义
函数不能嵌套定义,可以嵌套调用。

2. 函数调用
在程序中调用函数需满足以下条件。

(1) 被调用函数必须存在,且遵循"先定义后使用"原则。

(2) 如果被调用函数的定义在主调函数之后(位置),可以先给出原型说明,原型的形式为

```
类型说明 函数名(参数类型,参数类型,…);
```

3. 形参与实参
实参可以是常量、变量、表达式,当函数调用时,将实参的值传递给形参;若是数组名(当然前提是形参被说明为一个数组),则传送的是数组的首地址。

4. 参数传递
实参对形参的数据传送是值传送,也是单向传送。在被调函数中改变形参的值,并不改变主调函数中相应实参的值。

5. 递归注意事项
递归就是在函数里面调用自身;在使用递归时,必须有一个明确的递归结束条件,称为递归出口。

6. 函数原型的作用
告诉编译器与该函数有关的信息,让编译器知道函数的存在,以及存在的形式,即使函数暂时没有定义,编译器也知道如何使用它。有了函数声明,函数定义就可以出现在任何地方了,甚至是其他文件、静态链接库、动态链接库等。

7. 预处理
编译预处理命令,以♯开头。在程序编译时起作用,不是真正的 C 语句,行尾没有分号。

知识拓展

1. C 语言进阶知识点——Hello World 的执行过程
● 源代码的创建:通过输入设备,如键盘和鼠标,将高级语言源程序输入计算机。这些

程序代码被存储在磁盘上。

- 编译过程：编译系统将高级语言程序代码经过预编译、编译、汇编和链接等步骤转换成机器语言指令,这些指令被存放在磁盘上。
- 命令的输入：输入字符串"./hello"后,Shell 会将字符串逐一读入寄存器,然后存储到存储器。此时,主存储器中存放着"hello"命令。
- 程序的加载：按下 Enter 键后,Shell 识别出命令输入已经结束。接着,它执行一系列操作加载可执行的 hello 文件,将 hello 目标文件中的代码和数据从磁盘复制到主存储器。利用直接存储器存取(Direct Memory Access,DMA)技术,数据可以从磁盘直接到达主存。此时,主存储器中存放有运行程序的命令和运行程序所需的机器语言代码。
- 程序的执行：hello 的代码和数据加载到主存后,处理器开始执行 hello 程序的 main 函数中的机器语言指令。这些指令将结果字符串"Hello World\n"以字节的形式从主存复制到寄存器,然后再复制到显示设备。最后,在屏幕上显示"Hello World"。

以上就是一个 Hello World 程序从输入到输出的整个执行过程。在这个过程中,需要理解以下几个关键知识点。

- 源程序：源程序是由一系列字符组成的文本文件,这些字符代表了程序的源代码。在 C 语言中,源程序(如 hello.c)是以 ASCII 字符序列的方式存储在文件中的。每个 ASCII 字符通常由 1 字节(8 位)表示。
- 文本文件与二进制文件：只包含 ASCII 字符的文件(如 hello.c)被称为文本文件。所有其他的文件,包括那些包含非 ASCII 字符的文件,都被称为二进制文件。在计算机系统中,所有的信息都是由一串位表示的,需要根据上下文来解释这些位的含义。
- 信息的转移：在计算机系统中,信息的转移是一个重要的过程。例如,hello 程序的机器指令最初是存储在磁盘上的。当程序加载时,这些指令被复制到主存储器。当处理器运行程序时,这些指令又被复制到处理器。这个过程涉及硬件(如磁盘、主存储器和处理器)和系统软件(如操作系统和编译器)的协同工作。

2. 函数命名与代码风格

1) 驼峰命名法

驼峰命名法,也称为小驼峰命名法,是一种常见的命名规则。当变量名或函数名由一个或多个单词连接在一起形成唯一识别字时,第一个单词以小写字母开始,从第二个单词开始,每个单词的首字母都采用大写字母,例如 myFirstName、myLastName。这种命名法在许多新的函数库和 Microsoft Windows 等环境中使用得相当多。

2) 帕斯卡命名法

帕斯卡命名法指的是当变量名和函数名称由两个或两个以上单词连接在一起时,每个单词首字母大写,例如 FirstName、LastName,也有人称之为大驼峰式命名法(Upper Camel Case)。

3) 下画线命名法

下画线命名法是指变量名和函数名称由两个或两个以上单词连接在一起,每个单词用下画线隔开并且单词都是小写,例如 print_employee。这种命名法随着 C 语言的出现而流行,在 UNIX/Linux 环境以及 GNU 代码中使用非常普遍。

4）代码规范

（1）文件与目录。

① 文件命名：文件命名应准确清晰地表达其内容，同时文件名应精练，防止文件名过长而造成使用不便。在文件名中可以适当地使用缩写。例如，主控程序可以命名为mpMain.c,mpDisp.c 等。

② 头文件中段落安排顺序：文件头注释、防止重复引用头文件的设置、♯include 部分、enum 常量声明、类型声明和定义（包括 struct、union、typedef 等）、全局变量声明、文件级变量声明、全局或文件级函数声明、函数实现（按函数声明的顺序排列）、文件尾注释。

③ 引用头文件：在引用头文件时，不应使用绝对路径，而应使用相对路径。例如，♯include "…/inc/hello.h"。在引用头文件时，可以使用<>或""，例如：♯include <stdio.h>（标准头文件），♯include "global.h"（当前目录头文件）。

④ 防止头文件被重复引用：可以使用预处理器指令♯ifndef、♯define 和♯endif 来防止头文件被重复引用，例如：

```
#ifndef __DISP_H
#define __DISP_H
…
#endif
```

⑤ 头文件内容：头文件中只应存放"声明"，而不应存放"定义"。

⑥ 文件长度：文件长度没有非常严格的要求，但应尽量避免文件过长。一般来说，文件长度应尽量保持在 1000 行之内。

（2）注释。

① 一般情况下，源程序有效注释量必须在 20% 以上。

② 在文件的开始部分，应该给出关于文件版权、内容简介、修改历史等项目的说明。

在创建代码和每次更新代码时，都必须在文件的历史记录中标注版本号、日期、作者、更改说明等项目。下面是一个范例，当然，并不局限于此格式，但上述信息建议要包含在内。

```
/*
**************************************************************
*
*	模块名称 ：主程序模块。
*	文件名称 ：main.c
*	版   本 ：V2.0
*	说   明 ：GPIO输入和输出例程。
*	修改记录 ：
*	    版本号    日期        作者      说明
*	    v1.0   2011-08-27 armfly  ST固件库v3.5.0版本。
*	    v2.0   2011-10-16 armfly  优化工程结构。
*
*	Copyright (C), 2010-2011, 安富莱电子 www.armfly.com
*
**************************************************************
*/
```

③ 对于函数，在函数实现之前，应该给出和函数的实现相关的足够而精练的注释信息。

④ 边写代码边注释，修改代码同时修改相应的注释，以保证注释与代码的一致性。不再有用的注释要删除。

⑤ 注释的内容要清楚、明了，含义准确，防止注释二义性。

⑥ 说明：错误的注释不但无益反而有害。注释主要阐述代码做了什么（What），或者如

果有必要的话,阐述为什么要这么做(Why),注释并不是用来阐述它究竟是如何实现算法(How)的。

⑦ 避免在注释中使用缩写,特别是非常用缩写。

(3) 可读性。

① 注意运算符的优先级,并用括号明确表达式的操作顺序,避免使用默认优先级。

② 避免使用不易理解的数字,应用有意义的标识来替代。

(4) 变量、结构、常量、宏。

① C99 标准引入了具有明确大小和符号的整数类型,这在跨平台编程中非常有用,因为它们的大小和符号在所有平台上都是一致的,它们在 stdint.h 头文件中定义:

```
#ifndef __int8_t_defined
#define __int8_t_defined
typedef signed char          int8_t;
typedef short int            int16_t;
typedef int                  int32_t;
#if __WORDSIZE ==64
typedef long int             int64_t;
#else
__extension__
typedef long long int        int64_t;
#endif
#endif


typedef unsigned char        uint8_t;
typedef unsigned short int    uint16_t;
#ifndef __uint32_t_defined
typedef unsigned int         uint32_t;
#define __uint32_t_defined
#endif
#if __WORDSIZE ==64
typedef unsigned long int     uint64_t;
#else
__extension__
typedef unsigned long long int uint64_t;
#endif
```

② 常见类型的前缀。

对于一些常见类型的变量,应在其名字前标注表示其类型的前缀。前缀用小写字母表示。前缀的使用参照表 7-1。

③ 变量作用域的前缀。

为了清晰地标识变量的作用域,减少发生命名冲突,应该在变量类型前缀之前再加上表示变量作用域的前缀,并在变量类型前缀和变量作用域前缀之间用下画线隔开。

具体的规则如下。

对于全局变量,在其名称前加 g 和变量类型符号前缀。

表 7-1 变量前缀类型

前缀类型		简 称
整型	int	n
	short	s
	unsigned int	un
	long	l
浮点型	float	f
	double	d
字符型	char	ch
指针型	char *	p
数组	int	arr
结构体	STUDENT	t
枚举	enum	em
重定义	int8_t	i8
	int16_t	i16
	int32_t	i32
	int64_t	i64
	uint8_t	ui8
	uint16_t	ui16
	uint32_t	ui32
	uint64_t	ui64

```
uint32_t g_ui32ParaWord
uint8_t g_ui8Byte
```

对于静态变量,在其名称前加 s 和变量类型符号前缀。

```
static uint32_t s_ui32ParaWord
static uint8_t s_ui8Byte
```

函数内部等局部变量前不加作用域前缀。

对于常量,当可能发生作用域和名字冲突问题时,以上几条规则对于常量同样适用。注意,虽然常量名的核心部分全部大写,但此时常量的前缀仍然用小写字母,以保持前缀的一致性。

(5)函数。

① 函数的命名规则。

每一个函数名前缀需包含模块名,模块名为小写,与函数名区别开。

例如:

```
uartReceive(串口接收)
```

备注:对于非常简单的程序,可以不加模块名。

② 函数的形参。

函数的形参都以下画线开头，以与普通变量进行区分，对于没有形参的函数（void）括号紧跟函数后面。例如：

```
uint32_t uartConvUartBaud(uint32_t _ulBaud)
{
}
```

③ 一个函数仅完成一件功能。

④ 函数名应准确描述函数的功能，使用动宾词组为执行某操作的函数命名。

⑤ 避免设计 5 个以上参数的函数，不使用的参数从接口中去掉。

⑥ 减少函数间接口的复杂度，复杂的参数可以使用结构传递。

⑦ 在调用函数填写参数时，应尽量减少没有必要的默认数据类型转换或强制数据类型转换。说明：因为数据类型转换或多或少存在危险。

3. 变量存储类型

从变量的作用域（即从空间）角度来分，可以分为全局变量和局部变量。可以从另一个角度：从变量值存在的时间（即生存期）角度来分，可以分为静态存储变量和动态存储变量。静态存储是在程序运行期间分配固定存储空间，而动态存储是在程序运行期间根据需要动态分配存储空间，关于变量的存储类别见图 7-3。

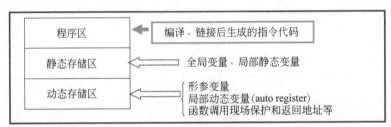

图 7-3　变量存储类别

auto 变量：函数内部没有用 static 声明的局部变量，均为动态存储类别，存储类别声明符为 auto，声明符 auto 可省。自动变量被分配在动态存储区，若未赋初值，其值不确定，每次函数调用重新分配存储单元（应重新赋值），每次函数调用结束时释放存储单元。

register 变量：CPU 内部有寄存器组可用来存放数据，若把数据声明为寄存器类型，则将该类型的数据存放在寄存器中，其优点是：减少 CPU 与内存之间的交换数据频率，提高程序的效率和速度。

static 变量：若希望函数调用结束后，其值不消失，下次调用函数时继续使用，则用 static 对变量加以声明。若想全局变量只限于本文件引用，而不能被其他文件引用，则可以使用静态全局变量。

翻转课堂

在战争研究的科学化过程中，兰彻斯特定律是一个非常重要的里程碑。从 1914 年开始，英国工程师 F.W.兰彻斯特在《工程》杂志上发表了一系列文章，提出了交战中的数量法则：远距离交战的时候，任一方实力与本身数量成正比，即兰彻斯特线性律。在近距离交战的时候,任一方实力与本身数量的平方成正比,即兰彻斯特平方律。尤其是其平方律最受人关注,它意味着武器装备的劣势,可以通过数量的优势得到很好的弥补。如果武器装备的毁伤效率只有敌方的 1/4,只要数量高于敌方 1 倍,就可以拉平武器装备的劣势,因为 2 的平方为 4。假设红蓝两方军队的单位战力相同,请利用兰彻斯特平方律与本章知识,建立函数 ElemType WarLoss(ElemType red_count,ElemType blue_count)判断红蓝两方交战胜负情况,以及战后人员伤亡情况。提示:开方函数为 sqrt()。

实例:

输入:蓝方 1000 人,红方 500 人。

输出:蓝方胜,蓝方存活 866 人,死亡 134 人,红方全军覆没。

章末习题

1. 排序函数设计。

(1) 冒泡排序。

(2) 二分排序。请使用循环和递归两种方式实现。

提示:二分法插入排序是在插入第 i 个元素时,对前面的 $0\sim i-1$ 个元素进行折半,先跟它们中间的那个元素比,如果小,则对前半再进行折半,否则对后半进行折半,直到 left > right,然后再把第 i 个元素前 1 位与目标位置之间的所有元素后移,再把第 i 个元素放在目标位置上。

2. 尝试在学习第 8 章之后实现字符串函数 strlen()、strcpy()。

3. 分别用函数和宏定义实现 swap(x,y),即交换两数。

4. 函数调用语句 f((e1,e2),(e3,e4,e5))中,参数的个数是几个?

5. 阅读以下函数,写出函数的主要功能。

```
ch (int * p1,int * p2)
{
    int p;
    if ( * p1 > * p2)
    {
        p =  * p1;
        * p1 = * p2;
        * p2 = p;
    }
}
```

6. 编写一个名为 root 的函数,求方程 $ax^2+bx+c=0$ 的 b^2-4ac,并作为函数的返回值。其中的 a、b、c 作为函数的形式参数。

7. 编写一个函数,若参数 y 为闰年,则返回 1;否则返回 0。

8. 根据进制原理对一个整数的各位求其逆序的值。例如:

```
输入: 1215
输出: 5121
```

第 8 章

指　针

编程先驱

　　姚期智(图 8-0),1946 年出生于中国上海,是中国科学院院士、美国国家科学院外籍院士、美国艺术与科学院外籍院士,全球著名的计算机科学家,也是迄今为止唯一一位获得计算机界最高荣誉——图灵奖的华人。

　　姚期智的研究方向包括计算理论及其在密码学和量子计算中的应用。在三大方面具有突出贡献:①创建理论计算机科学的重要次领域:通信复杂性和伪随机数生成计算理论;②奠定现代密码学基础,在基于复杂性的密码学和安全形式化方法方面有根本性贡献;③解决线路复杂性、计算几何、数据结构及量子计算等领域的开放性问题并建立全新典范。

图 8-0　姚期智

　　1993 年,姚期智最先提出量子通信复杂性,基本上完成了量子计算机的理论基础。1995 年,提出分布式量子计算模式,后来成为分布式量子算法和量子通信协议安全性的基础。因为对计算理论包括伪随机数生成、密码学与通信复杂度的突出贡献,美国计算机协会(ACM)把 2000 年度的图灵奖授予他。

引言

　　1969 年 7 月 20 日,"阿波罗 11 号"飞船登月,宇航员尼尔·阿姆斯特朗(Neil Armstrong)成功踏上月球表面,标志着人类第一次踏上月球,完成重要的一步,这对个人来说是一小步,对人类来说却是一大步。

　　如今,阿波罗 11 号制导计算机(Apollo Guidance Computer,AGC)中指令模块(Comanche055)和登月模块(Luminary099)原始代码已在 Github 开源。阿波罗 11 号制导计算机(AGC)于 20 世纪 60 年代由美国国家航空航天局(National Aeronautics and Space Administration,NASA)开发,主要用来控制阿波罗宇宙飞船上的导航与制导系统。阿波罗号太空船实际上有两种不同的航天器,分为指挥舱(Command Module,CM)和登月舱(Lunar Module,LM)。指挥舱用来让三名宇航员登上月球,然后再接回来。登月舱用于承载两名在月球行走的宇航员,而第三名宇航员则留在指挥舱中,绕月球轨道运行。

　　无论是否有宇航员的协助,每个航天器都需要能够在太空中航行,因此需要有一个制导系统。该制导系统由麻省理工学院的仪器实验室开发,这个制导系统的一个重要部分是阿波罗 11 号制导计算机——AGC。

近年来,我国的探月工程也取得了重大突破。2020 年 12 月 17 日 1 时 59 分,嫦娥五号返回器携带月球样品在内蒙古四子王旗预定区域安全着陆,探月工程嫦娥五号任务取得圆满成功。习近平总书记高度肯定了广大航天人的卓越功勋并首次集中概括探月精神为"追逐梦想、勇于探索、协同攻坚、合作共赢"。"敢上九天揽月",这是中国人的梦想与豪情,从嫦娥一号拉开探月序幕,到嫦娥三号带着第一辆月球车"玉兔号"成功登月,再到嫦娥五号携带月球样品成功返回地面,中国探月工程如期实现"绕、落、回"三步走规划,标志着中国航天向前迈出的一大步。

在月球表面实现软着陆的过程中,嫦娥五号对于着陆点的位置精度和平整度要求之高是空前的,需要着陆区域内无太高的凸起、无太深的凹坑,坡度也要符合任务要求,最终科学家选择将落月点定在"吕姆克山脉"。然而,科学家们可不会把"吕姆克山脉"这 5 个字输入程序。相反,对于嫦娥五号来说,月球正面西经 51.8°、北纬 43.1°这个地址更为有效,而"吕姆克山脉"则指向了这个位置。在 C 语言中,指针也如同经纬度,精确定位了程序中的每个变量。每个数组等在内存中的位置,指引着程序一步步完成它的任务。正是这些看似不起眼的指针,组成了各种复杂程序。

本章将对指针展开讲解,由浅入深,介绍什么是指针,展示如何在计算机中简单地创建并运用它,以及介绍指针在数组中的应用,指针与字符数组,如何运用指针实现动态存储技术等。

前置知识

C 语言用变量来存储数据,用函数来定义一段可以重复使用的代码,它们最终都要放到内存中才能供 CPU 使用。数据和代码都以二进制的形式存储在内存中,但计算机无法从格式上区分某块内存到底存储的是数据还是代码。当程序被加载到内存后,操作系统会给不同的内存块指定不同的权限,拥有读取和执行权限的内存块就是代码,而拥有读取和写入权限(也可能只有读取权限)的内存块就是数据。

CPU 只能通过地址来取得内存中的代码和数据,程序在执行过程中会告知 CPU 要执行的代码以及要读写的数据的地址。如果程序不小心出错,或者开发者有意为之,在 CPU 要写入数据时给它一个代码区域的地址,就会发生内存访问错误。这种内存访问错误会被硬件和操作系统拦截,强制程序崩溃。

CPU 访问内存时需要的是地址,而不是变量名和函数名。变量名和函数名只是地址的一种助记符,当源文件被编译和链接成可执行程序后,它们都会被替换成地址。编译和链接过程的一项重要任务就是找到这些名称所对应的地址。

假设变量 a、b、c 在内存中的地址分别是 0X1000、0X2000、0X3000,那么加法运算 c＝a＋b;将会被转换成类似下面的形式。

```
0X3000 = (0X1000) + (0X2000);
```

（）表示取值操作,整个表达式的意思是,取出地址 0X1000 和 0X2000 上的值,将它们相加,把相加的结果赋值给地址为 0X3000 的内存。

需要注意的是,虽然变量名、函数名、字符串名和数组名在本质上是一样的,它们都是地址的助记符，但在编写代码的过程中，我们认为变量名表示的是数据本身，而函数名、字符串名和数组名表示的是代码块或数据块的首地址。

 **本章知识点**

◈ 8.1 地址和指针

8.1.1 指针

指针是 C 语言的一个重要概念，是 C 语言最具特色的数据类型，同时也是 C 语言较为困难的部分。C 语言所有的特点，如高效、高速、强大，最主要就是因为指针。

C 语言中，指针就是指向变量和对象的地址，指向的对象可以是变量（指针变量也是变量）、数组、函数等占据存储空间的实体。类似于凌工路 2 号指向大连理工大学，在这里，凌工路 2 号便可看作指向大连理工大学这个对象的地址。再如，我们从图书馆中借阅《C 语言》这本书，往往需要先从图书馆检索系统中查询这本书的存放位置，如"A 区书架第 5 排20 号"，然后在相应的位置取书，"A 区书架第 5 排 20 号"本身不是书，但是通过该地址就能找到《C 语言》这本书。

在 C 语言中，指针的使用非常广泛。一方面，指针常常是表达某个计算的唯一途径；另一方面，使用指针可以生成更简洁、更紧凑、更高效的代码。高级语言把存储单元、地址等低级概念用变量等高级概念掩盖起来，使编写程序时可以不必过多关心这方面细节，但内存与地址仍是最基本的重要概念。

如果错误地使用指针会导致程序难以理解，指针也很容易指向错误的地方。但是，如果谨慎地使用指针，便可以利用它写出简单、清晰的程序。在本章中，将尽力说明这一点。

8.1.2 地址和指针的关系

如 8.1.1 节所述，指针就是指向变量和对象的地址。那么，什么是地址呢？在计算机内存当中，各个存储单元都是有序的，按字节编码，字节是最小的存储单位。地址就是可以唯一标识某一存储单元的一个编号。我们都用过尺子，假设有一把以 mm 为最小单位，范围区间为 0～999，总长为 1000mm 的尺子，我们可以准确地在该尺子上找到 10mm、100mm处的位置。而内存也如此，具有像尺子一样的线性结构，在 32 位操作系统下，地址便是 0～4 294 967 295 的一个编号。一般地，在计算机中常常用其对应的十六进制数来表示地址，如 0x13109f5。C 程序中每一个定义的变量，在内存中都占有一个内存单元，如 float 类型占4B，char 类型占 1B 等，每字节都在 0～4 294 967 295 有一个对应的编号，C 语言允许在程序中使用变量的地址，并可以通过地址运算符 & 得到变量的地址，如下列语句所示。

```
P=&c;
```

该语句表示把 c 的地址赋值给变量 P，称 P 为"指向"c 的指针。地址运算符 & 只能应用于内存中的对象，即变量与数组元素。它不能作用于表达式、常量或寄存器类型的变量。

指针是能够存放一个地址的一组存储单元(通常是 2B 或 4B),因此,如果 c 的类型是 char,并且 P 是指向 c 的指针,则可用图 8-1 表示它们之间的关系。

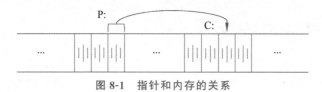

图 8-1　指针和内存的关系

8.1.3　变量的直接访问和间接访问

变量名与内存中的一个地址相对应。通常情况下,在程序中只需指出变量名,而不必知道每个变量在内存中的具体地址,每个变量与其具体地址的联系由 C 编译系统完成。程序中对变量进行直接存取操作,也就是对该变量所对应地址的存储单元(显然,这里的存储单元由若干字节组成)进行存取操作,这种直接按变量的地址访问变量值的方式称为直接访问方式。

相应地,如果通过定义一种特殊的变量专门存放内存或变量的地址,然后根据该地址值再去访问相应的存储单元,则称为间接访问方式。例如,将要访问变量 a 的地址存放在另一个变量 p 中,当需要访问变量 a 时,先取出变量 p 的内容即变量 a 的地址,再根据此地址找到变量 a 所对应的存储空间。这种间接地通过变量 p 得到变量 a 的地址,再存取变量 a 的值的方式即为"间接存取"。

如图 8-2 所示,整型变量 a 的地址为 0x0000ABCA,a 的值为 0x12345678,在内存占用 4B 存储;整型指针 p 的地址为 0x00FEBCD0,p 的值为 0x0000ABCA,在内存也占用 4B 存储。变量 p 的内容就是变量 a 的地址,这就是所谓的变量 p 是指向变量 a 的指针。

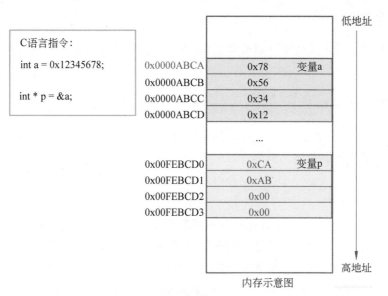

图 8-2　变量地址

◆ 8.2　指针变量的定义和使用

8.2.1　指针和指针变量的区别

　　程序离不开变量，变量相当于一个容器，用来存放数据，而变量本身是存放在内存中的。在 C 语言中定义变量的形式是：数据类型＋变量名。这里的变量名实际上是一个符号地址，在程序编译时，操作系统将为每个变量分配内存，所以每个变量都有一个在内存中的地址，即物理地址，并将变量的符号地址（变量名）和物理地址关联起来，所以，在程序中对变量名的操作，编译时编译器都会将变量名转换为变量在内存中的物理地址，从而实现了对内存中指定地址区域的数据的操作，这就是变量的实现原理。变量在内存中的地址又称作指针，我们说"变量的地址"就等价于"变量的指针"，但是指针和指针变量是不一样的。

　　从上面可以看到，每个变量都有一个符号地址（变量名）和物理地址（在内存中的位置，又叫作指针）。变量是可以存储数据的，但是指针变量与普通变量不同，它用来存放普通变量的地址，即指针变量是用来存放普通变量的指针。要知道，指针变量也是一个变量，在内存中也是占内存的，只不过它不存放基本类型数据，而是存放其他基本类型变量的地址。既然指针变量也有自己的物理地址，那么指针变量的地址用什么来存储呢？答案是用比该指针类型高一级的指针变量来存放指针变量的地址，如二级指针变量存放一级指针变量的地址，三级指针变量存放二级变量的地址，以此类推。

　　总的来说，指针是一个变量的地址，其本质是一串代表地址单元编号的数字，而指针变量本质是一个变量，用来存储变量地址（指针）。也就是说，指针变量的值是指针，就像整型变量里面存的是整数。

8.2.2　定义指针变量

　　定义指针变量与定义普通变量非常类似，在图 8-2 中已看到怎么定义指针变量，定义指针变量的一般形式为

```
类型说明符 *变量名；
```

其中，＊表示这是一个指针变量，变量名即为定义的指针变量名，类型说明符表示本指针变量所指向的变量的数据类型。例如：

```
int *p1;
```

　　＊表示 p1 是一个指针变量，int 表示该指针变量所指向的数据类型，也就是说，这个指针变量的值是某个整型变量的地址，或者说，p1 指向一个整型变量。至于 p1 究竟指向哪一个整型变量，应由向 p1 赋予的地址来决定。例如：

```
int a = 100;
int *p2 = &a;
```

　　在定义指针变量 p2 的同时对它进行初始化，并将变量 a 的地址赋予它，此时 p2 就指向

了 a。值得注意的是,p2 需要的是一个地址,因此 a 前面必须要加取地址符 &,否则将会发生错误。

和普通变量一样,指针变量也可以被多次写入,只要你想,随时都能够改变指针变量的值,请看下面的代码。

```
//定义普通变量
char c1 = 'j', c2= 'c';
float f1 = 0.5, f2 = 2.0;
//定义指针变量
char * p1 = &c1;
float * p2 = &f1;
//修改指针变量的值
p1 = &c2;
p2 = &f2;
```

* 是一个特殊符号,表明一个变量是指针变量,定义 p1、p2 时必须带 * 号,但指针变量名为 p1、p2 而不是 * p1、* p2,因此给指针变量赋值时不能带 * 。另外需要强调的是,p1、p2 的类型分别是 char * 和 float * ,而不是 char 和 float,它们是完全不同的数据类型,读者要引起注意。

另外,还需要注意 int * 和 int * (注意空格的位置)的区别,对于单变量声明,即一条语句中只声明一个指针变量的情况,没有区别;原因是 C 语言允许形式的自由性,即以下两种声明方式效果相同。

```
int * a;
int * a;
```

而对于一条语句中声明多个指针变量的情况,有很大区别。例如:

```
int * a, b, c;
```

对于这条语句,常会造成我们的误解:认为声明了三个整型指针。但是正解是:只有 a 是整型指针,b 和 c 都是普通的整数。这里的星号"*"号只是声明变量 a 的一部分,以上的变量声明相当于:

```
int * a; int b; int c;
```

如果希望在一条语句中声明多个整型指针,正确的方式应该是:

```
int * a, * b, * c;
```

思考题:有 n 个人围成一圈,顺序排号。从第 1 个人开始报数(从 1 到 3 报数),凡报到 3 的人退出圈子,问最后留下的是原来第几号的那个人。

8.2.3　指针变量的类型及含义

除了上文提到的一些常见的指针变量,还存在一些其他的指针变量,将其归纳总结于

表 8-1 中,为便于比较,在表中包括其他一些类型的定义。

表 8-1　指针变量的不同类型及含义

变 量 定 义	类 型 表 示	含　　义
int i;	int	定义整型变量 i
int * p;	int *	定义 p 为指向整型数据的指针变量
int a[5];	int [5]	定义整型数组 a,它有 5 个元素
int * p[4];	int * [4]	定义指针数组 p,它由 4 个指向整型数据的指针元素组成
int (* p)[4];	int (*)[4]	p 为指向包含 4 个元素的一维数组的指针变量
int f();	int ()	f 为返回整型函数值的函数
int * p();	int * ()	p 为指向一个指针的函数,该指针指向整型数据
int (* p)();	int (*)()	p 为指向函数的指针,该函数返回一个整型值
int **p;	int **	p 是一个指针变量,它指向一个整型数据的指针变量
void * p;	void *	p 是一个指针变量,基类型为 void(空类型),不指向具体的对象

应该注意的是,一个指针变量只能指向同类型的变量,如 int * a 只能指向整型变量,不能时而指向一个整型变量,时而又指向一个字符变量。

指针变量是用来存放内存地址的变量,不同类型的指针变量所占用的存储单元长度是相同的,而存放数据的变量因数据的类型不同,所占用的存储空间长度也不同。有了指针以后,不仅可以对数据本身,也可以对存储数据的变量地址进行操作。

另外,C 语言中还存在一些其他类型的指针,如空指针、void 指针等。

空指针是一个特殊的指针,把指向 NULL 的指针称为空指针,这个操作称为将指针置空。其实置空就是用 NULL 覆盖了原先指针存储的地址空间,严格意义上讲,置空后的指针是一个野指针,不能对其进行操作。

(void *)类型的指针称为通用指针,可以指向任何变量,C 语言允许直接把任何变量的地址作为指针赋给通用指针。但是需要注意,void * 不能指向由 const 修饰的变量,例如:

```
const int test;
void * ptv;
ptv = &test;
```

这里,第三句是非法的,只有将 ptv 声明如下,上述第三句 ptv=&test 才是合法的:

```
const void * ptv;
```

当需要使用通用指针所指的数据参加运算时,需要写出类型强制转换。如通用指针 ptv 所指空间的数据是整型数据,p 是整型指针,用此式转换:

```
p=(int *)ptv;
```

8.2.4 引用指针变量

在引用指针变量时,可能有以下三种情况。

(1) 给指针变量赋值。例如:

```
p=&a;
```

则指针变量 p 的值是变量 a 的地址,即 p 指向 a。

(2) 引用指针变量的值。例如:

```
printf("%o",p);
```

作用是以八进制数形式输出指针变量 p 的值,如果 p 指向了 a,则是输出了 a 的地址,相当于 &a。

(3) 引用指针变量指向的变量。

如果已执行"p=&a;",即指针变量 p 指向了整型变量 a,则

```
printf("%d", * p);
```

其作用是以十进制数输出指针变量 p 所指向的变量的值,即变量 a 的值。

如果有以下赋值语句:

```
* p=1;
```

表示将整数 1 赋给 p 当前所指向的变量(如果 p 指向变量 a,则相当于把 1 赋值给 a,即"a=1;")。

另外,要熟练掌握以下两个有关运算符的使用。

(1) & 取地址运算符: &a 是变量 a 的地址。

(2) * 指针运算符(或称"间接访问"运算符), * p 是指针变量 p 指向的对象的值。

下面以"输入 a 和 b 两个整数,按先大后小的顺序输出 a 和 b"为例,用两种方法加以讲解说明。

方法一:不交换整型变量的值,而是交换两个指针变量的值。

```
#include <stdio.h>
int main()
{
    int * p1, * p2, * p,a,b;                //p1,p2 的类型是 int * 类型
    printf("please enter two integer numbers:");
    scanf("%d,%d",&a, &b);                  //输入两个整数
    p1=&a;                                  //使 p1 指向变量 a
    p2=&b;                                  //使 p2 指向变量 b
    if(a<b)                                 //如果 a<b
    {
        p=p1;p1=p2;p2=p;                    //使 p1 与 p2 的值互换
```

```
    }
    printf("a=%d,b=%d\n",a,b);                    //输出 a,b
    printf("max=%d,min=%d\n", * p1, * p2);        //输出 p1 和 p2 所指向的变量的值
    return 0;
}
```

方法二：不定义中间变量 p，即直接对 p1 和 p2 赋以新值。

```
#include <stdio.h>
int main()
{
    int * p1, * p2,a,b;
    printf("please enter two integer numbers:");
    scanf("%d,%d",&a,&b);
    p1=&a;
    p2=&b;

    if(a<b)
    {
        p1=&b;
        p2=&a;
    }

    printf("a=%d,b=%d\n",a,b);
    printf("max=%d,min=%d\n", * p1, * p2);
    return 0;
}
```

8.2.5 指针作为函数的参数

在 C 语言中，函数的参数不仅可以是整数、小数、字符等具体的数据，还可以是指向它们的指针。用指针变量作函数参数可以将函数外部的地址传递到函数内部，使得在函数内部可以操作函数外部的数据，并且这些数据不会随着函数的结束而被销毁。

像数组、字符串、动态分配的内存等都是一系列数据的集合，没有办法通过一个参数全部传入函数内部，只能传递它们的指针，在函数内部通过指针来影响这些数据集合。

有的时候，对于整数、小数、字符等基本类型数据的操作也必须要借助指针，一个典型的例子就是交换两个变量的值。

有些初学者可能会使用下面的方法来交换两个变量的值。

```
#include <stdio.h>

void swap(int a, int b)
{
    int temp;              //临时变量
    temp = a;
    a = b;
    b = temp;
}
```

```
int main()
{
    int a = 66, b = 99;
    swap(a, b);
    printf("a = %d, b = %d\n", a, b);
    return 0;
}
```

运行结果：

```
a = 66, b = 99
```

从结果可以看出，a、b 的值并没有发生改变，交换失败。这是因为 swap()函数内部的 a、b 和 main()函数内部的 a、b 是不同的变量，占用不同的内存，它们除了名字一样，没有其他任何关系，swap()交换的是它内部 a、b 的值，不会影响它外部（main() 内部）a、b 的值。

而改用指针变量作参数后就很容易解决上面的问题。

```
#include <stdio.h>

void swap(int * p1, int * p2)
{
    int temp;                //临时变量
    temp = * p1;
    * p1 = * p2;
    * p2 = temp;
}

int main()
{
    int a = 66, b = 99;
    swap(&a, &b);
    printf("a = %d, b = %d\n", a, b);
    return 0;
}
```

运行结果：

```
a = 99, b = 66
```

调用 swap()函数时，将变量 a、b 的地址分别赋值给 p1、p2，这样 * p1、* p2 代表的就是变量 a、b 本身，交换 * p1、* p2 的值也就是交换 a、b 的值。函数运行结束后虽然会将 p1、p2 销毁，但它对外部 a、b 造成的影响是"持久化"的，不会随着函数的结束而"恢复原样"。

需要注意的是临时变量 temp，它的作用特别重要，因为执行" * p1＝ * p2;"语句后 a 的值会被 b 的值覆盖，如果不先将 a 的值保存起来以后就找不到了。这就好比拿来一瓶可乐和一瓶雪碧，要想把可乐倒进雪碧瓶、把雪碧倒进可乐瓶里面，就必须先找一个杯子，将两者之一先倒进杯子里面，再从杯子倒进瓶子里面。这里的杯子，就是一个"临时变量"，虽然只是倒倒手,但是也不可或缺。

拓展:函数的调用可以(而且只可以)得到一个返回值,而使用指针变量作参数,可以得到多个变化了的值,下面以"输入 a、b、c 三个整数,按大小顺序输出"为例,可验证以上结论。

```c
#include <stdio.h>
int main()
{
    void exchange(int * p1,int * p2, int * p3);
    int a,b,c;
    int * pointer_1, * pointer_2, * pointer_3;

    printf("please enter a b and c:");
    scanf("%d,%d,%d",&a,&b,&c);          //输入三个整数
    pointer_1=&a;                        //使 pointer_1 指向 a
    pointer_2=&b;                        //使 pointer_2 指向 b
    pointer_3=&c;                        //使 pointer_3 指向 c

    exchange(pointer_1,pointer_2,pointer_3);

    printf("The order is: %d,%d,%d\n",a,b,c);
    return 0;
}

void exchange(int * p1,int * p2, int * p3)
{
    void swap(int * pt1,int * pt2);
    if( * p1 < * p2)    swap(p1,p2);
    if( * p1 < * p3)    swap(p1,p3);
    if( * p2 < * p3)    swap(p2,p3);
}

void swap(int * pt1,int * pt2)
{
    int temp;
    temp= * pt1;
    * pt1= * pt2;
    * pt2=temp;
}
```

节后练习

Simpson 方法是用二次曲线逼近被积函数的数值积分方法,有 Simpson 公式:

$$\int_a^b f(x)\mathrm{d}x = \frac{h}{3} \cdot \{[f(a)+f(b)]+4[f(a+h)+f(a+3h)+\cdots+f(a+(2m-1)h)]\}$$
$$+2[f(a+2h)+f(a+4h)+\cdots+f(a+(2m-2)h)]\}$$

积分区间划分 $2m$ 个等分小区间,$h=\dfrac{b-a}{2m}$。用函数指针实现按这一公式计算数值积分的函数,请考虑采用能根据情况自动调整区间分隔数的方法。

◈ 8.3　指针和数组

8.3.1　数组指针的概念和定义

在 C 语言中,指针和数组之间的关系十分密切,因此,在接下来的部分中,将同时讨论指针与数组。通过数组下标所能完成的任何操作都可以通过指针来实现。一般来说,用指针编写的程序比用数组下标编写的程序执行速度快,但用指针实现的程序理解起来稍微困难一些。

一个数组是由连续的一块内存单元组成的。数组名就是这块连续内存单元的首地址。一个数组也是由各个数组元素(下标变量)组成的。每个数组元素按其类型不同占有几个连续的内存单元。一个数组元素的首地址也是指它所占有的几个内存单元的首地址。

数组指针,指的是数组名的指针,即数组首元素地址的指针,即指向数组的指针。例:

```
int (* p) [10]=NULL;
```

p 即为指向数组的指针,又称数组指针。如果没有括号,如下。

```
int * p[10];
```

则表示 p 是一个具有 10 个 int 类型指针的数组。

在该例中,指向有 10 个 int 元素的数组的指针会被初始化为 NULL。然而,如果把合适的数组的地址分配给它,那么表达式 * p 会获得数组,并且(* p)[i]会获得索引值为 i 的数组元素。根据下标运算符的规则,表达式(* p)[i]等同于 * ((* p)+i)。因此, * * p 获得数组的第一个元素,其索引值为 0。

8.3.2　数组指针的基本运算

指针变量可以进行某些运算,但其运算的种类是有限的。它只能进行赋值运算和部分算术运算及关系运算。

1. 指针运算符

(1)取地址运算符 &。取地址运算符 & 是单目运算符,其结合性为自右至左,其功能是取变量的地址。在 scanf()函数及前面介绍指针变量赋值中,已经了解并使用了 & 运算符。

(2)取内容运算符 * 。取内容运算符 * 是单目运算符,其结合性为自右至左,用来表示指针变量所指的变量。在 * 运算符之后跟的变量必须是指针变量。

需要注意的是,指针运算符 * 和指针变量说明中的指针说明符 * 不是一回事。在指针变量说明中," * "是类型说明符,表示其后的变量是指针类型。而表达式中出现的" * "则是一个运算符用以表示指针变量所指的变量。

下面用一个例子加以说明。

```
#include <stdio.h>
int main()
```

```
{
    int a=5, * p=&a;
    printf ("%d", * p);
    return 0;
}
```

　　* p=＆a 语句表示指针变量 p 取得了整型变量 a 的地址。printf("％d",* p)语句表示输出变量 a 的值,即结果为"5"。

　　2. 指针变量的运算

　　1) 赋值运算

　　指针变量的赋值运算有以下几种形式。

　　(1) 指针变量初始化赋值,前面已做介绍。

　　(2) 把一个变量的地址赋予指向相同数据类型的指针变量。例如:

```
int a, * pa;
pa=&a;          /* 把整型变量 a 的地址赋予整型指针变量 pa */
```

　　(3) 把一个指针变量的值赋予指向相同类型变量的另一个指针变量。例如:

```
int a, * pa=&a, * pb;
pb=pa;          /* 把 a 的地址赋予指针变量 pb */
```

　　由于 pa,pb 均为指向整型变量的指针变量,因此可以相互赋值。

　　(4) 把数组的首地址赋予指向数组的指针变量。例如:

```
int a[5], * pa;
pa=a;           /* 数组名表示数组的首地址,故可赋予指向数组的指针变量 pa */
```

　　也可写为

```
pa=&a[0];       /* 数组第一个元素的地址也是整个数组的首地址,也可赋予 pa */
```

　　当然,也可采取初始化赋值的方法:

```
int a[5], * pa=a;
```

　　(5) 把字符串的首地址赋予指向字符类型的指针变量。例如:

```
char * pc;
pc="C Language";
```

　　或用初始化赋值的方法写为

```
char * pc="C Language";
```

　　这里应说明的是,并不是把整个字符串装入指针变量,而是把存放该字符串的字符数组的首地址装入指针变量。在后面还将详细介绍。

（6）把函数的入口地址赋予指向函数的指针变量。例如：

```
int (*pf)();
pf=f;          /* f 为函数名 */
```

2）加减算术运算

对于指向数组的指针变量，可以加上或减去一个整数 n。设 pa 是指向数组 a 的指针变量，则 pa+n,pa-n,pa++,++pa,pa--,--pa 运算都是合法的。指针变量加或减一个整数 n 的意义是把指针指向的当前位置（指向某数组元素）向前或向后移动 n 个位置。应该注意，数组指针变量向前或向后移动一个位置和地址加 1 或减 1 在概念上是不同的。因为数组可以有不同的类型，各种类型的数组元素所占的字节长度是不同的，如指针变量加 1，即向后移动 1 个位置表示指针变量指向下一个数据元素的首地址，而不是在原地址基础上加 1。例如：

```
int a[5],*pa;
pa=a;                       /* pa 指向数组 a,也是指向 a[0] */
pa=pa+2;                    /* pa 指向 a[2],即 pa 的值为 &pa[2] */
```

指针变量的加减运算只能对数组指针变量进行，对指向其他类型变量的指针变量做加减运算是毫无意义的。

3）两个指针变量之间的运算

这里也需要注意，只有指向同一数组的两个指针变量之间才能进行运算，否则运算毫无意义。

（1）两指针变量相减：两指针变量相减所得之差是两个指针所指数组元素之间相差的元素个数。实际上是两个指针值（地址）相减之差再除以该数组元素的长度（字节数）。例如，pf1 和 pf2 是指向同一浮点数组的两个指针变量，设 pf1 的值为 2010H，pf2 的值为 2000H，而浮点数组每个元素占 4B，所以 pf1-pf2 的结果为（2000H-2010H）/4=4，表示 pf1 和 pf2 之间相差 4 个元素。两个指针变量不能进行加法运算。例如，pf1+pf2 是什么意思呢？毫无实际意义。

（2）两指针变量进行关系运算：指向同一数组的两指针变量进行关系运算可表示它们所指数组元素之间的关系。例如：

```
pf1==pf2;    /* 表示 pf1 和 pf2 指向同一数组元素 */
pf1>pf2;     /* 表示 pf1 处于高地址位置 */
pf1<pf2;     /* 表示 pf2 处于低地址位置 */
```

指针变量还可以与 0 比较。设 p 为指针变量，则 p==0 表明 p 是空指针，它不指向任何变量，例如：

```
p!=0;        /* 表示 p 不是空指针 */
```

空指针是由对指针变量赋予 0 值而得到的，例如：

```
#define NULL 0
int *p=NULL;
```

对指针变量赋 0 值和不赋值是不同的。指针变量未赋值时,可以是任意值,是不能使用的,否则将造成意外错误。而指针变量赋 0 值后,则可以使用,只是它不指向具体的变量而已。

8.3.3 通过指针引用数组元素

C 语言规定:如果指针变量 p 已指向数组中的一个元素,则 p+1 指向同一数组中的下一个元素。引入指针变量后,就可以用两种方法来访问数组元素了。

如果 p 的初值为 &a[0],则:

(1) p+i 和 a+i 就是 a[i] 的地址,或者说它们指向 a 数组的第 i 个元素。

(2) *(p+i) 或 *(a+i) 就是 p+i 或 a+i 所指向的数组元素,即 a[i]。例如,*(p+5) 或 *(a+5) 就是 a[5]。

(3) 指向数组的指针变量也可以带下标,如 p[i] 与 *(p+i) 等价。

根据以上叙述,引用一个数组元素可以用以下两种方法。

(1) 下标法:即用 a[i] 形式访问数组元素。在前面介绍数组时都是采用这种方法。

(2) 指针法:即采用 *(a+i) 或 *(p+i) 形式,用间接访问的方法来访问数组元素,其中,a 是数组名,p 是指向数组的指针变量,其初值 p=a。

下面分别用三种方法输出数组中的全部元素。

```c
/* 下标法 */
#include <stdio.h>
int main()
{
    int a[10],i;
    for(i=0;i<10;i++)
        a[i]=i;
    for(i=0;i<10;i++)
        printf("a[%d]=%d\n",i,a[i]);
    return 0;
}
/* 通过数组名计算元素的地址,找出元素的值 */
#include <stdio.h>
int main()
{
    int a[10],i;
    for(i=0;i<10;i++)
        *(a+i)=i;
    for(i=0;i<10;i++)
        printf("a[%d]=%d\n",i,*(a+i));
return 0;
}
/* 用指针变量指向元素 */
#include <stdio.h>
int main()
{
    int a[10],i,*p;
```

```
        p=a;
    for(i=0;i<10;i++)
        * (p+i)=i;
    for(i=0;i<10;i++)
        printf("a[%d]=%d\n",i, * (p+i));
    return 0;
}
```

另外,还有以下几个问题需要注意。

(1) 指针变量可以实现本身的值的改变。例如,p++是合法的,而 a++是错误的。因为 a 是数组名,它是数组的首地址,是常量。

(2) 要注意指针变量的当前值,请看以下程序(通过指针变量输出整型数组 a 的 10 个元素)。

```
# include <stdio.h>
int main()
{
    int * p,i,a[10];
    p=a;
    for(i=0;i<10;i++)
        * p++=i;
    for(i=0;i<10;i++)
        rintf("a[%d]=%d\n",i, * p++);
    return 0;
}
```

程序执行结果如下。

```
a[0]=0
a[1]=6422304
a[2]=6422284
a[3]=3530752
a[4]=6422400
a[5]=4198963
a[6]=1
a[7]=18356064
a[8]=18358184
a[9]=2
```

显然输出的数值并非 a 数组中各元素的值。这里的问题出在指针变量 p 的指向上,指针变量 p 的初始值为 a 数组首元素,即 a[0]的地址,经过第一个 for 循环读入数据后,p 已指向 a 数组的末尾。因此,在执行第二个 for 循环时,p 的起始值已经不是 &a[0]了,而是 a+10。由于执行第二个 for 循环时,每次要执行 p++,因此 p 指向的是 a 数组下面的 10 个存储单元,而这些存储单元中的值是不可预料的,也因此,在不同环境中运行时显示的结果可能与上面的有所不同。

那么怎么解决这个问题呢?只需要在第二个 for 循环之前加一个赋值语句:

```
p=a;
```

这样使得 p 的初始值重新等于 &a[0],这样结果就对了,程序如下。

```
# include <stdio.h>
int main()
{
    int * p,i,a[10];
    p=a;
    for(i=0;i<10;i++)
        * p++=i;
    p=a;
    for(i=0;i<10;i++)
        printf("a[%d]=%d\n",i, * p++);
    return 0;
}
```

程序执行结果如下。

```
a[0]=0
a[1]=1
a[2]=2
a[3]=3
a[4]=4
a[5]=5
a[6]=6
a[7]=7
a[8]=8
a[9]=9
```

从上例可以看出,虽然定义数组时指定它包含 10 个元素,但指针变量可以指到数组以后的内存单元,系统并不认为非法。

(3) * p++,由于++和 * 同优先级,结合方向自右而左,等价于 * (p++)。

(4) * (p++)与 * (++p)作用不同。若 p 的初值为 a,则 * (p++)等价于 a[0],* (++p)等价于 a[1]。

(5) (* p)++表示 p 所指向的元素值加 1。

(6) 如果 p 当前指向 a 数组中的第 i 个元素,则:

- * (p--)相当于 a[i--]。
- * (++p)相当于 a[++i]。
- * (--p)相当于 a[--i]。

8.3.4 用数组名作函数参数

数组名可以作函数的实参和形参。例如:

```
int main()
{
    int array[10];
```

```
    ...
    f(array,10);
    ...
    return 0;
}
f(int arr[],int n)
{
    ...
}
```

array 为实参数组名,arr 为形参数组名。在学习指针变量之后就更容易理解这个问题了。数组名就是数组的首地址,实参向形参传送数组名实际上就是传送数组的地址,形参得到该地址后也指向同一数组。这就好像同一件物品有两个彼此不同的名称一样。

同样,指针变量的值也是地址,数组指针变量的值即为数组的首地址,当然也可作为函数的参数使用。下面讲解一个求 5 个数均值的例子。

```
# include < stdio.h>
float aver(float * pa);
int main()
{
    float sco[5],av, * sp;
    int i;
    sp=sco;
    printf("\ninput 5 scores:\n");
    for(i=0;i<5;i++) scanf("%f",&sco[i]);
    av=aver(sp);
    printf("average score is %5.2f\n",av);

    return 0;
}
float aver(float * pa)
{
    int i;
    float av,s=0;
    for(i=0;i<5;i++) s=s+ * pa++;
    av=s/5;
    return av;
}
```

程序执行结果如下。

```
input 5 scores:
10 20 30 40 50
average score is 30.00
```

在该例中,数组名 sco 即为数组的首地址,数组指针变量 pa 的值也为该数组的首地址。
关于用数组名作函数参数还有以下两点要说明。

(1) 如果函数实参是数组名,形参也应为数组名(或指针变量),形参不能声明为普通变量(如 int array;)。实参数组与形参数组类型应一致(现都为 int 型),如不一致,结果将出错。

(2) 需要特别说明的是,数组名代表数组首元素的地址,并不代表数组中的全部元素。因此用数组名作函数实参时,不是把实参数组的值传递给形参,而只是将实参数组首元素的地址传递给形参。

形参可以是数组名,也可以是指针变量,它们用来接收实参传来的地址。如果形参是数组名,它代表的是形参数组首元素的地址。在调用函数时,将实参数组首元素的地址传递给形参数组名。这样,实参数组和形参数组就共占同一段内存单元。

8.3.5 用数组名作函数参数和用变量名作函数参数的区别

C 语言调用函数时,虚实结合的方法都是采用"值传递"的方式,当用变量名作为函数参数时传递的是变量的值;当用数组名作为函数参数时,由于数组名代表的是数组首元素的地址,因此传递的值是地址,所以要求形参为指针变量。

在用数组名作为函数实参时,既然实际上相应的形参是指针变量,为什么还允许使用形参数组的形式呢?这是因为在 C 语言中用下标法和指针法都可以访问一个数组(如果有一个数组 a,则 a[i] 和 *(a+i) 无条件等价),用下标法表示比较直观,便于理解,因此许多人愿意用数组名作形参,以便与实参数组相对应。从应用的角度看,用户可以认为有一个形参数组,它从实参数组那里得到起始地址,因此形参数组和实参数组共占同一段内存单元,在调用函数期间,如果改变了形参数组的值,也就改变了实参数组的值。

在用变量作函数参数时,只能将实参变量的值传给形参变量,在调用函数过程中如果改变了形参的值,对实参没有影响,即实参的值不因形参的值改变而改变。而用数组名作函数实参时,改变形参数组元素的值将同时改变实参数组元素的值。在程序设计中往往有意识地利用这一特点改变实参数组元素的值。

实际上,声明形参数组并不意味着真正建立一个包含若干元素的数组,在调用函数时也不对它分配存储单元,只是用 array[] 这样的形式表示 array 是一维数组名,以接收实参传来的地址。因此,array[] 中方括号内的数值并无实际作用,编译系统对一维数组方括号内的内容不予处理。形参一维数组的声明中可以写元素个数,也可以不写。

函数首部的下面几种写法都合法,作用相同。

```
void select_sort(int array[10],int n)      //指定元素个数与实参数组相同
void select_sort(int array[],int n)        //不指定元素个数
void select_sort(int array[5],int n)       //指定元素个数与实参数组不同
```

C 语言实际上只把形参数组名作为一个指针变量来处理,用来接收从实参传过来的地址。前面提到的一些现象都是由此而产生的。

8.3.6 通过指针引用多维数组

指针变量可以指向一维数组中的元素,当然也就可以指向二维数组以及多维数组中的

元素。但是在概念和使用方法上,多维数组的指针比一维数组的指针要复杂一些。

先假设一个二维数组:

```
int a[3][4] = {{1, 3, 5, 7}, {9, 11, 13, 15}, {17, 19, 21, 23}};
```

其中,a 是二维数组名。a 数组包含 3 行,即 3 个行元素 a[0],a[1],a[2]。每个行元素都可以看成含有 4 个元素的一维数组。而且 C 语言规定,a[0]、a[1]、a[2]分别是这三个一维数组的数组名,如下。

a[0]、a[1]、a[2]既然是一维数组名,一维数组的数组名表示的就是数组第一个元素的地址,所以 a[0]表示的就是元素 a[0][0]的地址,即 a[0]==&a[0][0];a[1]表示的就是元素 a[1][0]的地址,即 a[1]==&a[1][0];a[2]表示的就是元素 a[2][0]的地址,即 a[2]==&a[2][0]。

所以二维数组 a[M][N]中,a[i]表示的就是元素 a[i][0]的地址,即:

```
a[i] == &a[i][0]
```

我们知道,在一维数组 b 中,数组名 b 代表数组的首地址,即数组第一个元素的地址,b+1代表数组第二个元素的地址,…,b+n 代表数组第 n+1 个元素的地址。所以既然 a[0],a[1],a[2],…,a[M−1]分别表示二维数组 a[M][N]第 0 行,第 1 行,第 2 行,…,第 M−1 行各一维数组的首地址,那么同样的道理,a[0]+1 就表示元素 a[0][1]的地址,a[0]+2就表示元素 a[0][2]的地址,a[1]+1 就表示元素 a[1][1]的地址,a[1]+2 就表示元素 a[1][2]的地址……a[i]+j 就表示 a[i][j]的地址,即:

```
a[i]+j == &a[i][j]
```

如果将 a[i] == &a[i][0]代入上式当中,即可得到:

```
&a[i][0]+j == &a[i][j]
```

由前面指针的知识可知,在一维数组中 a[i]和 *(a+i)等价,因此:

```
a[i] == *(a+i)
```

这个关系在二维数组中同样适用,二维数组 a[M][N]就是有 M 个元素 a[0],a[1],…,a[M−1]的一维数组。结合 a[i]+j == &a[i][j]以及上式,便可得到:

```
*(a+i)+j == &a[i][j]
```

由此可知,a[i]+j 和 *(a+i)+j 等价,都表示元素 a[i][j] 的地址。

下面通过编程验证。

```
#include <stdio.h>
int main()
{
    int a[3][4]={{1, 3, 5, 7}, {9, 11, 13, 15}, {17, 19, 21, 23}};
    printf("%d,",a);
```

```
    printf("%d,", * a);
    printf("%d,",a[0]);
    printf("%d,",&a[0]);
    printf("%d\n",&a[0][0]);
    printf("%d,",a+1);
    printf("%d,", * (a+1));
    printf("%d,",a[1]);
    printf("%d,",&a[1]);
    printf("%d\n",&a[1][0]);
    printf("%d,",a+2);
    printf("%d,", * (a+2));
    printf("%d,",a[2]);
    printf("%d,",&a[2]);
    printf("%d\n",&a[2][0]);
    printf("%d,",a[1]+1);
    printf("%d\n", * (a+1)+1);
    printf("%d,%d\n", * (a[1]+1), * ( * (a+1)+1));
    return 0;
}
```

程序执行结果如下。

```
6422256,6422256,6422256,6422256,6422256
6422272,6422272,6422272,6422272,6422272
6422288,6422288,6422288,6422288,6422288
6422276,6422276
11,11
```

8.3.7 指向多维数组元素的指针变量

二维数组在内存中是连续的内存单元,可以定义一个指向内存单元起始地址的指针变量,然后依次拨动指针,这样就可以遍历二维数组的所有元素。例如:

```
#include <stdio.h>
int main()
{
    float a[2][3]={1.0,2.0,3.0,4.0,5.0,6.0}, * p;
    int i;
    for(p= * a;p< * a+2 * 3;p++)
        printf("%f\n", * p);
    return 0;
}
```

结果输出:

```
1.000000
2.000000
3.000000
```

```
4.000000
5.000000
6.000000
```

在上述例子中,定义了一个指向 float 型变量的指针变量。语句 p＝＊a 将数组第 1 行第 1 列元素的地址赋给了 p,p 指向了二维数组第一个元素 a[0][0]的地址。根据 p 的定义,指针 p 的加法运算单位正好是二维数组一个元素的长度,因此语句 p＋＋使得 p 每次指向了二维数组的下一个元素,＊p 对应该元素的值。

根据二维数组在内存中存放的规律,也可以用下面的程序找到二维数组元素的值。

```
#include <stdio.h>
int main()
{
    float a[2][3]={1.0,2.0,3.0,4.0,5.0,6.0}, * p;
    int i,j;
    printf("Please input i =");
    scanf("%d", &i);
    printf("Please input j =");
    scanf("%d", &j);
    p=a[0];
    printf("\na[%d][%d]=%f ",i,j, * (p+i * 3+j));
    return 0;
}
```

程序输出结果如下。

```
Please input i =1
Please input j =2
a[1][2]= 6.000000
```

输入下标 i 和 j 的值后,程序就会输出 a[i][j]的值。这里利用了公式 p＋i＊3＋j 计算出了 a[i][j]的首地址。计算二维数组中任何一个元素地址的一般公式如下。

二维数组首地址＋i×二维数组列数＋j

请读者分析二维数组的内存分配情况,自行证明上述公式。

上述指针变量指向的是数组具体的某个元素,因此指针加法的单位是数组元素的长度。也可以定义指向一维数组的指针变量,使它的加法单位是若干个数组元素。定义这种指针变量的格式为

数据类型 (＊变量名称)[一维数组长度];

说明:

(1) 括号一定不能少,否则[]的运算级别高,变量名称和[]先结合,结果就变成了后续章节要讲的指针数组。

(2) 指针加法的内存偏移量单位为:数据类型的字节数×一维数组长度。

例如,下面的语句定义了一个指向 long 型一维、5 个元素数组的指针变量 p。

```
long ( * p)[5];
```

指针变量 p 的特点在于,加法的单位是 $4\times5B$,p+1 跳过了数组的 5 个元素。

上述指针变量的特点正好和二维数组的行指针相同,因此也可以利用指针变量进行整行的跳动。

```
#include <stdio.h>
int main()
{
    float a[2][3]={1.0,2.0,3.0,4.0,5.0,6.0};
    float (* p)[3];
    int i,j;
    printf("Please input i =");
    scanf("%d", &i);
    printf("Please input j =");
    scanf("%d", &j);
    p=a;
    printf("\na[%d][%d]=%f ",i,j, * ( * (p+i)+j));
    return 0;
}
```

程序运行结果如下。

```
Please input i =1
Please input j =1
a[1][1]=5.000000
```

说明:

(1) p 定义为一个指向 float 型、一维、三个元素数组的指针变量 p。

(2) 语句 p=a 将二维数组 a 的首地址赋给了 p。根据 p 的定义,p 加法的单位是三个 float 型单元,因此 p+i 等价于 a+i, * (p+i)等价于 * (a+i),即 a[i][0]元素的地址,也就是该元素的指针。

(3) * (p+i)+j 等价于 & a[i][0]+j,即数组元素 a[i][j]的地址。

(4) * (* (p+i)+j)等价于(* (p+i))[j],即 a[i][j]的值。

p 在定义时,对应数组的长度应该和 a 的列长度相同,否则编译器检查不出错误,但指针偏移量计算出错,导致错误结果。

下面来看一个例子,输入一组整数(数量不超过 100),统计其中偶数和奇数的个数(用指针方式)。这里可以使用一个 int 型数组保存输入的一组整数,然后利用指针依次遍历数组的元素,统计偶数和奇数的个数。a[i]和 * (a+i)是等价的。偶数和奇数的辨别可以用整数%2 的方法,%2 为 0 则为偶数,否则为奇数。

```
#include <stdio.h>
int main()
{
    int a[100],i,j,nLen, nEvenCount=0, nOddCount=0, * p=a;
```

```
    /*输入整数的个数*/
    printf("\nPlease input count of integers: ");
    scanf("%d",&nLen);

    /*依次输入一组整数*/
    printf("Please input integers: ");
    for(i=0;i<nLen;i++)
        scanf("%d",p+i);
    /*等价于 scanf("%d", &a[i]) */

    /*统计偶数和奇数的个数*/
    for(i=0;i<nLen;i++,p++)
    {
        if(*p%2==0)
            nEvenCount++;
        else
            nOddCount++;
    }

    /*打印输出结果*/
    printf("There are %d even numbers, %d odd numbers. ",nEvenCount, nOddCount);
    return 0;
}
```

程序的运行结果为

```
Please input count of integers: 6
Please input integers: 1 3 4 65 8 66
There are 3 even numbers, 3 odd numbers.
```

上面的例子中,指针变量指向了数组 a 的首地址,p+i 即为数组元素 a[i]的指针,因此 scanf 语句中可以使用 p+i 作为参数。

统计偶数和奇数时,循环每次使 p 指向数组的下一个元素,循环中 *p 的值是数组对应元素的值。注意 nEvenCount 和 nOddCount 一定要初始化为零,否则它们都是随机数。

再看一个例子,编写一个函数,实现 2×3、3×4 矩阵相乘运算(用指针方式)。

使用一个 2×3 的二维数组和一个 3×4 的二维数组保存原矩阵的数据;用一个 2×4 的二维数组保存结果矩阵的数据。结果矩阵的每个元素都需要进行计算,可以用一个嵌套的循环(外层循环 2 次,内层循环 4 次)实现。

具体程序如下。

```
#include <stdio.h>
int main()
{
    int i,j,k, a[2][3],b[3][4],c[2][4];

    /*输入 a[2][3]的内容*/
```

```
        printf("\nPlease input elements of a[2][3]:\n");
        for(i=0;i<2;i++)
            for(j=0;j<3;j++)
                    scanf("%d", a[i]+j);
                    /* a[i]+j 等价于 &a[i][j] */

        /* 输入 b[3][4]的内容 */
        printf("Please input elements of b[3][4]: \n");
        for(i=0;i<3;i++)
            for(j=0;j<4;j++)
                    scanf("%d", *(b+i)+j);
                    /**(b+i)+j 等价于 &b[i][j] */

        /* 用矩阵运算的公式计算结果 */
        for(i=0;i<2;i++)
            for(j=0;j<4;j++)
            {
                *(c[i]+j)=0;
                /* *(c[i]+j) 等价于 c[i][j] */
                for(k=0;k<3;k++)
                    *(c[i]+j)+=a[i][k]*b[k][j];
            }

        /* 输出结果矩阵 c[2][4] */
        printf("\nResults: ");
        for(i=0;i<2;i++)
        {
            printf("\n");
            for(j=0;j<4;j++)
                    printf("%d ", *(*(c+i)+j));
                    /**(*(c+i)+j)等价于 c[i][j] */
        }
        return 0;
    }
```

运行结果为

```
Please input elements of a[2][3]:
1 2 3
4 5 6
Please input elements of b[3][4]:
1 2 3 4
5 6 7 8
9 10 11 12

Results:
38 44 50 56
83 98 113 128
```

上面的例子复习了二维指针的各种表示方法，在实际应用中可以灵活使用。

节后练习

1. 编写一函数,将一个 3×3 的整型矩阵转置。

2. 编写一个程序,输入星期,输出该星期的英文名。用指针数组处理。

输入：0～6 的任意整数。

输出：输出相应的星期的英文名。

样例输入：0
样例输出：Sunday

◇ 8.4　字符指针与字符数组

8.4.1　字符串的引用方式

在 C 语言中,可以用以下两种方法访问一个字符串。

(1) 用字符数组存放一个字符串,然后输出该字符串。

例如以下程序：

```
#include <stdio.h>
int main()
{
    char string[]="I love China!";
    printf("%s\n",string);
    return 0;
}
```

运行结果：

```
I love China!
```

这里,与前面介绍的数组属性一样,string 是数组名,它代表字符数组的首地址。

(2) 用字符串指针指向一个字符串。

例如以下程序：

```
#include <stdio.h>
int main()
{
    char * string="I love China!";
    printf("%s\n",string);
    return 0;
}
```

运行结果：

```
I love China!
```

8.4.2　通过字符指针变量输出字符串

字符串指针变量的定义说明与指向字符变量的指针变量说明是相同的,只能按对指针变量的赋值不同来区别。

对指向字符变量的指针变量应被赋予该字符变量的地址。例如:

```
char c, * p=&c;
```

表示 p 是一个指向字符变量 c 的指针变量。而

```
char * s="C Language";
```

则表示 s 是一个指向字符串的指针变量,把字符串的首地址赋予 s。

上例中,首先定义 string 是一个字符指针变量,然后把字符串的首地址赋予 string(应写出整个字符串,以便编译系统把该串装入连续的一块内存单元),并把首地址送入 string。程序中的

```
char * ps="C Language";
```

等效于:

```
char * ps; ps="C Language";
```

下面再来看几个例子。

输出字符串中 n 个字符后的所有字符。

```
#include <stdio.h>
int main()
{
    char * ps="this is a book";
    int n=10;
    ps=ps+n;
    printf("%s\n",ps);
    return 0;
}
```

运行结果为

```
book
```

在程序中对 ps 初始化时,即把字符串首地址赋予 ps,当 ps= ps+10 之后,ps 指向字符"b",因此输出为"book"。

在输入的字符串中查找有无'k'字符:

```
#include <stdio.h>
int main()
{
    char st[20], * ps;
    int i;
    printf("input a string:\n");
    ps=st; scanf("%s",ps);
    for(i=0;ps[i]!='\0';i++)
        if(ps[i]=='k')
        {
            printf("there is a 'k' in the string\n");
            break;
        }
    if(ps[i]=='\0')
        printf("There is no 'k' in the string\n");
    return 0;
}
```

运行结果：

```
input a string:
abcdefg
There is no 'k' in the string

input a string:
abcdefghijk
there is a 'k' in the string
```

下面这个例子是将指针变量指向一个格式字符串，用在 printf() 函数中，用于输出二维数组的各种地址表示的值，但在 printf 语句中用指针变量 PF 代替了格式串，这也是程序中常用的。

```
#include <stdio.h>
int main()
{
    static int a[3][4]={0,1,2,3,4,5,6,7,8,9,10,11};
    char * PF;
    PF="%d,%d,%d,%d,%d\n";
    printf(PF,a, * a,a[0],&a[0],&a[0][0]);
    printf(PF,a+1, * (a+1),a[1],&a[1],&a[1][0]);
    printf(PF,a+2, * (a+2),a[2],&a[2],&a[2][0]);
    printf("%d,%d\n",a[1]+1, * (a+1)+1);
    printf("%d,%d\n", * (a[1]+1), * ( * (a+1)+1));
    return 0;
}
```

8.4.3 用字符指针作函数参数

下面的例子则是把字符串指针作为函数参数的使用。要求把一个字符串的内容复制到另一个字符串中,并且不能使用 strcpy()函数。函数 cprstr()的形参为两个字符指针变量。pss 指向源字符串,pds 指向目标字符串。注意表达式(＊pds＝＊pss)!＝'\0'的用法。

```c
#include <stdio.h>
void cpystr(char ＊pss,char ＊pds)
{
    while((＊pds=＊pss)!='\0')
    {
        pds++;
        pss++;
    }
}
int main()
{
    char ＊pa="CHINA",b[10],＊pb;
    pb=b;
    cpystr(pa,pb);
    printf("string a=%s\nstring b=%s\n",pa,pb);
    return 0;
}
```

程序运行结果如下。

```
string a=CHINA
string b=CHINA
```

在本例中,程序完成了两项工作:一是把 pss 指向的源字符串复制到 pds 所指向的目标字符串中;二是判断所复制的字符是不是'\0',若是则表明源字符串结束,不再循环,否则,pds 和 pss 都加 1,指向下一字符。在主函数中,以指针变量 pa、pb 为实参,分别取得确定值后调用 cprstr()函数。

由于采用的指针变量 pa 和 pss,pb 和 pds 均指向同一字符串,因此在主函数和 cprstr()函数中均可使用这些字符串。也可以把 cprstr()函数简化为以下形式。

```c
void cprstr(char ＊pss,char ＊pds)
{
    while ((＊pds++=＊pss++)!=`\0');
}
```

即把指针的移动和赋值合并在一个语句中。进一步分析还可发现'\0'的 ASCII 码为 0,对于 while 语句只看表达式的值为非 0 就循环,为 0 则结束循环,因此也可省去"!='\0'"这一判断部分,而写为以下形式。

```c
void cprstr (char ＊pss,char ＊pds)
{
    while (＊pdss++=＊pss++);
}
```

表达式的意义可解释为,源字符向目标字符赋值,移动指针,若所赋值为非 0 则循环,否则结束循环。这样使程序更加简洁。

简化后的程序如下。

```
# include <stdio.h>
void cpystr(char * pss,char * pds)
{
    while( * pds++= * pss++);
}
int main()
{
    char * pa="CHINA",b[10], * pb;
    pb=b;
    cpystr(pa,pb);
    printf("string a=%s\nstring b=%s\n",pa,pb);
    return 0;
}
```

8.4.4　使用字符指针变量和字符数组的区别

用字符数组和字符指针变量都可实现字符串的存储和运算。但是两者是有区别的,在使用时应注意以下几个问题。

(1) 字符串指针变量本身是一个变量,用于存放字符串的首地址。而字符串本身是存放在以该首地址为首的一块连续的内存空间中并以'\0'作为串的结束。字符数组是由若干个数组元素组成的,它可用来存放整个字符串。

(2) 对字符串指针方式:

```
char * ps="C Language";
```

可以写为

```
char * ps; ps="C Language";
```

而对数组方式:

```
static char st[]={"C Language"};
```

不能写为

```
char st[20]; st={"C Language"};
```

而只能对字符数组的各元素逐个赋值。从以上几点可以看出,字符串指针变量与字符数组在使用时的区别,同时也可看出使用指针变量更加方便。前面说过,当一个指针变量在未取得确定地址前使用是危险的,容易引起错误。但是对指针变量直接赋值是可以的,因为 C 系统对指针变量赋值时要给予确定的地址。因此,

```
char * ps="C Langage";
```

或者

```
char * ps; ps="C Language";
```

都是合法的。

节后练习

1. 输入三个字符串,按由小到大的顺序输出。

2. 用指向指针的方法对 5 个字符串排序并输出。例如:对"Mercury""Venus""Earth""Mars""Jupiter"进行排序。

3. 有一字符串,包含 n 个字符。写一函数,将此字符串中从第 m 个字符开始的全部字符复制成另一个字符串。

◇ 8.5 动态存储管理

8.5.1 为什么需要动态存储管理

一般来说,可以简单地理解为内存分为三部分:静态区、栈、堆。

静态区:保存自动全局变量和 static 变量(包括 static 全局和局部变量)。静态区的内容在整个程序的生命周期内都存在,由编译器在编译的时候分配。

栈:保存局部变量。栈上的内容只在函数的范围内存在,当函数运行结束,这些内容也会自动被销毁,其特点是效率高,但空间大小有限。

堆:由 malloc 系列函数或 new 操作符分配的内存,其生命周期由 free 或 delete 决定。

通常我们使用数组的时候,必须提前用一个常量来指定数组的长度,同时它的内存空间在编译的时候就已经被分配了。但是有时候数组的长度只有在运行的时候才能知道。因此,一种简单的解决方案就是提前申请一块较大的数组,可以容纳可能出现的最多的元素。

使用这种方法的优点就是非常简单,但是也存在很大的缺点。

(1) 人为因素太大,如果元素数量超过声明的长度,就会发生数组越界,避免的方法就是再声明大一点,很浪费内存。

(2) 如果实际使用的元素比较少,就会有大量的内存被浪费掉了。

需要注意的一个小问题是,当定义的数组为局部变量时,会存放在栈上面,如果数组过大,会出现内存溢出;如果将数组声明在全局存储区则不会出现这个限制。

对于动态内存的分配与释放,C 函数库提供了两个函数 malloc 和 free,分别用于执行动态内存分配和释放,这些函数维护一个可用内存。

8.5.2 内存的动态分配

动态内存分配就是指在程序执行的过程中动态地分配或者回收存储空间的分配内存的方法。动态内存分配不像数组等静态内存分配方法那样需要预先分配存储空间,而是由系统根据程序的需要即时分配,且分配的大小就是程序要求的大小。

内存的静态分配和动态分配的区别主要是以下两个。

一是时间不同。静态分配发生在程序编译和链接的时候。动态分配则发生在程序调入和执行的时候。

二是空间不同。堆都是动态分配的,没有静态分配的堆。栈有两种分配方式:静态分配和动态分配。静态分配是编译器完成的,如局部变量的分配。动态分配由函数 malloc()进行分配。不过栈的动态分配和堆不同,它的动态分配是由编译器进行释放,无须手工实现。

当程序中有比较大的数据块需要使用内存的时候我们使用内存的动态分配。原因是比较大的数据块如果使用了静态内存,在该数据块运行完毕后不能动态地释放该内存,直到整个程序运行完才能释放,如果整个程序比较大,有可能因为内存不够而发生错误。

8.5.3　内存动态分配的建立

在数组一章中曾介绍过数组的长度是预先定义好的,在整个程序中固定不变。C 语言中不允许动态声明数组类型。

例如以下程序段:

```
int n;
scanf("%d",&n);
int a[n];
```

用变量表示长度,想对数组的大小作动态声明,这是错误的。但是在实际的编程中,往往会发生这种情况,即所需的内存空间取决于实际输入的数据,而无法预先确定。对于这种问题,用数组的办法很难解决。为了解决上述问题,C 语言提供了一些内存管理函数,这些内存管理函数可以按需要动态地分配内存空间,也可把不再使用的空间回收待用,为有效地利用内存资源提供了便利。

常用的内存管理函数有以下三个。

1. 分配内存空间函数 malloc

调用形式:

```
(类型说明符*)malloc(size)
```

功能:在内存的动态存储区中分配一块长度为“size”字节的连续区域。函数的返回值为该区域的首地址。“类型说明符”表示把该区域用于何种数据类型。

(类型说明符*)表示把返回值强制转换为该类型指针,“size”是一个无符号数。例如:

```
pc=(char *)malloc(100);
```

表示分配 100B 的内存空间,并强制转换为字符数组类型,函数的返回值为指向该字符数组的指针,把该指针赋予指针变量 pc。若申请成功,函数返回申请到的内存的起始地址,若申请失败,返回 NULL。

使用该函数时,有下面几点要注意。

（1）只关心申请内存的大小。

（2）申请的是一块连续的内存。记得一定要写出错判断。

（3）显式初始化。即我们不知道这块内存中有什么东西,要对其清零。

2. 分配内存空间函数 calloc()

calloc()也用于分配内存空间。调用形式:

```
(类型说明符*)calloc(n,size)
```

功能:在内存动态存储区中分配 n 块长度为"size"字节的连续区域。函数的返回值为该区域的首地址,其中,(类型说明符*)用于强制类型转换。

calloc()函数与 malloc()函数的区别仅在于 calloc()函数一次可以分配 n 块区域。例如:

```
ps=(struct stu*)calloc(2,sizeof(struct stu));
```

其中的 sizeof(struct stu)是求 stu 的结构长度。因此该语句的意思是:按 stu 的长度分配两块连续区域,强制转换为 stu 类型,并把其首地址赋予指针变量 ps。

3. 释放内存空间函数 free()

函数 free()的调用形式如下。

```
free(void*ptr);
```

功能:释放 ptr 所指向的一块内存空间,ptr 是一个任意类型的指针变量,它指向被释放区域的首地址。被释放区应是由 malloc()或 calloc()函数所分配的区域。

下面举个例子,分配一块区域,输入一个学生数据。

```c
#include <stdio.h>
#include <stdlib.h>
int main()
{
    struct stu
    {
      int num;
      char * name;
      char sex;
      float score;
    } * ps;
    ps=(struct stu*)malloc(sizeof(struct stu));
    ps->num=102;
    ps->name="Zhang ping";
    ps->sex='M';
    ps->score=62.5;
    printf("Number=%d\nName=%s\n",ps->num,ps->name);
    printf("Sex=%c\nScore=%f\n",ps->sex,ps->score);
    free(ps);
    return 0;
}
```

程序运行结果：

```
Number=102
Name=Zhang ping
Sex=M
Score=62.500000
```

本例中定义了结构 stu，定义了 stu 类型指针变量 ps。然后分配一块 stu 大的内存区，并把首地址赋予 ps，使 ps 指向该区域。再以 ps 为指向结构的指针变量对各成员赋值，并用 printf 输出各成员值。最后用 free() 函数释放 ps 指向的内存空间。整个程序包含申请内存空间、使用内存空间、释放内存空间三个步骤，实现存储空间的动态分配。

使用 free() 也有下面几点要注意。

1）必须提供内存的起始地址

调用该函数时，必须提供内存的起始地址，不能够提供部分地址，释放内存中的一部分是不允许的。

2）malloc() 和 free() 配对使用

编译器不负责动态内存的释放，需要程序员显式释放。因此，malloc() 与 free() 是配对使用的，避免内存泄漏。

我们来看以下代码段：

```
free(p);
p = NULL;
```

这里，p=NULL 是必需的，因为虽然这块内存被释放了，但是 p 仍指向这块内存，避免下次对 p 的误操作。

3）不允许重复释放

因为这块内存被释放后，可能已另分配，这块区域被别人占用，如果再次释放，会造成数据丢失。

◆ 8.6　程序举例

输入一个字符串，内有数字和非数字字符，例如：

```
a123x466 34x > 302addfds46
```

要求将其中连续的数字作为一个整数，依次存放到一个数组中。例如，123 放在 a[0] 中，466 放在 a[1] 中……统计有多少个整数，并输出这些整数。

解：

```
#include <stdio.h>
int a[10];
int find(char * str)
{
    int i=0,j=0,k,digit,m,e,num=0;
```

```
   while(*(str+i)!='\0')
   {   if((*(str+i)>='0')&&(*(str+i)<='9'))
           j++;
       else
           if(j>0)
           {
               digit=*(str+i-1)-48;
               k=1;
               while(k<j)
               {
                   e=1;
                   for(m=1;m<=k;m++)
                       e*=10;
                   digit+=(*(str+i-1-k)-48)*e;
                   k++;
               }
               a[num]=digit;
               num++;
               j=0;
           }
   i++;
   }
   if(j>0)
   {
       digit=*(str+i-1)-48;
       k=1;
       while(k<j)
       {
           e=1;
           for(m=1;m<=k;m++)
               e*=10;
           digit+=(*(str+i-1-k)-48)*e;
           k++;
       }
       a[num]=digit;
       num++;
   }
   return num;
}

int main(void)
{
   char str[50];
   int n,i;
   printf("Input a string:\n");
   scanf("%s", str);
   n=find(str);
   printf("There are %d number in the string.They are:\n",n);
   for(i=0;i<n;i++)
       printf("%d\t",a[i]);
   return 0;
}
```

解题思路：取出字符串中所包含的所有整数，需要一一检索字符串中的字符，统计连续数字字符的个数，然后将这几个连续的数字字符"倒序"组成一个整数（例如连续数字字符是123，先将 3 转换成 3,2 转换成 2×10,1 转换成 1×100，依次检索直到字符串为空）。

场景案例

在前几章的场景案例中，加密名字都是由一连串字母组成的密文字符串表示，如果事先固定字符串变量长度，可能因为名字过长导致无法存储，利用本章所学的知识，使用动态内存分配来解决该问题。

企业案例

腾讯公司的游戏业务处于全球领先地位，大型游戏的底层也离不开数学、物理等基础学科。在腾讯公司出品的众多游戏中，为了快速反映玩家在游戏化系统中的地位，使用排行榜是一种高效的方法。另外，在抖音、微博、快手等 APP 的开发过程中几乎都离不开排行榜的设计，如何在亿级应用中设计一个能够快速响应的实时排序算法，是需要重点解决的一个问题。请查阅相关资料，研究各种排序算法的时间复杂度和空间复杂度，并结合本章所学的指针相关知识，编写一个能够达到秒级响应的亿级用户积分排序算法（提示：位排序、桶排序等）。

前沿案例

计算机视觉是一门研究如何使机器"看"的科学，更进一步地说，就是指用摄影机和计算机代替人眼对目标进行识别、跟踪和测量等机器视觉，并进一步做图形处理，使用计算机处理成更适合人眼观察或传送给仪器检测的图像。作为一个科学学科，计算机视觉研究相关的理论和技术，试图建立能够从图像或者多维数据中获取信息的人工智能系统。这里所指的信息指 Shannon 定义的，可以用来帮助做一个决定的信息。因为感知可以看作从感官信号中提取信息，所以计算机视觉也可以看作研究如何使人工系统从图像或多维数据中感知的科学。

给定一个图像分类任务，应该使用哪种图像预处理方法对原始数据进行处理呢？可以通过多种途径找到这个问题的答案。例如：

（1）使用学术论文中类似问题的图像预处理方法。

（2）查询相关博客文章、课程或书籍中的图像预处理方法。

（3）使用你最擅长的图像预处理方法。

（4）使用操作起来最简单的图像预处理方法。

……

然而，最好的方法应该是通过简单的实验，根据实验结果来决定采用哪种图像预处理方法。

具体来说，可以分为如下几步。

（1）选择数据集。可以是整个训练数据集或其中的一个子集。

（2）选择模型。选择一个已有的、成熟的模型，该模型不一定非得是问题的最佳模型。

（3）选择图像预处理方法。列出备选的几种图像预处理方法。

（4）运行实验。保证实验结果可靠、稳定，多次重复每个实验。

（5）分析结果。比较每个实验的模型训练速度和模型效果。

需要注意的是，由于实验的模型并非最终的模型，同时，为了实验的快速进行，也可能只用到部分训练数据，这两者都可能带来实验误差。

同时，分析实验结果可以从下面两方面进行。

（1）模型训练速度。根据模型的学习曲线判断模型的训练速度。

（2）模型的准确性。在给定数据集上看模型的分类准确度。

现请结合计算机视觉开源库 opencv，实现对任意图片的以下操作。

（1）加载图片。

（2）将图片的通道维度设置为1（即只留下黑白通道）。

（3）对图片像素值进行归一化。

易错盘点

（1）内存泄漏：在 C 语言中，内存管理器不会帮用户自动回收不再使用的内存，如果忘了释放不再使用的内存，这些内存将不能被重用，则会造成内存泄漏。

（2）内存越界访问：读越界，即读了不属于自己的数据。如果所读地址无效，程序立即崩溃；如果所读地址有效，由于读到的数据是随机的，因此会造成不可预料的后果。写越界，又叫缓冲区越界，所写入的数据对别的程序来说是随机的，也会造成不可预料的后果。

（3）野指针：野指针就是指针指向的位置是不可知的，释放内存后应当立即把对应指针置为空，这是避免野指针常用的方法。

（4）误用 sizeof：尽管 C/C++ 通常是按值传递参数的，但数组是个例外，在传递数组参数时，数组退化为指针（即按引用传递），用 sizeof 是无法取得数组大小的。

（5）声明指针实例化后，malloc() 函数可能会无法提供请求的内存，其返回一个空指针。

（6）指针消亡了，并不表示它所指的内存会被自动释放。

（7）内存被释放了，并不表示指针会消亡或者成了 NULL 指针。

（8）指针数组和二维数组指针的区别：指针数组和二维数组指针在定义时非常相似，只是括号的位置不同。

```
int * (p1[5]);          //指针数组,可以去掉括号直接写作 int * p1[5]

int (* p2)[5];          //二维数组指针,不能去掉括号
```

指针数组和二维数组指针有着本质上的区别：指针数组是一个数组，只是每个元素保存的都是指针，以上面的 p1 为例，在 32 位环境下它占用 $4 \times 5 = 20B$ 的内存。二维数组指针是一个指针，它指向一个二维数组，以上面的 p2 为例，它占用 4B 的内存。

（9）指针变量可以进行加减运算，如 p++、p+i、p-=i。指针变量的加减运算并不是简单地加上或减去一个整数，而是跟指针指向的数据类型有关。

（10）给指针变量赋值时，要将一份数据的地址赋给它，不能直接赋给一个整数，例如，"int * p=1000;"是没有意义的，使用过程中一般会导致程序崩溃。

（11）两个指针变量可以相减。如果两个指针变量指向同一个数组中的某个元素，那么

相减的结果就是两个指针之间的元素个数。

（12）数组也是有类型的，数组名的本意是表示一组类型相同的数据。在定义数组时，或者和 sizeof、& 运算符一起使用时，数组名才表示整个数组，表达式中的数组名会被转换为一个指向数组首地址的指针。

（13）指针的叠加会不断改变指针的指向。例如：

```
char * p = "sdfg";
p++;
printf("%s\n",p);
```

打印结果为""dfg";"。指针的指向被改变，如果再叠加 4 次，就打印不出内容了，因为指针此时已经指向了结束符。

知识拓展

1. 栈

栈（Stack）又名堆栈，是一种限定仅在表尾进行插入和删除操作的线性表。一端被称为栈顶，相对地，另一端称为栈底。向一个栈插入新元素又称作进栈、入栈或压栈，它是把新元素放到栈顶元素的上面，使之成为新的栈顶元素；从一个栈删除元素又称作出栈或退栈，它是把栈顶元素删除掉，使其相邻的元素成为新的栈顶元素。

例如，有一个存储整型元素的栈，入栈和出栈过程如图 8-3 和图 8-4 所示。

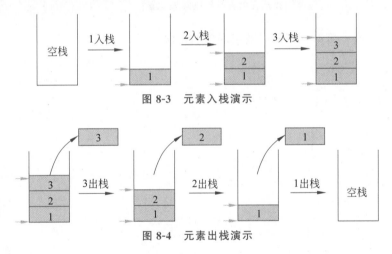

图 8-3　元素入栈演示

图 8-4　元素出栈演示

常用的栈有以下两种。

（1）基于数组的栈——以数组为底层数据结构时，通常以数组头为栈底，数组头到数组尾为栈顶的生长方向。

（2）基于单链表的栈——以链表为底层的数据结构时，以链表头为栈顶，便于结点的插入与删除，压栈产生的新结点将一直出现在链表的头部。以下代码为 C++ 。

在使用标准库的栈时，应包含相关头文件：

```
#include <stack>
```

此外,栈的定义如下。

```
stack<int> s;
```

栈的常用操作有以下几种。

(1) 弹栈,通常命名为 pop。

```
s.pop();            //弹出栈顶元素, 但不返回其值
```

(2) 压栈,通常命名为 push。

```
s.push();           //将元素压入栈顶
```

(3) 求栈的大小。

```
s.size();           //返回栈中元素的个数
```

(4) 判断栈是不是空。

```
s.empty();          //如果栈为空则返回 true, 否则返回 false
```

(5) 获取栈顶元素的值。

```
s.top();            //返回栈顶元素, 但不删除该元素
```

下面用一个例子简单介绍基于数组的栈的用法。

```cpp
#include <stack>
#include <iostream>
using namespace std;
int main()
{
    stack<int> s;
    int sum = 0;
    for (int i = 0; i < 10; i++){
        s.push(i);
    }
    cout << "size = " << s.size() << endl;
    while (!s.empty()){
        cout << " " << s.top();
        s.pop();
    }
    cout << endl;
    return 0;
}
```

2. 逆波兰表达式

逆波兰表达式,英文为 Reverse Polish Notation,与波兰表达式(Polish Notation)相对应。之所以叫波兰表达式和逆波兰表达式,是为了纪念波兰的数理科学家 Jan Łukasiewicz,其

在著作中提到："我在 1924 年突然有了一个无需括号的表达方法,我在文章中第一次使用了这种表示法。"

平时人们习惯将表达式写成(1+2)＊(3+4),加减乘除等运算符写在中间,因此称为中缀表达式。而波兰表达式的写法为(＊(＋1 2)(＋3 4)),将运算符写在前面,因而也称为前缀表达式。逆波兰表达式的写法为((1 2＋)(3 4＋)＊),将运算符写在后面,因而也称为后缀表达式。

1) 中缀表达式转换前缀表达式的操作过程

(1) 设定一个操作符栈,从右到左顺序扫描整个中缀表达式。

① 如果是操作数,则直接归入前缀表达式。

② 如果是括号:如果是右括号,则直接将其入栈;如果是左括号,则将栈中的操作符依次弹栈,归入前缀表达式,直至遇到右括号,将右括号弹栈,处理结束。

③ 如果是其他操作符,则检测栈顶操作符的优先级与当前操作符的优先级关系,如果栈顶操作符优先级大于当前操作符的优先级,则弹栈,并归入前缀表达式,直至栈顶操作符优先级小于或等于当前操作符优先级,这时将当前操作符压栈。

(2) 当扫描完毕整个中缀表达式后,检测操作符栈是不是空,如果不为空,则依次将栈中操作符弹栈,归入前缀表达式。

(3) 将前缀表达式翻转,得到中缀表达式对应的前缀表达式。

2) 中缀表达式转换后缀表达式的操作过程

(1) 自左向右顺序扫描整个中缀表达式。

① 如果当前元素为操作数,则将该元素直接存入后缀表达式中。

② 如果当前元素为"(",则将其直接入栈;如果为")",则将栈中的操作符弹栈,并将弹栈的操作符存入后缀表达式中,直至遇到"(",将"("从栈中弹出,并不将其存入后缀表达式中。

③ 如果是其他操作符,如果其优先级高于栈顶操作符的优先级,则将其入栈,如果是小于或低于栈顶操作符优先级,则依次弹出栈顶操作符并存入后缀表达式中,直至遇到一个栈顶优先级小于当前元素优先级时或者栈顶元素为"("为止,保持当前栈顶元素不变,并将当前元素入栈。

(2) 当扫描完毕整个中缀表达式后,检测操作符栈是不是空,如果不为空,则依次将栈中操作符弹栈,归入后缀表达式。

下面演示一个 C++ 的例子,读入一个只包含＋、－、＊、/ 的非负整数计算表达式,计算该表达式的值。

```
#include <iostream>
#include <string.h>
#include <algorithm>
using namespace std;

char stack[500];                //定义顺序栈,其中,top==0 表示栈为空
int top;                        //栈顶指针,为 0 表示栈为空
char output[500], input[500];   //波兰式
int outLen;
```

```
//判断运算符级别函数;其中,*和/的级别为2,+和-的级别为1
int priority(char op)
{
if (op=='+' || op=='-')
    return 1;
if (op=='*' || op=='/')
    return 2;
else
    return 0;
}
//判断输入串中的字符是不是操作符,如果是返回true
bool isOperator(char op)
{
    return (op=='+' || op=='-' || op=='*' || op=='/');
}
//将一个中缀串转换为后缀串
void rePolish(char * s,int len)
{
    memset(output,'\0',sizeof output);      //输出串
    outLen = 0;
    for (int i=0; i < len; ++i)              //求输入串的逆序
    {
        if (isdigit(s[i]))
        {
            //假如是操作数,把它添加到输出串中
            output[outLen++] = s[i];
            while (i+1 < len && isdigit(s[i+1]))
            {
                output[outLen++] = s[i+1];
                ++i;
            }
            output[outLen++] = ' ';          //空格隔开
        }
        if (s[i]=='(')                       //假如是闭括号,将它压栈
        {
            ++top;
            stack[top] = s[i];
        }
        //如果是运算符,执行算法对应操作
        while (isOperator(s[i]))
        {
            if (top==0 || stack[top]=='(' || priority(s[i]) > priority(stack
            [top]))                          //空栈||栈顶为)||新来的元素优先级更高
            {
                ++top;
                stack[top] = s[i];
                break;
            }
            else
            {
```

```
                output[outLen++] = stack[top];
                output[outLen++] = ' ';
                --top;
            }
        }
    //假如是开括号,栈中运算符逐个出栈并输出
    //直到遇到闭括号,闭括号出栈并丢弃
    if (s[i]==')')
    {
        while (stack[top]!='(')
        {
            output[outLen++] = stack[top];
            output[outLen++] = ' ';
            --top;
        }
        --top;     //此时 stack[top]==')',跳过)
    }
    //假如输入完毕,栈中剩余的所有操作符出栈并加到输出串中
    while (top!=0)
    {
        output[outLen++] = stack[top];
        output[outLen++] = ' ';
        --top;
    }
}


double OP(double op1,double op2,char op)
{
    double res = 0;
    if (op=='+')
        res = op1 + op2;
    else if (op=='-')
        res = op1 - op2;
    else if (op=='*')
        res = op1 * op2;
    else if (op=='/')
        res = op1 / op2;
    return res;
}


double cSt1[200];
//波兰式需要用两个栈,逆波兰式只需要一个栈
double calc(char * s)
{
    char dst[80];
    int top1=0, i;
    for (i=0; s[i]; ++i)
    {
        if (s[i] && s[i] != ' ')
```

```
    {
        sscanf(s+i,"%s",dst);
        if (isdigit(dst[0]))
        {
            ++top1;
            cSt1[top1] = atof(dst);            //进栈
        }
        else
        {
            cSt1[top1-1] = OP(cSt1[top1-1], cSt1[top1], dst[0]);
            --top1;                            //操作数栈：出栈两,进栈一
        }
        while (s[i] && s[i] != ' ')
        {
            ++i;
        }
    return cSt1[1];
}
int main()
{

    int T = 1;
    while (gets(input) && strcmp(input,"0"))
    {
        rePolish(input, strlen(input));
        output[outLen-1] = '\0';
        //printf("Case %d:\n%s\n",T++,output);
        printf("%.2lf\n",calc(output));
    }
    return 0;
}
//测试用例: 1 - 3 + 4
```

程序运行结果:

```
输入: 2 * 5+2+9/3-4
输出: 11.00
```

3. 二级指针

指针可以指向一份普通类型的数据,如 int、double、char 等,也可以指向一份指针类型的数据,如 int *、double *、char * 等。

如果一个指针指向的是另外一个指针,就称它为二级指针,或者指向指针的指针。

假设有一个 int 类型的变量 a,p1 是指向 a 的指针变量,p2 又是指向 p1 的指针变量,它们的关系如图 8-5 所示。

图 8-5　指向指针的指针

用 C 语言代码可表示为

```
int a =100;
int * p1 = &a;
int **p2 = &p1;
```

指针变量也是一种变量,也会占用存储空间,也可以使用 & 获取它的地址。C 语言不限制指针的级数,每增加一级指针,在定义指针变量时就得增加一个星号 *。p1 是一级指针,指向普通类型的数据,定义时有一个 *;p2 是二级指针,指向一级指针 p1,定义时有两个 * 号。

如果希望再定义一个三级指针 p3,让它指向 p2,那么可以这样写:

```
int ***p3 = &p2;
```

同理,四级指针可以表示如下。

```
int ****p4 = &p3;
```

而我们在 C 语言的使用中,经常会用到一级指针和二级指针,对于高级指针则较少使用。下面可以通过一个例子加以分析。

```
#include <stdio.h>
int main()
{
    int a =100;
    int * p1 = &a;
    int **p2 = &p1;
    int ***p3 = &p2;
    printf("%d, %d, %d, %d\n", a, * p1, **p2, ***p3);
    printf("&p2 = %#X, p3 = %#X\n", &p2, p3);
    printf("&p1 = %#X, p2 = %#X, * p3 = %#X\n", &p1, p2, * p3);
    printf(" &a = %#X, p1 = %#X, * p2 = %#X, **p3 = %#X\n", &a, p1, * p2, **p3);
    return 0;
}
```

该程序的运行结果如下。

```
100, 100, 100, 100
&p2 = 0X61FF10, p3 = 0X61FF10
&p1 = 0X61FF14, p2 = 0X61FF14, * p3 = 0X61FF14
&a = 0X61FF18, p1 = 0X61FF18, * p2 = 0X61FF18, * * p3 = 0X61FF18
```

假设 a、p1、p2、p3 的地址分别是 0X00A0、0X1000、0X2000、0X3000,它们之间的关系可以用图 8-6 来描述。

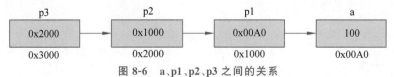

图 8-6 a、p1、p2、p3 之间的关系

方框里面是变量本身的值,方框下面是变量的地址。

4. 野指针

野指针就是指针指向的位置是不可知的(随机的、不正确的、没有明确限制的),指针变量在定义时如果未初始化,其值是随机的,指针变量的值是别的变量的地址,意味着指针指向了一个地址是不确定的变量,此时去解引用就是去访问了一个不确定的地址,所以结果是不可知的。

野指针产生的原因主要有以下三方面。

1) 指针变量未初始化

任何指针变量刚被创建时不会自动成为 NULL 指针,它的默认值是随机的。所以,指针变量在创建的同时应当被初始化,要么将指针设置为 NULL,要么让它指向合法的内存。如果没有初始化,编译器会报错"'point' may be uninitializedin the function "。

例如以下程序:

```
//指针变量没有初始化
#include <stdio.h>

int main(void)
{
    char * cp;              //定义 char 型指针,但是没有初始化
    int * ip;               //定义 int 型指针,也没有初始化

    float score;            //定义 float 型变量
    float * fp= &score;     //定义 float 指针变量,并指向 score

    int num= 10;
    int * ptr1;             //定义 int 型变量,这里没初始化
    ptr1= &num;             //让 ptr 指向变量 num 的地址,& 是取地址符

    char * pt= NULL;        //一开始就初始化为 NULL

    //以上除了 cp、ip 是野指针,其余的都不是

    return 0;
}
```

2) 指针释放后之后未置空

有时指针在 free 或 delete 后未赋值 NULL,便会以为是合法的。但此时它们只是把指针所指的内存给释放掉,并没有把指针本身释放。此时指针指向的就是"垃圾"内存。释放后的指针应立即将指针置为 NULL,防止产生"野指针"。

例如以下程序:

```
//指针变量 free 后没有置于 NULL
#include <stdio.h>
#include <stdlib.h>

int main(void)
```

```
{
    int n= 100;
    char * ptr;

    ptr= (char *)malloc(n * sizeof(char));    //分配 100B 的空间
    if(ptr== NULL)
    {
        printf("内存分配失败！\n");
        exit(1);
    }
    //其他操作省略
    //free 释放内存
    free(ptr);          //注意 malloc 等分配内存函数,必须与 free 配套使用
    ptr= NULL;          //使 ptr 不是野指针
    return 0;
}
```

3）指针操作超越变量作用域

由于 C 语言中指针可以进行＋＋运算,因而在执行该操作的时候,稍有不慎,就容易造成指针访问越界,访问不该访问的内存,导致程序崩溃。

另一种情况是指针指向了一个临时变量的引用,当该变量被释放时,此时的指针就变成了一个野指针。

```
#include <stdio.h>
#include <stdlib.h>
int * test()
{
    int a = 10;
    int *p = &a;
    return p;
}
int main()
{

    //指针操作超越变量作用域
    int *p = test();
    printf("%d\n", * p);
    //此处输出 10,即为 test 函数中的 a 值
    //编译器做了一层优化,虽然输出值正常,但是不能这样使用
    return 0;
}
```

5. 万能指针

首先回顾一下 void 关键字的用法,void 在大部分程序中都只是用于函数无参数传入,或者无类型返回,注意 C99 才允许使用基类型为 void 的指针类型。然而我们平时所定义的变量都会有具体的类型,如 int、float、char 等,那是否有 void 类型的变量呢? 答案是：没有,编译会出错。例如以下测试代码：

```
#include <stdio.h>
int main()
{
    void num;
    return 0;
}
```

报错信息如下：

```
variable or field 'num' declared void
```

明显编译器不允许定义 void 类型的变量,变量都是需要占用一定内存的,既然 void 表示无类型,编译器自然也就不知道该为其分配多大的内存,于是造成编译失败。虽然 void 不能直接修饰变量,但是其可以用于修饰指针的指向即无类型指针 void * ,无类型指针就有意义了,无类型指针不是一定要指向无类型数据,而是可以指向任意类型的数据。

其实在 8.5 节学习动态内存分配时就已经遇到了 void * 的使用,让我们一起看如下几个标准函数的原型定义。

```
void * memcpy(void * _Dst, void const * _Src,size_t _Size);
int   memcmp(void const * _Buf1,void const * _Buf2, size_t _Size);
void * memset(void * _Dst,int= _Val,size_t _Size);
void *  malloc(size_t _Size);
void *  realloc(void * _Block,size_t _Size);
void *  calloc(size_t _Count,size_t _Size);
void  free(void * _Block);
```

指针有两个属性:指向变量/对象的地址和长度,但是指针只存储地址,长度则取决于指针的类型。编译器根据指针的类型从指针指向的地址向后寻址,指针类型不同则寻址范围也不同,例如:

(1) int * 从指定地址向后寻找 4B 作为变量的存储单元。

(2) double * 从指定地址向后寻找 8B 作为变量的存储单元。

万能指针可以变换成任意其他类型的指针。万能指针的定义方式和其他常规指针一样:

void * vp;

万能指针有以下几个性质。

(1) 任何指针都可以赋值给 void 指针,如以下程序段。

```
void * vp;
int * p;
vp=p;
```

(2) void 指针赋值给其他任何类型的指针时都要进行转换,如以下程序段。

```
void * vp;
int * p=(int * )vp;
```

（3）void 指针解引用过程必须强制转换，如以下程序会发生错误。

```
#include <stdio.h>
int main()
{
    int a=345;
    void* vp=&a;
    printf("%d", * vp);
    return 0;
}
```

程序报错：

```
error: argument type 'void' is incomplete
```

在使用空指针的情况下，需要转换指针变量以解引用。这是因为空指针没有与之关联的数据类型，编译器无法知道 void 指针指向的数据类型。因此，获取由 void 指针指向的数据，需要使用在 void 指针位置内保存的正确类型的数据进行类型转换。

改为以下程序则正确。

```
#include <stdio.h>
int main()
{
    int a=345;
    void* vp=&a;
    * (int * )vp = a;
    printf("%d", * (int * )vp);
    return 0;
}
```

运行结果：

```
345
```

翻转课堂

（1）指针和指针变量有什么区别和联系？

（2）在战争中，情报人员利用特定的密码生成公式以及定时获得的密钥可以迅速编制出一套可用的密码。现模拟将明文加密变换成密文，变换规则如下：小写字母 z 变成 a，其他字母变成为该字符 ASCII 码顺序后 1 位的字符，如 o 变 p。请结合本章所学内容，讨论实现以上功能分别有哪些方法。另外，如果你是情报人员，将如何设计密码系统？

（3）指针的实质是什么？为什么需要指针？查阅资料，举例指针在程序中具有哪些作用。

（4）讨论在指针的使用过程中的陷阱，以及指针的缺陷。

章末习题

1. 用指针方法编写一个程序，输入三个整数，将它们按从大到小的顺序输出。

2. 用指针方法输入三个字符串,将它们按从小到大的顺序输出。

3. 编程输入一行文字,找出其中的大写字母、小写字母、空格、数字,及其他字符的个数。

4. 将 10 个数逆序排列,借助指针实现。

5. 写一函数,实现两个字符串的比较。即自己写一个 strcmp()函数,函数原型为

```
int strcmp(char * p1,char * p2)
```

设 p1 指向字符串 s1,p2 指向字符串 s2。要求:当 s1=s2 时,返回值为 0。当 s1 不等于 s2 时,返回它们二者的第一个不同字符的 ASCII 码差值(如"BOY"与"BAD",第二字母不同,"O"与"A"之差为 79－65＝14);如果 s1>s2,则输出正值;如果 s1<s2,则输出负值。

6. 编写一个程序,输入月份数字,输出该月的英文翻译。例如,输入"3",则输出"March",要求用指针数组处理。

7. 设有一数列,包含 10 个数,已按升序排好。现要求编一程序,它能够把从指定位置开始的 n 个数按逆序重新排列并输出新的完整数列,进行逆序处理时要求使用指针方法(例如,原数列为 2,4,6,8,10,12,14,16,18,20,若要求把从第 4 个数开始的 5 个数按逆序重新排列,则得到新数列为 2,4,6,16,14,12,10,8,18,20)。

8. 设计函数 char * insert(s1,s2,n),用指针实现在字符串 s1 中的指定位置 n 处插入字符串 s2。

9. 用指针完成字符串复制函数 char * strcpy(char * s1,char * s2)。

10. 实现模拟彩票的程序设计:随机产生 6 个数字,与用户输入的数字进行比较,输出它们相同的数字个数(使用动态内存分配)。

11. 设二维整型数组 da[4][3],试用数组指针的方法求每行元素的和。

12. 编写一个函数,试用数组指针的方法,实现计算两个矩阵的乘法,并将结果存储在一个新的矩阵中。

13. 以下代码段的输出是_____。

```
char a[20]="cehiknqtw";
char * s="fbla", * p;
int i, j;
for(p=s; * p; p++)
{
  j=0;
  while ( * p>=a[j] && a[j]!='\0') j++;
  for(i=strlen(a); i>=j; i--) a[i+1] = a[i];
  a[j]= * p;
}
printf("%s", a);
```

14. 通常,计算器在计算公式的时候,往往将输入的算式转换为逆波兰表达式,以便于程序进行计算。逆波兰表达式的规则如下。

一个表达式 E 的后缀形式可以如下定义。

(1) 如果 E 是一个变量或常量,则 E 的后缀式是 E 本身。

（2）如果 E 是 E1 op E2 形式的表达式，这里 op 是任何二元操作符，则 E 的后缀式为
E1'E2' op，这里 E1'和 E2'分别为 E1 和 E2 的后缀式。

（3）如果 E 是(E1) 形式的表达式，则 E1 的后缀式就是 E 的后缀式。

例如，我们平时写 a+b，这是中缀表达式，写成后缀表达式就是 ab+。

(a+b) * c(a+b)/e 的后缀表达式为

$$(a+b) * c(a+b)/e \rightarrow ((a+b) * c)((a+b)/e) -$$
$$\rightarrow ((a+b)c *)((a+b)e/) -$$
$$\rightarrow (ab+c *)(ab+e/) -$$
$$\rightarrow ab+c * ab+e/ -$$

编写程序 expr，以计算从命令行输入的逆波兰表达式的值。其中每个运算符或操作数
用一个单独的参数表示。例如，命令：

```
expr 2 3 4 + *
```

将计算表达式 2x(3+4)的值。

15. 解放初期，我国在一穷二白的情况下自主研发核武器，所遇到的困难无法想象，但
是再大的困难也难不倒我们新中国的第一代军工人，他们用算盘、草稿纸、简易的手摇计算
机算出了原子弹爆炸所需要的所有数学、物理数据，为我国的发展做出了巨大贡献。现如
今，我国的超算平台"神威·太湖之光"峰值计算性能已达 3168 万亿次每秒，现请利用指针
编写四则运算程序。例如，输入 15 * 15<<Enter>>，在屏幕上显示 15 * 15＝225。

第9章

结 构 体

编程先驱

陈左宁（图 9-0），中国工程院院士，中国计算机和信息领域带头人，主持或参与主持了多项国家重大科技专项，长期致力于国产自主可控计算机系统软件和高性能计算机系统的研发。

她主持设计了第一个与国际工业标准兼容的国产并行操作系统，主持研发了首套基于国产高性能 CPU、具有知识产权和主流标准兼容的全系列系统软件。近十年来，她牵头担任多项重大工程总设计师，创新提出基于新一代网络和安全基础设施的某系统云体系架构，并在领域内完成示范系统建设；带领团队构建自主云应用生态体系，引领我国云计算应用与产业走向国际前列。

图 9-0　陈左宁

陈左宁长期从事国产高性能计算机系统的研发，在并行计算机体系结构和系统软件方面取得了系统性创新成果，为中国高性能计算技术达到国际领先水平做出了突出贡献。

引言

在前面的章节中学习了 C 语言各种类型变量的声明和使用方法，也对数组这种存储相同数据类型的集合有了一定认识。但在实际的编程过程中，常常想要更灵活地定义一些包含不同类型数据的集合。这种多样化需求自然也被 C 语言的设计者所察觉，事实上的确可以从程序设计的实际需要出发，利用 struct 关键字定义一种包含不同类型数据的全新集合，这便是结构体。下面的例子初步显示了结构体的功能。

公司新人入职期间，大家来自全国各地，每个人的信息都不同。这就要求公司在新职员入职时做好信息统计工作，记录每名职员的姓名、性别、年龄、民族、通信地址、籍贯、工作岗位等信息，如表 9-1 所示。

表 9-1　职员信息

姓名	性别	年龄	民族	通信地址	籍　贯	工作岗位
李保国	男	23	汉族	四川省 A 县 A 村	四川省 A 县	A 部门
宋振华	男	26	满族	辽宁省 B 县 B 村	辽宁省 B 县	B 部门

在处理此问题时,如果用数组存储数据,要定义 7 个数组分别存放职员的信息。

如果要增加有关职员的其他信息,如文化程度、政治面貌等,则均要设置相应的数组存放这些信息。

这些信息的类型不一定相同,但它们之间是有关系的。如果用一个个独立的数组存放,则很难看出它们之间的关系,能否将一个职员的信息作为一个完整的类型存放呢?

为了能方便地处理此类问题,在高级语言中,规定了一种新的数据类型,因为这种类型是由用户自己确定的,故称为用户自定义的类型,在 C 语言中,这种类型被称为结构体。

```
struct Employee
{
    char name[20];          //姓名
    char sex;               //性别
    int age;                //年龄
    char education[20];     //文化程度
    char addr[30];          //通信地址
    …;                      //待添加信息
};
```

前置知识

1. 数组

数组就是将具有相同数据类型的数据排放在一起的有序数据集合。数组中的每个数据称为数组元素,根据在数组中的位置,每个数组元素都有一个序号,这个序号称为下标。利用下标就可访问到数组中的每一个元素,每一个数组元素的作用与前面学过的简单变量的作用是相同的。当需要处理一批相同类型的数据时,采用数组是一种方便可行的方法。

将数据排列成一行或一列(即向量形式)的数组叫作一维数组,用一个下标可确定元素的位置。将数据排列成多行或多列(即矩阵形式)的数组叫作二维数组,用行下标和列下标可确定元素的位置。同理,还有三维数组及多维数组。用来确定数组元素位置的下标的个数叫作数组的维数。

无论数组的维数是多少,同一数组中所有元素必须是相同的数据类型,这个数据类型称为数组的基类型。基类型可以是任何一种合法的 C 语言数据类型,当基类型是整型、实型和字符型时,对应的数组可称为整型数组、实型数组和字符型数组。

有关数组的具体用法参见本书前面的对应章节。

2. 指针

指针是 C 语言的一个重要概念,指针类型是 C 语言最有特色的数据类型。

利用指针变量可直接对内存中不同的数据结构进行快速的处理,可以为函数间各类数据的传递提供非常有效的手段。使用指针可以实现内存空间的动态存储分配,可以提高程序的编译效率和执行速度。正确使用指针,可以方便、灵活而有效地组织和表达复杂的数据结构。

有关指针的具体用法参见本书前面的对应章节。

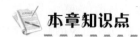

本章知识点

◇ 9.1 结构体的基本知识

数据之间的关联经常给程序设计带来便利,前提是程序能够正确且合理地存储这些数据。例如,某家公司的员工数据库通常需要记录每位员工的姓名、工号、性别、年龄、工资等信息,如果每位员工的各项信息能被存放在一起,就会让数据的查阅或更改变得简单。我们从前面的章节了解到使用数组存储数据的便利性,但是数组中的数据只能是同种类型,员工信息显然包括不同类型的数据,这就需要用到 C 语言中的结构体来进行处理。

9.1.1 结构体的概念

聚合数据类型能够同时存储一个以上的单独数据。C 语言提供了两种聚合数据类型:数组和结构体。数组是相同类型的元素的集合,它的每个元素是通过下标引用或指针间接访问来选择的。

结构体是单个或多个变量的集合,这些变量称为成员,可以是不同的数据类型,为了处理的方便而将它们组织在相同的名字之下(某些语言会将结构体称为"记录",如 Pascal 语言)。由于结构体将一组相关的变量看作一个单元而不是各自独立的实体,因此结构体有助于组织复杂的数据,特别是在大型的程序中。

数组元素可以通过下标访问,这只是因为数组的元素长度相同。但是,在结构体中情况并非如此。由于一个结构体的成员可能长度不同,因此不能使用下标来访问它们。相反,每个结构体成员都有自己的名字,它们是通过名字访问的。

这个区别非常重要。结构体并不是一个它自身成员的数组,和数组名不同,当一个结构体变量在表达式中使用时,它并不被替换成一个指针。结构体变量也无法使用下标来选择特定的成员。

结构体变量属于标量类型,所以可以像对待其他变量类型那样执行相同类型的操作。结构体也可以作为传递给函数的参数,它们也可以作为返回值从函数返回;相同类型的结构体变量相互之间可以赋值。可以声明指向结构体的指针,取一个结构体变量的地址,也可以声明结构体数组。

9.1.2 结构体变量的声明与定义

类似于 C 语言中其他数据类型的变量,定义一个结构体变量前首先要对结构体进行声明。声明时由关键字 struct 引入,通常必须列出它包含的所有成员,包括每个成员的类型和名字。例如,要将前文所述的员工信息声明为某种结构体,方法如下。

```
struct Employee            //将首字母大写以示区别
{
    int num;               //工号为整型
    char name[20];         //姓名为字符串
    char sex;              //性别为字符
```

```
    int age;                        //年龄为整型
    float wage;                     //工资为浮点型
};                                  //注意结尾分号
```

上面的声明指定了一个结构体类型 struct Employee,关键字 struct 后面的名字是可选的,称为结构体名或结构体标记。本书中采用将结构体标记首字母大写的方式与其他数据类型相区分。这不是一个硬性要求,但对于初学者程序的可读性会有一定帮助。上面的结构体声明中 Employee 就是结构体名。

花括号内就是结构体所包括的成员,对每个成员都应进行类型声明,如上例中分别将工号、姓名、年龄等声明为各自类型。需要注意的是,整个结构体声明的结尾是一个分号而非右括号或其他符号。

结构体类型中的成员名可以与程序中的变量名相同,但二者不代表同一对象。例如,程序中可以另外定义一个变量 num,它与 struct Employee 中的 num 是两回事,互不干扰。

上文中的 struct 声明建立了一个结构体类型,并没有定义变量,其中并无具体数据,系统对之也不分配存储单元。为了能在程序中使用结构体类型的数据,应当定义结构体类型的变量,并在其中存放具体的数据,下面介绍三种具体的定义方法。

(1) 先声明结构体类型,再定义该类型的变量。

如果像上文一样已经声明了一个结构体类型,可以直接用它来定义变量。例如:

```
struct Employee
{
    int num;                        //工号为整型
    char name[20];                  //姓名为字符串
    char sex;                       //性别为字符
    int age;                        //年龄为整型
    float wage;                     //工资为浮点型
};
struct Employee e1, e2;
```

该语句定义了两个 struct Employee 类型的变量 e1 和 e2,这种形式和定义其他类型的变量形式(如 int a,b;)是相似的,这时系统会为 e1 和 e2 分配内存。这种方式是声明类型和定义变量分离,在声明类型后可以随时定义变量,比较灵活。

在此基础上,可以很好地理解结构体为什么是可以嵌套的。换句话说,某种结构体的成员可以是另一种类型的结构体。例如:

```
struct Date                         //声明员工的生日结构体类型 Date
{
    int year;                       //年
    int month;                      //月
    int day;                        //日
};
struct Employee                     ////声明员工的结构体类型 Employee
{
    int num;
```

```
    char name[20];
    char sex;
    int age;
    float wage;
    struct Date birthday;          //成员 birthday 属于 struct Date 类型
};
```

(2) 不指定结构体名而直接定义结构体类型变量。

如果程序员不想指定结构体名(有时起名也并非易事)但仍希望定义一个结构体变量,他可以舍弃结构体名并直接在成员表结束的右花括号之后加上变量表。例如:

```
struct
{
    int a;
    char b;
    float c;
} x;
```

该声明创建了一个名为 x 的变量,它包含三个成员: 一个整数、一个字符和一个浮点数。

```
struct
{
    int a;
    char b;
    float c;
} * z;
```

这个声明创建了变量 z,它是一个指向该类型结构体的指针,有关结构体中指针的运用会在后面详述。

这两个声明都是不指定结构体名而直接定义变量的,虽然它们的成员列表完全相同,但需注意编译器会把它们当作两种截然不同的类型,所以下面的语句是非法的。

```
z = &x;
```

由于此类定义方式没有给出结构体名,所以不能用其创建的结构体类型去定义其他变量。

(3) 在声明类型的同时定义变量。

C 语言还允许程序员在声明结构体类型的同时定义变量,其一般形式如下。

```
struct tag { member-list } variable-list;
```

它的作用与第一种定义方式相同,但是将声明类型和定义变量放在一起进行,能直接看到结构体的结构,比较直观,例如:

```
struct Employee                //声明员工的结构体类型 Employee
{
```

```
    int num;
    char name[20];
    char sex;
    int age;
        float wage;
} e1, e2;
```

上例在定义 struct Employee 类型的同时定义了两个 struct Employee 类型的变量 e1
和 e2,在写小型程序时用此方式比较方便,但设计较大型程序时,往往要求对类型的声明和
对变量的定义分别放在不同的地方,以便程序结构清晰,便于维护,所以一般不多用这种
方式。

9.1.3 结构体变量的初始化与引用

在定义结构体变量时,可以对它初始化,即赋予初始值。然后可以引用这个变量,例如
输出它的成员的值。下面介绍三种初始化方法。

1. 定义结构体变量时进行顺序初始化

结构体的初始化方式和数组的初始化很相似。一个位于一对花括号内部、由逗号分隔
的初始值列表可用于结构中各个成员的初始化。这些值根据结构成员列表的顺序写出。如
果初始列表的值不够,剩余的结构成员将使用默认值进行初始化。

```
struct Init
{
    int a;
    char b;
    float c;
} x = {50,'s', 8.8};
```

上例首先声明一个结构体名为 Init 的结构体类型,有三个成员。在声明类型的同时定
义了结构体变量 x,这个变量具有 struct Init 类型所规定的结构。在定义变量的同时,进行
初始化。在变量名 x 后面的花括号中提供了各成员的值,将 50、's'、8.8 按顺序分别赋给 x 变
量中的成员 a、b、c。

也可以先给出结构体类型的声明,然后在定义变量时初始化。

```
struct Init
{
    int a;
    char b;
    float c;
};
struct Init x = {50,'s', 8.8};
```

需要注意的是,采用这类方法进行初始化时对应的赋值顺序不能错位。

2. 定义结构体变量时进行乱序初始化

上面第一种方法在初始化时加入了顺序赋值的限制,如果程序员不希望考虑赋值顺序,
也可以采用下面的乱序赋值方法。

```
struct Init
{
    int a;
    char b;
    float c;
} x = {
    .b = 's',
    .a = 50,
    .c = 8.8
};
```

该方法既能在定义变量的同时初始化,也可以不用考虑成员的赋值顺序。它被广泛使用于 Linux 内核中,在音视频编解码库 FFmpeg 中也屡见不鲜。

另一种风格的乱序赋值如下。

```
struct Init
{
    int a;
    char b;
    float c;
} x = {
    b : 's',
    a : 50,
    c : 8.8
};
```

3. 先定义结构体变量,再对变量成员逐个赋值

有时我们在程序设计中定义了结构体变量,但并不想立即将其初始化,那么可以先将变量搁置,再利用对结构体成员的直接访问来为其赋值。看下面的例子。

```
struct Init
{
    int a;
    char b;
    float c;
} x;
x.a = 50;
x.b = 's';
x.c = 8.8;
```

可见,结构体变量的成员是通过点操作符(.)访问的。点操作符接收两个操作数:左操作数就是结构体变量的名字,右操作数就是需要访问的成员的名字。这个表达式的结果就是指定的成员。在这种情况下,由于赋值时直接指定操作成员,所以赋值顺序就不必考虑。

结构体中如果包含数组或结构体成员,其初始化方式类似于多维数组的初始化。一个完整的聚合类型成员的初始值列表可以嵌套于结构体的初始值列表内部。以下的例子稍显复杂。

```
struct Init
{
    int a;
    char b;
    float c;
};
struct Init_ex
{
    int a;
    short b[10];
    Init c;
} x = {
    10,
    {1, 2, 3, 4, 5},
    {50, 's', 8.8}
};
```

前面已经介绍了在结构体变量中访问成员的方法,即使用点操作符(.)来访问。所以结构体变量中成员的值是可以引用的,例如在下面这个例子中。

```
struct Employee                     //声明员工的结构体类型 Employee
{
    int num;
    char name[20];
    char sex;
    int age;
    float wage;
} e1, e2;
```

代码将 e1,e2 分别定义为 Employee 类型的结构体变量,则 e1.num 表示 e1 变量中的 num 成员,即员工 e1 的工号,同理,e2.wage 代表员工 e2 的薪水。可以在程序中对变量成员进行赋值,例如:

```
e1.num = 23333;
```

该语句将整数 23333 赋给 e1 变量中的成员 num。由于成员运算符“.”在所有运算符中优先级最高,所以 e1.num 可以作为整体被视作一个变量。

注意在 C 语言的输入输出语句中不能简单地用结构体变量名进行操作,类似下面:

```
printf("%s\n",e1);                  //试图用变量名输出所有成员的值
scanf("%d, %s, %c, %d, %f\n", &e1); //试图整体读入结构体变量
```

正确的做法是对各个成员分别进行输入输出,例如:

```
printf("%d %s %f", e1.num, e1.name, e1.wage);   //输出 num,name,wage
scanf("%d %s %f", &e2.num, e2.name, &e2.wage);  //输入 num,name,wage
```

注意:在输入语句中必须分别输入 e2 成员的值。而且在 scanf() 函数中的成员 e2.num

和 e2.wage 前都有地址符 &,但在 e2.name 前没有该符号,这是因为 name 是数组名,本身就代表地址,从而不能再加上一个 &。

对结构体变量的成员可以像普通变量一样进行各种运算(根据其类型决定可以进行的运算)。例如:

```
e1.wage = e2.wage;          //赋值运算
sum = e1.wage + e2.wage;    //加法运算
e1.age++;                   //自加运算
```

由于"."运算符的优先级最高,因此 e1.age++是对(e1.age)进行自加运算,而不是先对 age 进行自加运算。

同类的结构体变量可以互相赋值,例如:

```
e1 = e2;
```

可以引用结构体变量成员的地址,也可以引用结构体变量的地址,主要用作函数参数来传递。例如:

```
scanf("%d", &e1.num);       //输入 e1.num 的值
printf("%o", &e1);          //输出结构体变量 e1 的起始地址
```

如果结构体本身又属于一个结构体类型,则要用若干个成员运算符,一级一级地找到最低一级的成员,程序只能对最低级的成员进行赋值或存取以及运算。例如:

```
struct Date                      //声明员工的生日结构体类型 Date
{
    int year;                    //年
    int month;                   //月
    int day;                     //日
};
struct Employee                  //声明员工的结构体类型 Employee
{
    int num;
    char name[20];
    char sex;
    int age;
    float wage;
    struct Date birthday;        //成员 birthday 属于 struct Date 类型
} e3;
```

在上面的嵌套结构中,引用成员的方式为

```
e3.num(结构体变量 e3 中的成员 num)
e3.birthday.month(结构体变量 e3 中的成员 birthday 中的成员 month)
```

不能用 e3.birthday 来访问 e3 变量中的成员 birthday,因为 birthday 本身是一个结构体成员。

节后练习

1. 定义以下结构体类型(int 按 2B 算)。

```
struct s{int a; char b[10]; float c;};
```

考虑语句 printf("%d",sizeof(struct s))的输出结果。

2. 把一个学生的信息(包括学号、姓名、性别、住址)放在一个结构体变量中,然后输出这个学生的信息。

3. 输入两个学生的学号、姓名和成绩,输出成绩较高的学生的学号、姓名和成绩。

◇ 9.2 结构体数组

本章开始处由数组存储同类型数据的便利性引入了结构体,一个结构体变量中可以存放一组有关联的数据(如一个学生的学号、姓名、成绩等数据)。但如果有 10 个学生的数据需要参加运算,显然我们又再次想到使用数组,这就是结构体数组。

9.2.1 结构体数组的定义

结构体数组与此前介绍过的数值型数组的不同之处在于每个数组元素都是一个结构体类型的数据,它们都分别包括各个成员项,请看下例。

```
struct Student
{
    int num;                    //学号
    char name[20];              //姓名
} stu[3];
```

它声明了一个结构体类型 Student,并定义了该类型的结构体数组 stu,同时为其分配存储空间。数组共有三个元素,每一个元素包含两个成员 num 和 name,且每个元素都属于 struct Student 类型。

另一种定义方式与定义结构体变量的第一种方式相近,即先声明结构体,再利用已声明的结构体类型来定义变量。

```
struct Student
{
    int num;                    //学号
    char name[20];              //姓名
};
struct Student stu[3];
```

因为结构体 stu 包含一个固定的名字集合,所以,最好将它声明为外部变量,这样,只需要初始化一次,所有的地方都可以使用。这种结构体数组的初始化方法同前面所述的初始化方法类似——在定义的后面通过一个用花括号括起来的初值表进行初始化,如下。

```
struct Student
{
    int num;
    char name[20];
} stu[3] = {1001, "Tom", 1002, "John", 1003, "Jack"};
```

与结构成员相对应,初值也要按照成对的方式列出。更精确的做法是,将每一行(即每个结构)的初值都括在花括号内,如下。

```
struct Student
{
    int num;
    char name[20];
} stu[3] = { {1001, "Tom"}, {1002, "John"}, {1003, "Jack"} };
```

但是,如果初值是简单变量或字符串,并且其中的任何值都不为空,则内层的花括号可以省略。通常情况下,如果初值存在并且方括号[ ]中没有数值,编译程序将计算数组 stu 中的项数。

9.2.2　结构体数组的应用

结构体数组在处理多个相同结构体类型变量时有明显优势,具体表现在对数组元素的成员可以进行引用等操作。下面是访问结构体数组成员的一个例子。

```
struct Student
{
    int num;                    //学号
    char name[20];              //姓名
    float score;                //成绩
};
struct Group
{
    float max;
    struct Student sa[10];
} g1;
```

假设一个小组有 10 名学生,现在他们的学号、姓名和成绩被存放在一个结构体数组 sa 中,且 sa 包含于另一个结构体变量 g1 内。可以采用如下方法访问数组成员。

```
((g1.sa)[1]).num = 59;
```

由于成员 sa 是一个结构体数组,所以 g1.sa 是数组名,它的值是一个指针常量。对这个表达式使用下标引用操作,如(g1.sa)[1]将选择一个数组元素。但这个元素本身是一个结构,所以可以使用另一个点操作符取得它的成员之一。

因为下标引用和点操作符具有相同的优先级,它们的结合都是从左向右,所以可以省略所有的括号。下面的表达式和前面那个表达式是等效的。

```
g1.sa[1].num = 59;
```

现在来看一个应用的具体场景，假设有 n 个学生的信息（包括学号、姓名、成绩），要求按照成绩的高低顺序输出各学生的信息。

对于这个问题，首先想到用结构体数组存放 n 个学生信息，采用选择法对各元素进行排序（进行比较的是各元素中的成绩）。

```c
#include <stdio.h>
struct Student
{
    int num;
    char name[20];
    float score;
};
int main()
{
    struct Student stu[5] = {
    {10101, "Zhang", 78},
    {10103, "Wang", 98.5},
    {10106, "Li", 86},
    {10108, "Ling", 73.5},
    {10110, "Sun", 100}
    };
    struct Student temp;
    const int n = 5;
    int i, j, k;
    printf("The order is:\n");
    for(i = 0; i < n-1; i++)
    {
        k = i;
        for(j = i+1; j < n; j++)
            if(stu[j].score > stu[k].score)
                    k = j;
            temp = stu[k];
            stu[k] = stu[i];
            stu[i] = temp;
    }
    for(i = 0; i < n;i++)
        printf("%6d %8s %6.2f\n", stu[i].num, stu[i].name, stu[i].score);
    printf("\n");
    return 0;
}
```

程序的运行结果为

```
The order is:
10110    Sun  100.00
10103   Wang   98.50
10106     Li   86.00
10101  Zhang   78.00
10108   Ling   73.50
```

程序中定义了常变量 n,在程序运行期间它的值不能改变。如果学生数改为 30 人,只需修改为"const int n=30;"即可,其余不必修改。也可以不用常变量,而用符号常量,在程序开头加一行:

```
#define N 5
```

在定义结构体数组时进行初始化,为清晰可见,将每个学生的信息用一对花括号包起来,这样做,阅读和检查比较方便,尤其当数据量多时,这样做是有好处的。

在执行第一次外循环时 i 的值为 0,经过比较找出 5 个成绩中最高成绩所在的元素的序号为 k,然后将 stu[k]与 stu[i]对换(对换时借助临时变量 temp)。执行第 2 次外循环时 i 的值为 1,参加比较的只有 4 个成绩了,然后将这 4 个成绩中最高的所在的元素与 stu[1]对换,以此类推。注意临时变量 temp 也应定义为 struct Student 类型,只有同类型的结构体变量才能相互赋值。程序中将 stu[k]元素中所有成员和 stu[i]元素中所有成员整体互换(而不必人为地指定一个一个成员互换)。从这点也可以看到使用结构体类型的好处。

节后练习

1. 在该定义中,设法打印出 Mary。

```
struct pe{
    char name[9];
    int age;
} ca[4]={{"John", 17}, {"Paul", 19}, {"Mary", 18}, {"Adam", 16}};
```

2. 有三个候选人,每个选民只能投票选一人,要求编一个统计选票的程序,先后输入被选人的名字,最后输出各人得票结果。

9.3 结构体指针

结构体指针就是指向结构体变量的指针,一个结构体变量的起始地址就是这个结构体变量的指针。如果把一个结构体变量的起始地址存放在一个指针变量中,那么这个指针变量就指向该结构体变量。

9.3.1 指向结构体变量的指针

指向结构体对象的指针变量可以指向结构体变量,其基类型必须与结构体变量的类型相同。下面先通过一个例子了解什么是结构体变量的指针变量以及怎样使用它。

```
struct Student
{
    char * name;        //姓名
    int num;            //学号
    int age;            //年龄
    char group;         //所在小组
    float score;        //成绩
} stu1 = { "Tom", 12, 18, 'A', 136.5 };
struct Student *p = &stu1;
```

首先声明了 struct Student 类型，然后定义了一个 struct Student 类型的变量 stu1。又定义了一个指针变量 p，它指向一个 struct Student 类型的对象。将结构体变量 stu1 的起始地址赋给指针变量 p，也就是使 p 指向 stu1。

我们已经拥有了一个指向结构体的指针，该如何访问这个结构体的成员呢？首先就是对指针执行间接访问操作，从而获得这个结构体。然后再使用点操作符来访问它的成员。但是，点操作符的优先级高于间接访问操作符，所以必须在表达式中使用括号，确保间接访问首先执行。让我们继续上面的例子，打印结构体成员的值：

```
printf("%s 的学号是%d,在%c组。\n", (*p).name, (*p).num, (*p).group);
```

这个 printf() 函数是通过指向结构体变量的指针变量访问它的成员，输出 stu1 各成员的值，使用的是 (*p).num 这样的形式。(*p) 表示 p 指向的结构体变量，(*p).num 是 p 所指向的结构体变量中的成员 num。

注意：*p 两侧的括号不可省，因为成员运算符"."优先于"*"运算符，*p.num 就等价于 *(p.num)了。

由于这个概念有点烦琐，因此 C 语言提供了一个更为方便的操作符来完成这项工作——"->"操作符（也称箭头操作符）。和点操作符一样，箭头操作符接收两个操作数，但左操作数必须是一个指向结构体的指针。箭头操作符对左操作数执行间接访问取得指针所指向的结构，然后和点操作符一样，根据右操作数选择一个指定的结构体成员。但是，间接访问操作内嵌于箭头操作符中，所以不需要显式地执行间接访问或使用括号。下面的例子说明了这点。

```
printf("%s 的学号是%d,在%c组。\n", p->name, p->num, p->group);
```

知道如何使用指向结构体变量的指针后，现在让我们来思考这样一个问题：在一个结构体内部包含一个类型为该结构体本身的成员是否合法？例如：

```
struct Self_ref1
{
    int a;
    struct Self_ref1 b;
    int c;
};
```

这种类型的自引用是非法的，因为成员 b 是另一个完整的结构体，其内部还将包括它自己的成员 b。这第二个成员又是另一个完整的结构体，它还将包括它自己的成员 b。这样重复下去永无止境。这有点像永远不会终止的递归程序。但下面这个声明却是合法的，你能看出其中的区别吗？

```
struct Self_ref2
{
    int a;
    struct Self_ref2 *b;
    int c;
};
```

这个声明和前面那个声明的区别在于 b 现在是一个指针而不是结构体。编译器在结构体的长度确定之前就已经知道指针的长度,所以这种类型的自引用是合法的。

如果你觉得一个结构体内部包含一个指向该结构本身的指针有些奇怪,请记住它事实上所指向的是同一种类型的不同结构体变量。更加高级的数据结构,如链表和树,都是用这种技巧实现的。每个结构体指向链表的下一个元素或树的下一个分支。

有时候,必须声明一些相互之间存在依赖的结构体。也就是说,其中一个结构体包含另一个结构体的一个或多个成员。与自引用结构一样,至少有一个结构体必须在另一个结构体内部以指针的形式存在。问题在于声明部分:如果每个结构体都引用了其他结构体的标签,应该首先声明哪个结构体呢?

这个问题的解决方案是使用不完整声明,它声明一个作为结构体标签的标识符。然后可以把这个标签用在不需要知道这个结构的长度的声明中,如声明指向这个结构体的指针。接下来的声明把这个标签与成员列表联系在一起。

考虑下面这个例子,两个不同类型的结构体内部都有一个指向另一个结构体的指针。

```c
struct B;
struct A
{
    struct B * partner;
};
struct B{
    struct A * partner;
};
```

在 A 的成员列表中需要标签 B 的不完整声明。一旦 A 被声明之后,B 的成员列表也可以被声明。

9.3.2　指向结构体数组的指针

可以用指针变量指向结构体数组的元素,例如,要将三个学生的信息放在结构体数组中,并输出学生的全部信息,程序可以如下设计。

```c
#include <stdio.h>
struct Student
{
    int num;
    char name[20];
    char sex;
    int age;
};
struct Student stu[3] = {{10101, "Wang Lin", 'M', 19},
    {10102, "Li Tao", 'M', 18},
    {10103, "Zhang Min", 'F', 20}
};
int main()
{
    struct Student * p;
```

```
    printf("No.   Name    sex  age\n");
    for(p = stu; p < stu + 3; p++)
        printf("%5d %-20s %2c %4d\n",p->num, p->name, p->sex, p->age);
    return 0;
}
```

程序运行结果为

```
No.        Name          sex  age
10101      Wang Lin       M    19
10102      Li Tao         M    18
10103      Zhang Min      F    20
```

p 是指向 struct Student 结构体类型数据的指针变量,在 for 语句中先使 p 的初值为 stu,也就是数组 stu 中序号为 0 的元素(即 stu[0])的起始地址。在第 1 次循环中输出 stu[0] 的各个成员值。然后执行 p++,使 p 自加 1。p 加 1 意味着 p 所增加的值为结构体数组 stu 的一个元素所占的字节数。每执行一次 p++,就将相应成员输出。

若 p 的初值为 stu,即指向 stu 的序号为 0 的元素,p 加 1 后,p 就指向下一个元素。例如:

(++p)->num 先使 p 自加 1,然后得到 p 指向的元素中的 num 成员值(即 10102)。

(p++)->num 先求得 p->num 的值(即 10101),然后再使 p 自加 1,指向 stu[1]。

请注意以上二者的不同。

节后练习

1. 声明一个自引用结构体类型 self_ref,在横线处添加成员。

```
struct self_ref{int a; _____;float c; };
```

2. 通过指向结构体变量的指针变量输出结构体变量中成员的信息。

◆ 9.4　结构体与函数

将一个结构体变量的值传递给另一个函数,有三个方法,分别是用结构体变量的成员作参数,用结构体变量作实参以及用指向结构体变量(或数组元素)的指针作实参。

9.4.1　结构体变量作函数参数

首先可以用结构体变量的成员作为参数。例如,用 9.3.2 节程序中的 stu[1].num 或 stu[2].name 作函数实参,将实参值传给形参。该用法与使用普通变量作实参是一样的,属于"值传递"方式。应当注意实参与形参的类型保持一致。

结构体变量本身是一个标量,可以用于其他标量可以使用的任何场合。因此,把结构体变量本身作为参数传递给一个函数是合法的,但这种做法往往并不适宜。

下面的代码段取自一个程序,该程序用于操作电子现金收入记录机。下面是一个结构体类型的声明,它包含单笔交易的信息。

```
typedef struct Transaction
{
    char product[PRODUCT_SIZE];
    int quantity;
    float unit_price;
    float total_amount;
}Transaction;
```

当交易发生时,需要涉及很多步骤,其中之一就是打印收据。

```
void print_receipt(Transaction trans)
{
    pirntf("%s\n", trans.product);
    printf("%d @ %.2f total %.2f\n", trans.quantity, trans.unit_price,
        trans.total_amount);
}
```

如果 current_trans 是一个 Transaction 结构体,则可以这样调用函数:

```
printf_receipt(current_trans);
```

这个方法能够产生正确的结果,但它的效率很低,因为 C 语言的参数传值调用方式要求把参数的一份副本传递给函数。如果 PRODUCT_SIZE 为 20,而且在我们使用的机器上整型和浮点型都占 4B,那么这个结构体将占据 32B 的空间。要想把它作为参数进行传递,则必须把 32B 复制到堆栈中,以后再丢弃。

由于在函数调用期间形参也要占用内存单元,所以这种传递方式在空间和时间上开销较大,若结构体的规模很大,其开销是很可观的。此外,由于采用值传递方式,如果在执行被调用函数期间改变了形参(也是结构体变量)的值,该值不能返回主调函数,这往往造成使用上的不便。因此一般较少用这种方法。

9.4.2 结构体变量的指针作函数参数

用指向结构体变量(或数组元素)的指针作实参,其实质是将结构体变量(或数组元素)的地址传给形参。

把上面那个函数和下面这个进行比较。

```
void print_receipt(Transaction * trans)
{
    pirntf("%s\n", trans->product);
    printf("%d @ %.2f total %.2f\n", trans->quantity, trans->unit_price,\ trans
->total_amount);
}
```

该函数可以像下面这样进行调用。

```
print_receipt(&current_trans);
```

这次传递给函数的是一个指向结构体的指针。指针比整个结构体要小得多,所以把它压到堆栈上效率能提高很多。传递指针另外需要付出的代价是,我们必须在函数中使用间接访问来访问结构体的成员。结构体越大,把指向它的指针传递给函数的效率就越高。

向函数传递指针的缺陷在于函数现在可以对调用程序的结构体变量进行修改。如果不希望如此,可以在函数中使用 const 关键字来防止这类修改。经过修改后,现在函数的原型如下。

```
void printf_receipt(Transaction const * trans);
```

让我们前进一个步骤,对交易进行处理:计算应该支付的总额。我们希望函数 compute_total_amount 能够修改结构的 total_amount 成员。要完成这项任务,有三种方法。首先来看一下效率最低的那种。下面这个函数。

```
Transaction compute_total_amount(Transaction trans)
{
    trans.total_amount = trans.quantity * trans.unit_price;
    return trans;
}
```

可以用下面这种形式进行调用。

```
current_trans = compute_total_amount(current_trans);
```

结构的一份副本作为参数传递给参数并被修改。然后一份修改后的结构拷贝从函数返回,所以这个结构被复制了两次。

一个稍微好点的方法是只返回修改后的值,而不是整个结构。第二个函数使用的就是这种方法。

```
float compute_total_amount(Transaction trans)
{
    return trans.quantity * trans.unit_price;
}
```

但是,这个函数必须以下面这种方式进行调用。

```
current_trans.total_amout = compute_total_amount(current_trans);
```

这个方案比返回整个结构的那个方案强,但这个技巧只适用于计算单个值的情况。如果要求函数修改结构的两个或更多个成员,这种方法就无能为力了。另外,它仍然存在“把整个结构作为参数进行传递”这个开销。更糟的是,它要求调用程序知道程序的内容,尤其是总金额字段的名字。

第三种方法是传递一个指针,这个方案显然要好得多。

```
void compute_total_amount(Transaction * trans)
{
    trans->total_amount = trans->quantity * trans->unit_price;
}
```

这个函数按照下面的方式进行调用。

```
compute_total_amount(&current_trans);
```

现在，调用程序的结构体的字段 total_amount 被直接修改，它并不需要把整个结构体作为参数传递给函数，也不需要把整个修改过的结构体作为返回值返回。这个版本比前两个版本效率高得多。另外，调用程序无须知道结构体的内容，所以也提高了程序的模块化程度。

什么时候应该向函数传递一个结构体而不是一个指向结构体的指针呢？很少有这种情况。只有当一个结构体特别小（长度和指针相同或更小）时，结构体传递方案的效率才不会输给指针传递方案。但对于绝大多数结构，传递指针显然效率更高。如果希望函数修改结构的任何成员，也应该使用指针传递方案。

节后练习

1. 有 n 个结构体变量，内含学生学号、姓名和三门课程的成绩。要求输出平均成绩最高的学生的信息（包括学号、姓名、三门课程成绩和平均成绩）。

2. 输入 10 个学生的学号、姓名和成绩，输出学生的成绩等级和不及格人数。

◇ 9.5 类型定义 typedef

C 语言提供了一个称为 typedef 的功能，它用来建立新的数据类型名。例如，声明

```
typedef int Length;
```

将 Length 定义为与 int 具有同等意义的名字。类型 Length 可用于类型声明、类型转换等，它和类型 int 完全相同。例如：

```
Length len, maxlen;
Length * lengths[ ];
```

类似地，声明

```
typedef char * String;
```

将 String 定义为与 char * 或字符指针同义，此后，便可以在类型声明和类型转换中使用 String。例如：

```
String p, lineptr[MAXLINES], alloc(int);
int strcmp(String, String);
p = (String)malloc(100);
```

注意：typedef 中声明的类型在变量名的位置出现，而不是紧接在关键字 typedef 之后。typedef 在语法上类似于存储类 extern、static 等。我们在这里以大写字母作为 typedef 定义的类型名的首字母，以示区别。

必须强调的是，从任何意义上讲，typedef 声明并没有创建一个新类型，它只是为某个已存在的类型增加了一个新的名词而已。typedef 声明也没有增加任何新的语义：通过这种方式声明的变量与通过普通声明方式声明的变量具有完全相同的属性。实际上，typedef 类似于 ♯define 语句，但由于 tyepdef 是由编译器解释的，因此它的文本替换功能要超过预处理器的能力。例如：

```
typedef int (* PFI) (char * , char * );
```

该语句定义了类型 PFI 是"一个指向函数的指针，该函数具有两个 char * 类型的参数，返回值类型为 int"，它可用于某些上下文中。

有些类型形式复杂，难以理解，容易写错。C 语言程序设计者用一个简单的名字代替复杂的类型形式。

1. 命名一个新的类型名代表结构体类型

```
typedef struct
{
    int month;
    int day;
    int year;
}Date;
```

以上声明了一个新类型名 Date，代表上面的一个结构体类型。然后可以用新的类型名 Date 去定义变量，例如：

```
Date birthday;
Date * p;
```

2. 命名一个新的类型名代表数组类型

```
typedef int Num[100];
Num a;
```

3. 命名一个新的类型名代表指针类型

```
typedef char * String;
Sting p, s[10];
```

4. 命名一个新的类型名代表指向函数的指针类型

```
typedef int (* Pointer)();
Pointer p1, p2;
```

除了表达方式更简洁之外，使用 typedef 还有另外两个重要作用。首先，它可以使程序参数化，以提高程序的可移植性。如果 typedef 声明的数据类型同机器有关，那么，当程序移植到其他机器上时，只需改变 typedef 类型定义就可以了。一个经常用到的情况是，对于各种不同大小的整型值来说，都使用通过 typedef 定义的类型名，然后，分别为各个不同宿主机选择一组合适的 short、int 和 long 类型大小即可。标准库中有一些例子,如 size_t 和 ptrdiff_t 等。typedef 的第二个作用是为程序提供更好的说明性。

◇ 9.6 共 用 体

和结构体相比,共用体可以说是另一种事物。共用体的声明和结构体类似,但它的行为方式却和结构体不同。共用体的所有成员引用的是内存中的相同位置。如果想在不同的时刻把不同的东西存储于同一个位置,就可以使用共用体。

9.6.1 共用体的概念

有时想用同一段内存单元存放不同类型的变量。例如,把一个短整型变量、一个字符型变量和一个实型变量放在同一个地址开始的内存单元中。以上三个变量在内存中占的字节数不同,但都从同一个地址开始存放,也就是使用覆盖技术,后一个数据覆盖了前面的数据。这种使几个不同的变量共享同一段内存的结构,称为"共用体"类型的结构。例如:

```
union Data
{
    int i;
    char ch;
    float f;
} a, b, c;
```

也可以将类型声明与变量定义分开:

```
union Data
{
    int i;
    char ch;
    float f;
};
union Data a, b, c;
```

即先声明一个 union Data 类型,再将 a,b,c 定义为 union Data 类型的变量。当然也可以直接定义共用体变量,例如:

```
union
{
    int i;
    char ch;
    float f;
} a, b, c;
```

可以看到,"共用体"与"结构体"定义形式相似,但它们的含义是不同的。

结构体变量所占内存长度是各成员占的内存长度之和。每个成员分别占有自己的内存单元。而共用体变量所占的内存长度等于最长的成员的长度。例如,上面定义的"共用体"

变量 a,b,c 各占 4B(因为一个 float 类型变量占 4B),而不是各占 4+1+4=9B。

9.6.2 共用体变量的引用

只有先定义了共用体变量才能引用它,但应注意,不能引用共用体变量,只能引用共用体变量中的成员。例如,前面定义了 a,b,c 为共用体变量,下面的引用方式是正确的。

```
a.i (引用共用体变量中的整型变量 i)
a.ch (引用共用体变量中的字符型变量 ch)
a.f (引用共用体变量中的实型变量 f)
```

不能只引用共同体变量,例如,下面的引用是错误的。

```
printf("%d", a);
```

因为 a 的存储区可以按不同的类型存放数据,有不同的长度,仅写共用体变量名 a,系统无法知道究竟应输出哪一个成员的值。应该写成

```
printf("%d", a.i);
```

或

```
printf("%c", a.ch);
```

9.6.3 共用体类型数据的特点

在使用共用体类型数据时要注意以下一些特点。

(1) 同一个内存段可以用来存放几种不同类型的成员,但在每一瞬时只能存放其中一个成员,而不是同时存放几个。其道理是显然的,因为在每一个瞬时,存储单元只能有唯一的内容,也就是说,在共用体变量中只能存放一个值。如果有以下程序段:

```
union Data
{
    int i;
    char ch;
    float f;
} a;
a.i = 97;
```

表示将整数 97 存放在共用体变量中,可以用以下的输出语句。

```
printf("%d", a.i); (输出整数 97)
printf("%c", a.ch); (输出字符'a')
printf("%f", a.f); (输出实数 0.000000)
```

其执行情况是:由于 97 是赋给 a.i 的,因此按整数形式存储在变量单元中,最后一字节是"01100001"。如果用"%d"格式符输出 a.i,就会输出整数 97。

(2) 可以对共用体变量初始化,但初始化表中只能有一个变量。下面的用法错误。

```
union Data
{
    int i;
    char ch;
    float f;
} a = {1, 'a', 1.5};              //不能初始化三个成员,它们占用同一段存储单元
union Data a = {16};              //正确,对第一个成员初始化
union Data a = {.ch = 'j'};       //允许对指定的一个成员初始化
```

（3）共用体变量中起作用的成员是最后一次被赋值的成员,在对共用体变量中的一个成员赋值后,原有变量存储单元中的值就被取代。如果执行以下赋值语句:

```
a.ch = 'a';
a.f = 1.5;
a.i = 40;
```

在完成以上三个赋值运算后,变量存储单元存放的是最后存入的 40,原来的'a'和 1.5 都被覆盖了。此时如用"printf("%d",a.i);"输出 a.i 的值为 40。而用"printf("%c",a.ch);"输出的不是字符'a',而是字符'('。因为在共用的存储单元中,按整数形式存放了 40,现在要按%c 格式输出 a.ch,系统就到共用的存储单元去读数据,将存储单元中的内容按存储字符数据的规则解释,40 是字符'('的 ASCII 码,因此输出字符'('。

因此,在引用共用体变量时应十分注意当前存放在共用体变量中的究竟是哪个成员的值。

（4）共用体变量的地址和它的各成员的地址都是同一地址。例如,&a.i,&a.c,&a.f 都是同一值,其原因是显然的。

（5）不能对共用体变量名赋值,也不能企图引用变量名来得到一个值。例如,下面这些都是不对的。

```
a = 1;
m = a;
```

允许用共用体变量互相赋值。例如:

```
b = a;
```

（6）以前的 C 规定不能把共用体变量作为函数参数,但可以使用指向共用体变量的指针作函数参数。现在允许用共用体变量作为函数参数。

（7）共用体类型可以出现在结构体类型定义中,也可以定义共用体数组。反之,结构体也可以出现在共用体类型定义中,数组也可以作为共用体的成员。

节后练习

1. 定义一个共用体变量时,思考系统分配内存的方式。

2. 给出以下说明和定义语句,计算变量 w 在内存中所占的字节数。

```
union aa {float x; float y; char c[6];};
struct st {union aa v; float w[5]; double ave;}w;
```

◆ 9.7　枚　举　类　型

如果一个变量只有几种可能的值,则可以定义为枚举类型。所谓"枚举"是指把可能的值一一列举出来,枚举变量的值只限于列举出来的值的范围内。

声明枚举类型用 enum 开头。例如:

```
enum Weekday{sun, mom, tue, wed, thu, fri, sat};
```

以上声明了一个枚举类型 enum Weekday。然后可以用此类型来定义变量。例如:

```
enum Weekday workday, weekend;
```

workday 和 weekend 被定义为枚举变量,花括号中的 sun、mon 等称为枚举元素或枚举常量。它们是用户指定的名字。枚举变量和其他数值型量不同,它们的值只限于花括号中指定的值之一。例如,枚举变量 workday 和 weekday 的值只能是 sun 到 sat 之一。

```
workday = mon;          //正确,mon 是指定的枚举常量之一
weekend = sun;          //正确,sun 是指定的枚举常量之一
weekend = monday;       //不正确,monday 不是指定的枚举常量之一
```

枚举常量是由程序设计者命名的,用什么名字代表什么含义,完全由程序员根据自己的需要而定,并在程序中做相应处理。

也可以不声明有名字的枚举类型,而直接定义枚举变量,例如:

```
enum{sun, mon, tue, wed, thu, fri, sat} workday, weekend;
```

声明枚举类型的一般形式为

```
enum [枚举名][枚举元素列表];
```

其中,枚举名应遵循标识符的命名规则,上面的 workday 就是合法的枚举名。

(1) C 编译对枚举类型的枚举元素按常理处理,故称枚举常量。不要因为它们是标识符(有名字)而把它们看作变量,不能对它们赋值。例如:

```
sun = 0; mon = 1;          //错误,不能对枚举元素赋值
```

(2) 每个枚举元素都代表一个整数,C 语言编译按定义时的顺序默认它们的值为 0,1,2,3,4,5,…。在上面的定义中,sun 的值自动设为 0,mon 的值为 1,…,sat 的值为 6。如果有赋值语句:

```
workday = mon;
```

相当于

```
workday = 1;
```

枚举常量是可以引用和输出的。例如:

```
printf("%d",workday);
```

将输出整数 1。

也可以人为地指定枚举元素的数值,在定义枚举类型时显式地指定,例如:

```
enum Weekday{sun = 7, mon = 1, tue, wed, thu, fri, sat} workday, weekend;
```

指定枚举常量 sun 的值为 7,mon 为 1,以后顺序加 1,sat 为 6。

由于枚举型变量的值是整数,因此把枚举类型也作为整型数据中的一种,即用户自行定义的整数类型。

(3) 枚举元素可以用来做判定比较。例如:

```
if(workday == mon)…
if(workday > sun)…
```

枚举元素的比较规则是按其在初始化时指定的整数来进行比较的。如果定义时未人为指定,则按上面的默认规则处理,即第一个枚举元素的值为 0,故 mon>sun,sat>fri。

◇ 9.8 位　　段

在存储空间很宝贵的情况下,有可能需要将多个信息保存在一个机器字中。一种常见的方法是,使用类似于编译器符号表的单个二进制位标志集合。外部强加的数据格式(如硬件设备接口)也经常需要从字的部分位中读取数据。

考虑编译器中符号表操作的有关细节。程序中的每个标识符都有与之相关的特定信息,例如,它是不是关键字,它是不是外部的且(或)是静态的,等等。对这些信息进行编码的最简洁的方法就是使用一个 char 或 int 对象中的位标志集合。

通常采用的方法是,定义一个与相关位的位置对应的"屏蔽码"集合,例如:

```
#define KEYWORD 01
#define EXTERNAL 02
#define STATIC 04
```

或

```
enum {KEYWORD = 01, EXTERNAL = 02, STATIC = 04};
```

这些数字必须是 2 的幂。这样,访问这些位就变成了移位运算、屏蔽运算及补码运算等简单的位操作。

C 语言提供了直接定义和访问一个字中的位段的能力,而不需要通过按位逻辑运算符。

位段(bit-field)是"字"中相邻位的集合。"字"(word)是单个的存储单元,它同具体的实现有关。例如,上述符号表的多个♯define 语句可用下列三个位段的定义来代替。

```
struct
{
    unsigned int is_keyword : 1;
    unsigned int is_extern : 1;
    unsigned int is_static : 1;
} flags;
```

这里定义了一个变量 flags,它包含三个一位的位段。冒号后的数字表示位段的宽度(用二进制位数表示)。位段被声明为 unsigned int 类型,以保证它们是无符号量。

单个位段的引用方式与其他结构成员相同,例如,flags.is_keyword、flags.is_extern 等。位段的作用与小整数相似。同其他整数一样,位段可出现在算术表达式中。因此,上面的例子可用更自然的方式表达为

```
flags.is_extern = flags.is_static = 1;
```

该语句将 is_extern 和 is_static 位置为 1。下列语句:

```
flags.is_extern = flags.is_static = 0;
```

将 is_extern 和 is_static 位置为 0。下列语句:

```
if (flags.is_extern == 0 && flags.is_static == 0)
```

用于对 is_extern 和 is_static 位进行测试。

位段的所有属性几乎都同具体的实现有关。位段是否能覆盖字边界由具体的实现定义。位段可以不命名,无名位段(只有一个冒号和宽度)起填充作用。特殊宽度 0 可以用来强制在下一个字边界上对齐。

某些机器上字段的分配是从字的左端至右端进行的,而某些机器上则相反。这意味着,尽管字段对维护内部定义的数据结构很有用,但在选择外部定义数据的情况下,必须仔细考虑哪端优先的问题。依赖于这些因素的程序是不可移植的。字段也可以仅声明为 int,为了方便移植,需要显式声明该 int 类型是 signed 还是 unsigned 类型。字段不是数组,并且没有地址,因此对它们不能使用 & 运算符。

◆ 9.9　链　　表

可以通过组合使用结构体和指针创建强大的数据结构。下面将深入讨论一些使用结构体和指针的技巧。我们将讨论一种称为链表的数据结构,这不仅因为它非常有用,还因为许多用于操纵链表的技巧也适用于其他数据结构。

链表是一种常见的重要的数据结构,它动态地进行存储分配。由本章介绍可知:用数组存放数据时,必须事先定义固定的数组长度(即元素个数)。假设有的班级有 100 人,而有的班级只有 30 人,要用同一个数组先后存放不同班级的学生数据,则必须定义长度为 100

的数组。如果事先难以确定一个班的最多人数,则必须把数组定得足够大,以便能存放任何班级的学生数据,显然这将会浪费内存。链表则没有这种缺点,它根据需要开辟内存单元。

如图 9-1 所示,当每一个数据元素都和它下一个数据元素用指针链接在一起时,就形成了一个链,这个链子的头就位于第一个数据元素,这样的存储方式就是链式存储。

每个元素本身由两部分组成(图 9-2):一是本身的信息,称为"数据域";二是指向直接后继的指针,称为"指针域"。

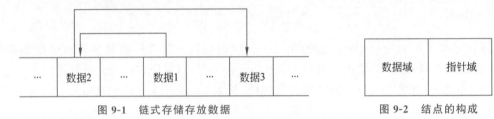

图 9-1　链式存储存放数据　　　　　图 9-2　结点的构成

这两部分信息组成数据元素的存储结构,称为"结点"。n 个结点通过指针域相互链接,组成一个链表。链表中的每个结点通过链或指针连接在一起,程序通过指针访问链表中的结点。通常结点是动态分配的,但有时也能看到由结点数组构建的链表。即使在这种情况下,程序也是通过指针来遍历链表的。

图 9-3 中,由于每个结点中只包含一个指针域,生成的链表又被称为线性链表或单链表。链表中存放的不是基本数据类型,需要用结构体实现自定义:

```
typedef struct Link
{
    char elem;                //代表数据域
    struct Link * next;       //代表指针域,指向直接后继元素
} link;
```

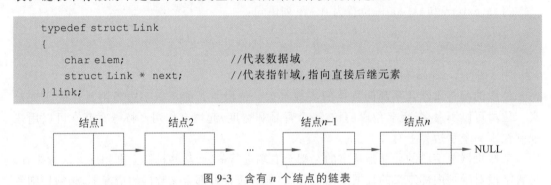

图 9-3　含有 n 个结点的链表

有时,在链表的第一个结点之前会额外增设一个结点,结点的数据域一般不存放数据(有些情况下也可以存放链表的长度等信息),此结点被称为头结点。若头结点的指针域为空(NULL),表明链表是空表。头结点对于链表来说,不是必需的,在处理某些问题时,给链表添加头结点会使问题变得简单。

头指针永远指向链表中第一个结点的位置(如果链表有头结点,头指针指向头结点;否则,头指针指向首个结点)。

头结点和头指针的区别在于:头指针是一个指针,头指针指向链表的头结点或者首个结点;而头结点是一个实际存在的结点,它包含数据域和指针域。两者在程序中的直接体现就是:头指针只声明而没有分配存储空间,头结点进行了声明并分配了一个结点的实际物理内存。要注意的是,单链表中可以没有头结点,但是不能没有头指针!

为了在程序中实际应用链表这种数据结构,要对链表进行创建和遍历。万事开头难,初

始化链表首先要做的就是创建链表的头结点或者首元结点。创建的同时,要保证有一个指针永远指向的是链表的表头(图 9-4),这样做不至于丢失链表。例如,创建一个链表(1,2,3,4):

```
link * initLink()
{
    link * p=(link*)malloc(sizeof(link));     //创建一个头结点
    link * temp=p;              //声明一个指针指向头结点,用于遍历链表
    int i;
    for (i = 1; i < 5; i++)       //生成链表
    {
        link * a = (link*)malloc(sizeof(link));
        a -> elem = i;
        a -> next = NULL;
        temp -> next = a;
        temp = temp -> next;
    }
    return p;
}
```

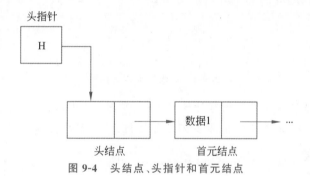

图 9-4 头结点、头指针和首元结点

当要在链表中查找某结点时,一般情况下,只能通过头结点或者头指针进行访问,所以实现查找某结点最常用的方法就是对链表中的结点进行逐个遍历。

```
int selectElem(link * p,int elem)
{
    link * t = p;
    int i = 1;
    while (t -> next)
    {
        t = t -> next;
        if(t -> elem == elem)
        {
            return i;
        }
        i++;
    }
    return -1;
}
```

链表中要修改结点的数据域,可通过遍历的方法找到该结点,然后直接更改数据域的值。

```
link * amendElem(link * p, int add, int newElem)
{
    link * temp = p;
    temp = temp -> next;                    //在遍历之前,temp 指向首个结点
    for (int i = 1; i < add; i++)           //遍历到被删除结点
        temp = temp -> next;
    temp -> elem = newElem;
    return p;
}
```

向链表中插入结点时,可根据插入位置的不同分为三种情况:一是插入到链表的首部,也就是头结点和首个结点中间;二是插入到链表中间的某个位置;三是插入到链表最末端。

虽然插入位置有区别,但是都使用相同的插入手法。分为两步,如图 9-5 所示。将新结点的 next 指针指向插入位置后的结点;将插入位置前的结点的 next 指针指向插入结点。

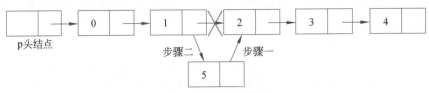

图 9-5   链表中插入结点 5

注意: 首先要保证插入位置的可行性。例如,在图 9-5 中,原本只有 5 个结点,插入位置可选择的范围为 1~6,如果超过 6,本身不具备任何意义,程序提示插入位置无效。

```
link * insertElem(link * p, int elem, int add)
{
    link * temp = p;                        //创建临时结点 temp
    for (int i = 1; i < add; i++)           //首先找到要插入位置的上一个结点
    {
        if(temp == NULL)
        {
            printf("插入位置无效\n");
            return p;
        }
        temp = temp -> next;
    }
    link * c = (link *)malloc(sizeof(link));   //创建插入结点 c
    c -> elem = elem;
    c -> next = temp -> next;                //向链表中插入结点
    temp -> next = c;
    return p;
}
```

当需要从链表中删除某个结点时,需要进行两步操作: 将结点从链表中摘下来;手动释放掉结点,回收被结点占用的内存空间。

```
link * delElem(link * p, int add)
{
    link * temp = p;
    for(int i = 1; i < add; i++)          //temp 指向被删除结点的上一个结点
    temp = temp -> next;
    link * del = temp -> next;            //指针指向被删除结点,以防丢失
    temp -> next = temp -> next -> next;  //更改前一个结点的指针域
    free(del);                            //手动释放该结点,防止内存泄漏
    return p;
}
```

下面是一个包括链表创建和几种简单操作的完整程序。

```
#include <stdio.h>
#include <stdlib.h>
typedef struct Link
{
    char elem;                            //代表数据域
    struct Link * next;                   //代表指针域,指向直接后继元素
} link;
link * initLink();
//链表插入的函数,p 是链表,elem 是插入的结点的数据域,add 是插入的位置
link * insertElem(link * p, int elem, int add);
//删除结点的函数,p 代表操作链表,add 代表删除结点的位置
link * delElem(link * p, int add);
//查找结点的函数,elem 为目标结点的数据域的值
int selectElem(link * p, int elem);
//更新结点的函数,newElem 为新的数据域的值
link * amendElem(link * p, int add, int newElem);
void display(link *p);
int main() {
    //初始化链表(1,2,3,4)
    printf("初始化链表为: \n");
    link * p = initLink();
    display(p);

    printf("在第 4 个位置插入元素 5: \n");
    p=insertElem(p, 5, 4);
    display(p);

    printf("删除元素 3:\n");
    p=delElem(p, 3);
    display(p);

    printf("查找元素 2 的位置为: \n");
    int address = selectElem(p, 2);
    if (address == -1) {
        printf("没有该元素");
    }else{
        printf("元素 2 的位置为: %d\n", address);
    }
```

```
        printf("更改第 3 个位置的数据为 7:\n");
        p=amendElem(p, 3, 7);
        display(p);
        return 0;
}
link * initLink()
{
        link * p=(link *)malloc(sizeof(link));    //创建一个头结点
        link * temp = p;                          //声明一个指针指向头结点,用于遍历链表
        for (int i = 1; i < 5; i++)               //生成链表
        {
            link * a = (link *)malloc(sizeof(link));
            a -> elem = i;
            a -> next = NULL;
            temp -> next = a;
            temp = temp -> next;
        }
        return p;
}
link * insertElem(link * p, int elem, int add)
{
        link * temp = p;                          //创建临时结点 temp
        for (int i = 1; i < add; i++)             //首先找到要插入位置的上一个结点
        {
            if(temp == NULL)
            {
                printf("插入位置无效\n");
                return p;
            }
            temp = temp -> next;
        }
        link * c = (link *)malloc(sizeof(link));  //创建插入结点 c
        c -> elem = elem;
        c -> next = temp -> next;                 //向链表中插入结点
        temp -> next = c;
        return p;
}
link * delElem(link * p, int add)
{
        link * temp = p;
        for(int i = 1; i < add; i++)              //temp 指向被删除结点的上一个结点
            temp = temp -> next;
        link * del = temp -> next;                //指针指向被删除结点,以防丢失
        temp -> next = temp -> next -> next;      //更改前一个结点的指针域
        free(del);                                //手动释放该结点,防止内存泄漏
        return p;
}
int selectElem(link * p,int elem)
{
        link * t = p;
```

```
        int i = 1;
        while (t -> next)
            {
            t = t -> next;
            if(t -> elem == elem)
            {
                return i;
            }
            i++;
        }
        return -1;
    }
link * amendElem(link * p, int add, int newElem)
{
    link * temp = p;
    temp = temp -> next;                    //在遍历之前,temp 指向首个结点
    for (int i = 1; i < add; i++)           //遍历到被删除结点
        temp = temp -> next;
    temp -> elem = newElem;
    return p;
}
void display(link * p)
{
    link * temp = p;                        //将 temp 指针重新指向头结点
    //只要 temp 指针指向的结点的 next 不是 NULL,就执行输出语句
    while (temp -> next)
    {
        temp = temp -> next;
        printf("%d", temp -> elem);
    }
    printf("\n");
}
```

运行结果如下。

```
初始化链表为:
1234
在第 4 个位置插入元素 5:
12354
删除元素 3:
1254
查找元素 2 的位置为:
元素 2 的位置为: 2
更改第 3 个位置的数据为 7:
1274
```

　　结构体和指针的应用领域很宽广,除了单向链表之外,还有环形链表和双向链表。此外还有队列、树、栈、图等数据结构。有关这些问题的算法可以学习"数据结构"课程,在此不做详述。

◈ 9.10　程序举例

示例：构建简单的手机通讯录。

要求：包括联系人的基本信息(姓名、年龄和联系电话)，最多容纳 50 名联系人的信息，具有新建和查询功能。

解：

```c
#include <stdio.h>
#include <string.h>
/*手机通讯录结构定义*/
struct friends_list{
    char name[10];                    /*姓名*/
    int age;                          /*年龄*/
    char telephone[13];               /*联系电话*/
};
int Count = 0;                        /*全局变量,用于记录当前联系人总数*/
void new_friend(struct friends_list friends[ ]);
void search_friend(struct friends_list friends[ ], char * name);
int main(void)
{   int choice;
char name[10];
    struct friends_list friends[50];  /*包含50个人的通讯录*/
    do{
        printf("手机通讯录功能选项: 1:新建 2:查询 0:退出 \n");
        printf("请选择功能: ");    scanf("%d", &choice);
        switch(choice){
            case 1:
                new_friend(friends);
                break;
            case 2:
                printf("请输入要查找的联系人名:");
                scanf("%s", name);
                search_friend(friends, name);
                break;
            case 0:
                break;
        }
    }while(choice != 0);
    printf("谢谢使用通讯录功能!\n");
    return 0;
}
/*新建联系人*/
void new_friend(struct friends_list friends[ ])
{
    struct friends_list f;
    if(Count == 50){
        printf("通讯录已满!\n");
```

```
        return;
    }
    printf("请输入新联系人的姓名:");
    scanf("%s", f.name);
    printf("请输入新联系人的年龄:");
    scanf("%d", &f.age);
    printf("请输入新联系人的联系电话:");
    scanf("%s", f.telephone);
    friends[Count] = f;
    Count++;
}
/* 查询联系人 */
void search_friend(struct friends_list friends[ ], char *name)
{   int i, flag = 0;
    if(Count == 0) {
        printf("通讯录是空的!\n");
        return;
    }
    for(i = 0; i < Count; i++)
        if(strcmp(name, friends[i].name) == 0) {   /* 找到联系人 */
            flag=1;
            break;
        }
    if(flag) {
        printf("姓名: %s\t", friends[i].name);
        printf("年龄: %d\t", friends[i].age);
        printf("电话: %s\n", friends[i].telephone);
    }
    else
        printf("无此联系人!");
}
```

解题思路：定义联系人的结构体变量以及数组，记录联系人总数的全局变量，在主函数中做程序的总体控制；然后在两个函数中分别封装新建和查询的功能，结构体数组名作为函数实参与普通数组名作函数参数一样，都是将数组首地址传递给函数形参。

场景案例

每个伤员的代号和名字都是独一无二的，在前几章的场景案例中我们无法在解密多个伤员后同时访问某伤员的代号和名字，因为该伤员代号和名字的解密过程是完全独立的。而使用结构体可将解密后每个伤员的代号和名字存放在一起，大大提高信息的使用效率。试用本章知识解决上述问题。

企业案例

现阶段，云计算的概念被大众广为接受的是美国国家标准与技术研究院（National Institute of Standards and Technology，NIST）的定义：云计算是一种按使用量付费的模式，用户可通过其提供的可用的、便捷的、按需的网络访问，进入可配置的计算资源共享池

（资源包括网络、服务器、存储、应用软件、服务等），这些资源能够被快速提供，同时实现管理成本或与服务供应商交互的最小化。

根据服务模式的不同，云计算可以分为基础设施即服务（Infrastructure as a Service，IaaS）、平台即服务（Platform as a Service，PaaS）和软件即服务（Software as a Service，SaaS）。IaaS 通过因特网（Internet）为用户提供基础资源服务和业务快速部署能力；IaaS 服务模式下消费者掌控操作系统、存储空间、已部署的应用程序及网络组件（如防火墙、负载平衡器等），但并不掌控云基础架构。PaaS 是构建在基础设施之上的软件研发平台；PaaS 服务模式下消费者使用主机操作应用程序，但并不掌控操作系统、硬件或运作的网络基础架构。SaaS 是一种通过 Internet 提供软件的模式：消费者使用应用程序，但不掌握操作系统、硬件或者网络基础架构。

面对即将到来的大数据和云计算时代，中国选择拥抱未来。早在 2015 年，国务院就印发了《促进大数据发展行动纲要》，提出要推动大数据与云计算、物联网、移动互联网等新一代信息技术融合发展，探索大数据与传统产业协同发展的新业态、新模式，促进传统产业转型升级和新兴产业发展，培育新的经济增长点。中国人要拥有自己的云服务，走出自己的云产业发展道路，并与世界人民共享这份时代机遇和技术红利。

有了中央政策的大力支持，近年来，各大科技公司也纷纷着眼于云产业的布局和投资，阿里云、腾讯云、百度云、华为云等产品名逐渐为国人所熟知，而阿里云正是其中的佼佼者。

阿里云在构建其服务时既需要足够多的计算资源，也离不开合理的网络架构。在与网络设备相关的应用中，结构体有着独特的性能优势，例如，当一个服务器管理其下多台计算机时，可用不同结构体代表一个管理实例，下面是一个简单的场景。

```c
typedef struct
{
    char name[10];          //计算机的名字
    int ip[4];              //计算机的 IP
    char mac[6];            //计算机的 MAC
}Computer;

typedef struct
{
    char name[10];          //服务器的名字
    intip[4];               //服务器的 IP
    Computer client[10];
}Server_t
Server_t server;
```

这样在 Server 端获取已注册的 Computer 1 的 IP：server.client[0].ip。

像这样的实际应用还有很多，你还能想到哪些与企业云计算业务相关的结构体应用呢？

前沿案例

标签这个词在移动互联网时代盛行，不仅因为人们习惯上给别人贴标签，更因为这降低了我们理解信息的成本。标签就像它字面意思所表达的一样，简短而易于人理解，而在数据层面谈标签化有它更重要的作用。

计算机处理信息前的重要步骤之一就是数据的结构化,从底层机制到上层的编程语言,越是低级对结构化要求越高,如 C 语言的结构体、高级语言的各种类型系统,而越是高级越接近人类的语言——非结构化,这往往就体现在语素的乱序。

New Yrok is the lagrest cyti in the wolrd.

相信读者是能看懂上面这句英文的含义的,虽然它是乱序的。

人类通过视觉系统识别信息时与自己固有知识,也就是数据的静态存储区域进行了映射并自动修正了诸如 wolrd ->world 的拼写错误。

能够把强逻辑的、强结构化的数据进行某种铺平从而产生高纬度的直接理解,也是一种智能,这需要用到标签化。

这方面最好的案例是前端领域的 CSS,它通过给已有的 DOM 元素添加 class,并使用某种提取语言单独构建其基于标签的复杂性语义。

例如,一个明显的 div 元素被赋予了很多标签 < div class = " btn column-7 black disabled"/>,这些标签在不同的维度有不同的含义,如 btn 表示它是一个按钮,因此会有一个按钮的外观,column-7 表示它在第 7 列并因此应用某种样式,black 表示它此时是黑色的,disabled 表示它不能够被单击。

不同于 JSON 或是 XML,当修改一个复杂的数据结构到一个新的结构时,标签化的数据仅有两层:数据本身和其上的标签。而所有的复杂性重构均建立在对标签本身的延伸,数据和结构通过标签被解耦了。

这种对数据的后组合是随意而富有变化的,就好比一个文件夹里的文本数据,不论它放在哪个目录下,数据本身的大小、格式、编辑信息都不会变化。而对于文件夹本身的结构我们却可以做很多事情,最简单的比如操作系统中为不同的文件夹赋予不同的权限。

而这种复杂性更体现在我们的标签本身也是一种数据,我们称之为数据的数据,即元数据。

就像开篇所说的一样,元数据对应了一种规则,正如我们所需要的那个知识库,去接收新的数据的同时对其进行映射,信息的收集、分类、结构化和处理,最终完成某一项功能。

标签化简化了将数据结构化的复杂度,将问题的本质划分为添加删除一个标签或者修改一个标签,然后对该标签与其他标签的关系维护一个额外的数据集,那么关于这个标签的复杂性演变,又是另一个数据维度的问题了。

那么人工智能所能完成的工作从本质上提升为从一个 DSL 的状态机到另一个 DSL 的状态机的参数调优,并使用新的 DSL 来执行任务。

事实上,我们正是在不明白编程语言的底层实现的情况下黑箱地使用编程语言来构建上层抽象的。这个过程就是人类原始获得经验的方法,获得本能,学习知识,遇到输入环境,做出决策,根据结果形成经验记忆并存储,下次遇到相同或相似的输入直接调取经验数据,反馈与修正。

如果只是完成工作,不需要了解原理,那么人工智能完全可以胜任。

通过反复的提问、解答来训练人工智能增强了这种数据结构的稳定性,越用越熟练。

用户对 AI 说:"嗨,Siri,文字太小了,看不清"。

AI 接收到输入:"文字小,看不清",然后解读为:"增大字体大小,提高对比度"。然后

AI实施了操作,把所有的字体大小增加了60。

用户发现结果不满意,对 AI 说:"不行,Siri,标题太大了,再亮一点"。

AI 接收到反馈:"缩小标题字体大小,但不要比原来小",并且接收到新的输入:"亮一点"。然后 AI 结合之前的策略(提高对比度),决定把标题字体调小,再把文字调深,背景调亮。

用户对调整后的结果满意,对 AI 说:"行了,谢谢 Siri"。

在下一次交互中,用户对 AI 说:"嗨,Siri,文字有点小"。

AI 接收到输入:"仅增大段落字体大小",并附加隐含规则:"段落字体大小不能超过标题字体大小"。然后 AI 实施了操作,把段落的字体大小增加了20。

可以惊奇地发现,人工智能在经历了第一次决策和修正之后,第二次就学会了避开标题放大,它读懂了用户"文字有点小"的额外含义。

对反馈的迭代将产生海量的过程数据,这些数据对当前决策可能已经过时,但是对未来决策依然具有重要参考。

在有限个选择之中,让用户选择唯一不代表他不会选择其他,仅仅因为所给定的语义环境不允许其进行扩展。相反地,当无限重复这个选择过程,用户会给出近乎完整的数据样貌。而在这个过程当中最重要的优化就是对选项数据进行期望的标签化,有一些数据是大期望被选中的,有一些数据是印证自己尚未被证实的需要被强化的,有一些数据是大期望被排除的也就是极小期望被选中的,对应中文语境中的"是、可能是、可能不是、不是"。

这个无限重复的选择过程,就是人们使用人工智能对其训练的过程,而期望就是权重。每一次迭代都会对权重、数据筛选算法做出优化。

人工智能目前的发展有着明显的局限性,请结合上述内容和所学的知识,思考造成这种局限的原因有哪些。

易错盘点

(1) 结构体类型和结构体变量是不同的概念,不要混淆。结构体类型定义是对其组成的描述,它说明该结构体由哪些成员组成,以及这些成员的数据类型。对于结构体变量来说,在定义时一般先定义结构体类型再定义结构体变量,或在定义结构体类型的同时定义结构体变量。定义一个结构体类型,系统并不分配内存,只有定义了结构体变量后才分配内存单元。

(2) 结构体变量是一个整体,一般不允许对结构体变量的整体进行操作,而只能对其成员进行操作。要访问结构体中的一个成员,有以下三种引用成员的方式:结构体变量.成员名、(*p).成员名和 p->成员名。

(3) 结构体变量的初始化就是在定义它的同时对其成员赋初值,其格式与一维数组类似。

(4) 结构体数组的定义与结构体变量的定义类似。与数组一样,结构体数组的初始化也可以在定义时进行。一维结构体数组的初始化格式与二维数组类似。

(5) 指向结构体变量的指针称为结构体指针。当把一个结构体变量的首地址赋给结构体指针时,该指针就指向这个结构体变量,结构体指针的运算与普通指针相同。

(6) 结构体变量可以在函数间传递,传递方式有以下两种。

值传递：调用函数的实参和被调用参数的形参都是结构体变量名。

地址传递：调用函数的实参是结构体变量的首地址，被调用函数的形参是结构体指针变量。如果传递的是结构体数组，则实参是数组名，形参可以是结构体指针变量或数组名。

（7）共用体类型的特点是所有成员共享同一段内存空间。共用体类型的定义、共用体变量的定义和引用，分别与结构体类型的定义、结构体变量的定义和引用相类似。

（8）枚举类型仅适用于取值有限的数据。枚举值表中规定了所有可能的取值，它实际上是常量名。因此，不能对其赋值。各枚举值间用逗号隔开。

（9）typedef 并不能创造一个新的类型，只是定义已有类型的一个新名。

（10）链表是一种常用的数据存储方式，它用动态管理的方式，通过"链"建立起数据元素之间的逻辑关系。使用链表，首先要定义一个包含数据域和指针域的结构类型，然后定义一个指向表头结点的指针，最后通过调用函数，采用动态申请结点的方法完成整个链表的建立。

知识拓展

结构体在内存中是如何实际存储的呢？编译器按照成员列表的顺序一个接一个地给每个成员分配内存。只有当存储成员时需要满足正确的边界对齐要求时，成员之间才可能出现用于填充的额外内存空间。

为了说明这一点，考虑下面这个结构体。

```
struct Align
{
    char a;
    int b;
    char c;
};
```

如果某个机器的整型值长度为 4B，并且它的起始存储位置必须能够被 4 整除，那么这一个结构体在内存中的存储将如图 9-6 所示。

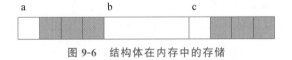

图 9-6　结构体在内存中的存储

系统禁止编译器在一个结构体的起始位置跳过几字节来满足边界对齐要求，因此所有结构体的起始存储位置必须是结构体中边界要求最严格的数据类型所要求的位置。因此，成员 a（最左边的那个方框）必须存储于一个能被 4 整除的地址。结构体的下一个成员是一个整型值，所以它必须跳过 3B（用灰色显示）到达合适的边界才能存储。在整型值之后是最后一个字符。

如果声明了相同类型的第二个变量，它的起始存储位置也必须满足 4 这个边界，所以第一个结构体的后面还要再跳过 3B 才能存储第二个结构。因此，每个结构体将占据 12B 的内存空间，但实际只使用其中的 6 个。这个利用率不是很出色。

可以在声明中对结构体的成员列表重新排列，让那些对边界要求严格的成员首先出现，

对边界要求最弱的成员最后出现。这种做法可以最大限度地减少因边界对齐而带来的空间损失。例如,下面这个结构:

```
struct ALIGN2
{
    int b;
    char a;
    char c;
};
```

所包含的成员和前面那个结构体一样,但它只占用 8B 的空间,节省了 33%。两个字符可以紧跟着存储,所以只有结构体最后面需要跳过的 2B 才被浪费。

有时,我们有充分的理由决定不对结构体的成员进行重排,以减少因对齐带来的空间损失。例如,我们可能想把相关的结构体成员存储在一起,提高程序的可维护性和可读性。但是,如果不存在这样的理由,结构体的成员应该根据它们的边界需要进行重排,减少因边界对齐而造成的内存损失。

如果程序将创建几百个甚至几千个结构,减少内存浪费的要求就比程序的可读性更为急迫。在这种情况下,在声明中增加注释可能避免可读性方面的损失。

sizeof 操作符能够得出一个结构体的整体长度,包括因边界对齐而跳过的那些字节。如果必须确定结构体中某个成员的实际位置,应该考虑边界对齐因素,可以使用 offsetof 宏(定义于 stddef.h):

```
offsetof(type, member)
```

type 就是结构体的类型,member 就是需要的那个成员名。表达式的结果是一个 size_t 值,表示这个指定成员开始存储的位置距离结构体开始存储的位置偏移几字节。例如,对前面那个声明而言,offsetof(struct ALIGN,b)的返回值是 4。

翻转课堂

1. 怎样才能检测到链表中存在循环

这个问题看上去比较简单,但随着提问者不断对问题施加一些额外的限制,这个问题很快就变得面目狰狞。

通常第一种答案:

对访问过的每个元素进行标记,继续遍历这个链表,如果遇到某个已经标记过的元素,说明链表存在循环。

第一个限制:

这个链表位于只读内存区域,无法在元素上做标记。

通常第二种答案:

当访问每个元素时,把它存储在一个数组中。检查每一个后继的元素,看看它是否已经存在于数组中。有时候,一些可怜的程序员会纠缠于如何用散列表来优化数组访问的细节,结果在这一关卡了壳。

第二个限制：

内存空间非常有限,无法创建一个足够长度的数组。然而,可以假定如果链表中存在循环,它出现在前 N 个元素之中。

通常第三种答案(如果这位程序员能够到达这一步)：

设置一个指针,指向链表的头部。在接下去对直到第 N 个元素的访问中,把 $N-1$ 个元素依次指向的元素进行比较。然后指针移向第二个元素,把它与后面 $N-2$ 个元素进行比较。根据这个方法依次进行比较,如果出现比较相等的情况就说明前 N 个元素中存在循环,否则如果所有 N 个元素两两之间进行比较都不相等,说明链表中不存在循环。

第四个限制：

链表的长度是任意的,而且循环可能出现在任何位置(即使是优秀的候选者也会在这一关碰壁)。

最后的答案：

首先,排除一种特殊的情况,就是三个元素的链表中第二个元素的后面是第一个元素。设置两个指针 p1 和 p2,使 p1 指向第一个元素,p2 指向第三个元素,看看它们是否相等。如果相等就属于上述这种特殊情况。如果不等,把 p1 向后移一个元素,p2 向后移两个元素。检查两个指针的值,如果相等,说明链表中存在循环。如果不相等,继续按照前述方法进行。如果出现两个指针都是 NULL 的情况,说明链表中不存在循环。如果链表中存在循环,用这种方法肯定能够检测出来,因为其中一个指针肯定能够追上另一个(两个指针具有相同的值),不过这可能要对这个链表经过几次遍历才能检测出来。

这个问题还有其他一些答案,但上面所说的几个是最常见的。

2. 编程挑战

证明上面最后一种方法可以检测到链表中可能存在的任何循环。在链表中设置一个循环,演练一下你的代码;把循环变得长一些,继续演练你的代码。重复进行,直到初始条件不满足为止。同样,确定链表中不存在循环时,算法可以终止。

提示：编写一个程序,然后依次往外推演。

章末习题

1. 在拨打长途电话时,电话公司所保存的信息会包括拨打电话的日期和时间。它还包括三个电话号码：使用的那个电话、呼叫的那个电话以及付账的那个电话。这些电话号码的每一个都由三部分组成：区号、交换台和站号码。请为这些信息编写一个结构体声明。

2. 定义一个结构体变量(包括年、月、日)。计算该日在本年中是第几天,注意闰年问题。写一个函数 days,由主函数将年、月、日传递给 days 函数,计算后将日子数传回主函数输出。

3. 编写一个函数 print(),打印一个学生的成绩数组,该数组中有 5 个学生的数据记录,每个记录包括 num,name,score[3],用主函数输入这些记录,用 print()函数输出这些记录。

4. 在第 3 题的基础上,编写一个函数 input(),用来输入 5 个学生的数据记录。

5. 构建简单的手机通讯录,包括联系人的基本信息：姓名、年龄和联系电话。要求具有新建和查询功能,且最多容纳 50 名联系人的信息。

6. 输入 10 个学生的学号、姓名和成绩,输出学生的成绩等级和不及格人数。

7. B市有 10 个县,为统计其去年的发展情况,现要求从键盘输入 10 个县的经济数据。包括每个县的地区编号,县名,第一、第二、第三产业的全年产值。由程序输出每个县的全年生产总值(即三种产业的产值之和),以及生产总值最高的县的数据(包括编号、县名、三种产业产值、全年生产总值)。

8. 某机关 C 有若干个人员的数据,分为编内人员和编外人员。其中,编内人员的数据包括姓名、号码、性别、年龄、职务。编外人员的数据包括姓名、号码、性别、年龄、科室。要求用同一个表格来处理。

9. 输入第一行给出正偶数 N(N 小于或等于 50),即全班学生的人数。此后 N 行,按照名次从高到低的顺序给出每个学生的性别(0 代表女生,1 代表男生)和姓名(不超过 8 个英文字母的非空字符串),其间以一个空格分隔。这里保证本班男女比例是 1:1,并且没有并列名次。要求:每行输出一组两个不同性别学生的姓名,其间以一个空格分隔。名次高的学生在前,名次低的学生在后。小组的输出顺序按照前面学生的名次从高到低排列。

10. 输入学生的不同类型的成绩(百分制、等级制),运行程序后屏幕输出学生的成绩表。以 flag 标志不同类型的成绩,flag=0 作为百分制成绩的标志,非 0 是等级制成绩的标志。

11. 口袋中有红、黄、蓝、白、黑 5 种颜色的球若干个。每次从口袋中先后取出 3 个球,问得到 3 种不同颜色的球的可能取法,输出每种排列的情况。

12. 用链表处理文本编辑程序。每次输入若干行文本,然后输出。

13. 已有 a、b 两个链表,要求把两个链表合并,按链表中的结点大小降序排列。

14. 有两个链表 a 和 b,从 a 链表中删去与 b 链表中相同的那些结点。

15. 在无人超市中,商品管理系统是确保货架上商品充足的关键。该系统需要能够在顾客购买商品后更新库存,并在商品数量低于预设阈值时发出补货通知。

编写一个 C 语言程序来模拟这个过程。

(1) 定义一个结构体 Product,用于存储商品信息,包括商品名称、价格和库存数量。

(2) 编写函数 purchaseProduct(),当商品被购买时调用这个函数,它将减少商品的库存数量。

(3) 编写函数 checkInventory(),用于检查所有商品的库存量,如果某个商品的库存为 0,则打印出补货的通知。

(4) 在主函数中创建几个商品实例并打印,模拟商品购买过程,并调用相应的函数来更新和检查库存。

文件的输入与输出

 编程先驱

梅宏(图 10-0),1963 年 5 月出生于贵州省遵义市,计算机软件专家,中国科学院院士,发展中国家科学院院士,欧洲科学院外籍院士,主要从事软件工程和系统软件领域的研究。

梅宏的研究工作主要涉及软件工程及软件开发环境、软件复用及软件构件技术、(分布)对象技术、软件工业化生产技术及支持系统、新型程序设计语言等。他针对开放网络环境下软件动态适应和在线演化两个核心难题,提出了基于微内核的中间件构件化体系结构和基于容器的构件在线组装机制,建立了构件化的软件中间件技术体系与框架,提出了基于软件体系结构(Software Architecture,SA)的构件化软

图 10-0　梅宏

件开发方法 ABC,拓展 SA 到软件全生命周期,实现了对系统级结构复杂性和一致性的有效控制。

1992—1999 年,作为核心骨干和技术负责人之一参加了杨芙清院士主持的国家重点科技攻关项目青鸟工程的研究开发。"八五"期间,作为项目集成组长,解决了大量关键技术问题,为这项由全国 20 多所大学、研究所和企业单位承担的大型科研项目的顺利集成和最终完成做出了突出贡献。"九五"期间,作为项目技术负责人之一和青鸟软件生产线系统的主要设计者之一,在第一线组织项目的实施工作,配合杨芙清院士提出的软件生产线技术的思想,提出了青鸟构件模型,制定了青鸟构件技术规范。如今,青鸟系统已产生了很好的经济和社会效益,促进了中国国内 CASE 市场的形成和发展,以及软件工程思想和技术的推广。

引言

2020 年 12 月 17 日凌晨 1:59,嫦娥五号返回器如流星般划破天际,携带着月球岩石和土壤样品安全抵达着陆场。这一刻,意味着我国首次月球采样返回任务取得了圆满成功,也标志着我国探月工程"绕、落、回"三步走的规划顺利收官。

2007 年 10 月 24 日,嫦娥一号在万众瞩目中发射升空,并于 2009 年 3 月 1 日受控撞月,圆满完成"绕"月任务,获取到我国首幅月面图像和 120m 分辨率全月球立体影像图、高程图、月表元素含量分布图等重要数据资料。2020 年冬天,嫦娥五号任务创造出 5 个"中国首次":一是地外天体的采样与封装,二是地外天体的起

飞,三是月球轨道交会对接,四是携带样品高速地球再入,五是样品的存储、分析和研究。一个又一个"首次"背后,是中国航天人对未知空间和科学事业永不停歇地探索。

"追逐梦想、勇于探索、协同攻坚、合作共赢"的探月精神扎根于探月工程的奋斗实践,是探月工程"六战六捷"的制胜密码,其内涵也随着工程的持续深入而不断丰富,在世界航天发展史上写下了浓墨重彩的一笔。

在中国探月工程的背后,数据发挥着重要作用。数据以电子记录的形式被永久存储下来。而文件,则是存储这些数据的载体,每一个文件记录着从月球带回来的珍贵数据,存储以用于后续的分析研究。正因为这些文件保证了月球数据的完整性、可靠性,让我们在"可上九天揽月"的探月梦上勇毅前行。在 C 语言中,文件存储着各式各样的数据,作为数据的集合载体同样起着举足轻重的作用,实现着传送消息、存储信息等重要功能,保障了数据的安全性和可用性,为程序的实现提供了便利。

本章将介绍文件的一般性概念以及 C 语言程序中的文件使用。

 ## 前置知识

计算机是以二进制形式来存储数据,仅存在 0 和 1 两个数字,在显示器上所看到的数据文件,在存储之前都被转换成二进制数(即 0 和 1 序列),在显示时根据二进制数找到相对应的字符,其中,文件中的数据与二进制数间的对应规范称为字符集(Character Set)或者字符编码(Character Encoding),字符集为每个字符分配一个唯一的编号,通过编号能够准确找到对应的字符。

下面将介绍几种字符编码。

(1) ASCII 编码:即 American Standard Code for Information Interchange,意为"美国信息交换标准代码"。ASCII 编码是最早的字符编码标准,使用 7 位二进制数(共 128 个编码)来表示字母、数字和常见符号。它涵盖了英语字母、数字、标点符号和一些控制字符,但无法表示其他非英语字符,其中,大写字母、小写字母和阿拉伯数字都是连续分布的,这为 C语言程序设计提供了方便。例如,要判断一个字符是不是大写字母,就可以判断该字符的 ASCII 编码值是否在 65~90 的范围内。

(2) GB2312 编码:GB2312 是中国制定的字符编码标准,于 1981 年发布。它是对 ASCII 编码的扩展,使用 2B 表示一个字符。GB2312 主要覆盖了基本的中文字符集,包括 6763 个常用汉字、英文字符、标点符号和一些非汉字字符。GB2312 编码是双字节编码,高字节的范围是 0XA1~0XF7,低字节的范围是 0XA1~0XFE。

(3) GBK 编码:GBK 编码是 GB2312 编码的扩展编码,于 1995 年发布。GBK 编码兼容 GB2312 编码,增加了更多的汉字和符号。它使用 2B 表示一个字符,范围是 0X81~0XFE,其中,高字节的范围是 0X81~0XFE,低字节的范围是 0X40~0XFE(除了 0X7F)。GBK 编码可以表示 21 692 个汉字和符号。

(4) Unicode 字符集:Unicode 是一个字符集,旨在为世界上几乎所有的字符提供唯一的标识符。它包括各种语言的字符,包括汉字、拉丁字母、希腊字母、西里尔字母等。Unicode 字符集以十六进制表示每个字符,并为每个字符分配了唯一的码点。Unicode 字符集定义了大量的字符,包括超过 100 000 个字符。Unicode 字符集有不同的编码方案,最常见的是 UTF-8 和 UTF-16 编码。UTF-8 是一种可变长度编码方案,它使用 1~4B 来表示不同的字符。对于 ASCII 字符,UTF-8 使用 1B 表示,而对于其他字符,则使用 2～4B 表示。UTF-16 是一种固定长度编码方案,使用 2B 或 4B 表示一个字符。对于基本多语言平面(BMP)中的字符,UTF-16 使用 2B 表示,而其他字符则使用 4B 表示。Unicode 字符集的目标是为世界上的所有字符提供统一的编码,使得不同的计算机系统和软件能够正确地处理和显示各种字符。

本章知识点

◆ 10.1　文　　件

10.1.1　文件的概念

文件(file)是存储器中存储信息的区域。通常,文件都保存在某种永久存储器中(如硬盘、U 盘或 DVD 等)。文件对于计算机系统相当重要。例如,编写的 C 程序就保存在文件中,用来编译 C 程序的程序也保存在文件中。后者说明,某些程序需要访问指定的文件。当编译存储在名为 file.c 文件中的程序时,编译器打开 file.c 文件并读取其中的内容。当编译器处理完后,会关闭该文件。其他程序,如文字处理器,不仅要打开、读取和关闭文件,还要把数据写入文件。

数据在文件和内存之间传递的过程叫作文件流,类似水从一个地方流动到另一个地方。数据从文件复制到内存的过程叫作输入流,从内存保存到文件的过程叫作输出流。

文件是数据源的一种,除了文件,还有数据库、网络、键盘等;数据传递到内存也就是保存到 C 语言的变量(例如,整数、字符串、数组、缓冲区等)。把数据在数据源和程序(内存)之间传递的过程叫作数据流(Data Stream)。相应地,数据从数据源到程序(内存)的过程叫作输入流(Input Stream),从程序(内存)到数据源的过程叫作输出流(Output Stream)。

输入输出(Input Output,IO)是指程序(内存)与外部设备(如键盘、显示器、磁盘、其他计算机等)进行交互的操作。几乎所有的程序都有输入与输出操作,如从键盘上读取数据,从本地或网络上的文件读取数据或写入数据等。通过输入和输出操作可以从外界接收信息,或者是把信息传递给外界。可以说,打开文件就是打开了一个流。

标准库的流分为两类:正文流(或称为字符流)和二进制流。正文流把文件看作行的序列,每行包含 0 个或多个字符,一行的最后有换行符号'\n'。正文流适合一般输出和输入,包括与人有关的输入输出。二进制用于把内存数据按内部形式直接存储入文件。二进制流操作保证,在写入文件后再以同样方式读回,信息的形式和内容都不改变。二进制流主要用于程序内部数据的保存和重新装入使用,其操作过程中不做信息转换,在保存或装入大批数据时有速度优势,但这种保存形式不适合人阅读。

说明:

(1) 文件的特点:数据永久保存、数据长度不定、数据按顺序存取。

(2) 使用数据文件的目的如下。

① 数据文件的改动不引起程序的改动——程序与数据分离。

② 不同程序可以访问同一数据文件中的数据——数据共享。

③ 能长期保存程序运行的中间数据或结果数据。

10.1.2 文件的分类

在 C 语言中,根据文件的编码形式,把文件分为文本文件和二进制文件。文本文件又称为字符流,通过字符的 ASCII 码值进行编码和存储,文件的内容由字符组成;二进制文件是通过二进制码进行编码和存储的,直接把内存数据以二进制的形式保存。例如,整数 1234,文本文件保存形式为 49 50 51 52(即 4 个字符'1','2','3','4'),而二进制文件保存形式为 04D2(即 1234 的二进制数)。

以上两种形式各有其特点。文件存储量大、速度慢且便于对字符操作。而二进制文件的特点是存储量小、速度快,便于存放中间结果。

实际上,计算机中所有的数据在文件中都是以二进制形式存储的,分为两种类型是为了适应不同的场合。文本文件是由 ASCII 表中可打印字符组成的,因此,文本文件便于阅读和理解。而二进制文件的每字节并不一定是可打印字符,不能直接以字符形式输出,但有利于节省存储空间和转换时间。

10.1.3 文件缓冲区

C 语言将文件系统分为缓冲文件系统和非缓冲文件系统。

缓冲文件系统,是高级文件系统,系统自动为正在使用的文件开辟内存缓冲区。而非缓冲文件系统,是低级文件系统,由用户在程序中为每个文件设定缓冲区。

缓冲文件系统以输入流操作为例,在程序与文件间的传输通道上设置了一个缓冲区。文件中的数据将以成块方式复制到缓冲区;程序需要读入数据时就由缓冲区读取,不必每次访问外存。如果程序要求读取数据时缓冲区的数据已用完,系统就会自动执行一个内部操作,从文件里取得一批数据,将缓冲区重新填满。此后,程序又可以按照正常方式读取数据了。缓冲方式可以较好地弥合程序与外存在数据操作方式和速度方面的差距。输出操作的处理方式与此类似,只是方向相反:每当缓冲区装满后自动执行一次对文件的成块写操作。

标准库文件操作函数实现缓冲式的输入输出功能。在打开文件时,系统自动为所创建的流建立一个缓冲区(一般通过动态存储分配),文件与程序间的数据传递都通过这个缓冲区进行。文件关闭时释放缓冲区。

10.1.4 文件类型指针

缓冲文件系统为每个使用的文件在内存开辟文件信息区,用以存放文件的有关信息(如文件的名字、文件状态及文件当前位置等)。文件信息用系统定义的名为 FILE 的结构体(在 stdio.h 中用 typedef 定义)描述。

```
typedef struct
{
int   _fd;      /* 文件号 */
int   _cleft;   /* 缓冲区中剩下的字符数 */
int   _mode;    /* 文件操作方式 */
char  *_next;   /* 文件当前读写位置 */
char  *_buff;   /* 文件缓冲区位置 */
}FILE;
```

一般设置一个指向 FILE 类型变量的指针变量,来引用 FILE 类型变量,定义文件指针的方法如下。

```
FILE * fp;
```

文件打开时,系统自动建立文件结构体,并把指向它的指针返回,程序通过这个指针获得文件信息,并访问文件。当文件关闭时,文件结构体被释放。

注意:同时使用多个文件时,每个文件都有自己的缓冲区,用不同的文件指针分别指示。

节后练习

1. 什么是文件型指针?通过文件型指针访问文件有什么好处?
2. 文件的分类有哪些?什么是文件缓冲区?
3. 在 C 中若按照数据的格式划分,文件可分为(　　　)。
   A. 程序文件和数据文件　　　　　　B. 磁盘文件和设备文件
   C. 二进制文件和文本文件　　　　　D. 顺序文件和随机文件

◆ 10.2　打开与关闭文件

10.2.1　用 fopen() 函数打开数据文件

在 C 语言中,操作文件之前需要先打开文件,即让程序和文件建立连接的过程。打开文件之后,程序可以得到文件的相关信息,如大小、类型、权限、创建者、更新时间等。同时,在后续操作文件的过程中,程序可以记录当前读写到的文件位置,下次可以在此基础上继续操作。

使用<stdio.h>头文件中的 fopen() 函数即可打开文件,它的用法为

```
FILE * fopen(char * filename, char * mode);
```

其中,filename 表示为文件名(包括文件路径),mode 为打开方式,filename 和 mode 都是字符串。

fopen() 函数会获取文件信息,包括文件名、文件状态、当前读写位置等,并将这些信息保存到一个 FILE 类型的结构体变量中,并将该变量的地址返回。如果希望接收 fopen() 函数的返回值,就需要定义一个 FILE 类型的指针。例如:

```
FILE * fp = fopen("file.txt", "r");
FILE * fp = fopen("C:\\file1.txt","rb+");
```

第一行表示以"只读"方式打开当前目录下的 file.txt 文件,并使 fp 指向该文件,这样就可以通过 fp 来操作 file.txt 了。fp 通常被称为文件指针。

第二行表示以二进制方式打开 C 盘下的 file1.txt 文件,允许读和写。

打开文件出错时,fopen() 将返回一个空指针,也就是 NULL,通过返回值来判断文件是

否打开成功。例如,通过判断 fopen()的返回值是否和 NULL 相等来判断是否打开失败:
如果 fopen()的返回值为 NULL,那么 fp 的值也为 NULL,此时 if 的判断条件成立,表示文
件打开失败。

```
FILE * fp;
if((fp=fopen("C:\\file1.txt","rb")) == NULL){
    printf("Fail to open file!\n");
    exit(0);           //退出程序(结束程序)
}
```

不同的文件操作需要不同的文件权限。另外,文件也有不同的类型,按照数据的存储方
式可以分为二进制文件和文本文件,它们的操作细节是不同的。在调用 fopen()函数时,这
些信息都必须提供,称为"文件打开方式"。最基本的文件打开方式有以下几种,如表 10-1
所示。

表 10-1 文件打开方式

控制读写权限的字符串	
打开方式	说　明
"r"	以"只读"方式打开文件。只允许读取,不允许写入。文件必须存在,否则打开失败
"w"	以"写入"方式打开文件。如果文件不存在,则创建一个新文件;如果文件存在,则清空文件内容
"a"	以"追加"方式打开文件。如果文件不存在,则创建一个新文件;如果文件存在,则将写入的数据追加到文件的末尾
"r+"	以"追加"方式打开文件。如果文件不存在,则创建一个新文件;如果文件存在,则将写入的数据追加到文件的末尾
"w+"	以"写入/更新"方式打开文件,相当于 w 和 r+叠加的效果。既可以读取也可以写入,也就是随意更新文件。如果文件不存在,则创建一个新文件;如果文件存在,则清空文件内容
"a+"	以"追加/更新"方式打开文件,相当于 a 和 r+叠加的效果。既可以读取也可以写入,也就是随意更新文件。如果文件不存在,则创建一个新文件;如果文件存在,则将写入的数据追加到文件的末尾
控制读写方式的字符串	
打开方式	说　明
"t"	文本文件。如果不写,默认为"t"
"b"	二进制文件

说明:

(1) 调用 fopen() 函数时必须指明读写权限,但是可以不指明读写方式(此时默认为"t")。

(2) 读写权限和读写方式可以组合使用,但是必须将读写方式放在读写权限的中间或
者尾部,如"rb""a+t""rb+"。

10.2.2　用 fclose()函数关闭数据文件

文件一旦使用完毕,应该用 fclose()函数把文件关闭,以释放相关资源,避免数据丢失。

fclose()函数的用法为

```
int fclose(FILE * fp);
```

fp 为文件指针。例如：

```
fclose(fp);
```

文件正常关闭时,fclose()函数的返回值为 0,如果返回非零值则表示有错误发生。例如：

```
#include <stdio.h>
#include <stdlib.h>

#define N 100

int main() {
    FILE * fp;
    char str[N + 1];

    //判断文件是否打开失败
    if ((fp = fopen("c:\\file1.txt", "rt")) == NULL) {
        puts("Fail to open file!");
        exit(0);
    }

    //循环读取文件的每一行数据
    while(fgets(str, N, fp) != NULL) {
        printf("%s", str);
    }

    //操作结束后关闭文件
    fclose(fp);
    return 0;
}
```

节后练习

1. 对文件的打开与关闭的含义是什么？为什么要打开和关闭文件？
2. 执行如下程序段后,则磁盘上生成文件的文件名是(　　)。

```
#include <stdio.h>
FILE * fp;
Fp = fopen("filename", "w");
```

　　A. filename　　　　B. filename.txt　　　　C. filename.dat　　　　D. filename.c

3. 在 C 语言中,下面对文件的叙述正确的是(　　)。

　　A. 用"r"方式打开的文件只能用于向文件写数据

　　B. 用"R"方式打开的文件只能用于向文件读数据

C. 用"w"方式打开的文件只能用于向文件写数据,且该文件可以不存在

D. 用"a"方式打开的文件可以用于从文件读数据

◈ 10.3 顺序读写数据文件

10.3.1 以字符形式读写文件

在 C 语言中,读写文件比较灵活,既可以每次读写一个字符,也可以读写一个字符串,甚至是任意字节的数据(数据块)。本节介绍以字符形式读写文件。

以字符形式读写文件时,每次可以从文件中读取一个字符,或者向文件中写入一个字符。主要使用两个函数,分别是 fgetc() 和 fputc()。

1. 字符读取函数 fgetc()

fgetc 是 file get char 的缩写,意思是从指定的文件中读取一个字符。fgetc()函数的用法为

```
int fgetc (FILE * fp);
```

fp 为文件。fgetc()函数读取成功时返回读取到的字符,读取到文件末尾或读取失败时返回 EOF。EOF 是 End Of File 的缩写,表示文件末尾,是在 stdio.h 中定义的宏,它的值是一个负数,往往是−1。

fgetc()函数的用法举例:

```
char ch;
FILE * fp = fopen("demo.txt", "r+");
ch = fgetc(fp);
```

表示从 demo.txt 文件中读取一个字符,并保存到变量 ch 中。

在文件内部有一个位置指针,用来指向当前读写到的位置,也就是读写到第几字节。在文件打开时,该指针总是指向文件的第一字节。使用 fgetc()函数后,该指针会向后移动 1B,所以可以连续多次使用 fgetc()函数读取多个字符。

例如:

```
#include <stdio.h>
int main(){
    FILE * fp;
    char ch;

    //如果文件不存在,给出提示并退出
    if((fp=fopen("demo.txt","rt")) == NULL){
        puts("Fail to open file!");
        exit(0);
    }

    //每次读取 1B,直到读取完毕
    while((ch=fgetc(fp)) != EOF){
        putchar(ch);
    }
```

```
    putchar('\n');          //输出换行符

    fclose(fp);
    return 0;
}
```

注意：EOF 表示文件末尾，意味着文件读取结束。然而，在部分函数读取出错时也返回 EOF。在 C 语言中，通过使用 stdio.h 中的两个函数来判断文件是读取完毕还是读取出错，分别是 feof() 和 ferror()。

（1）feof() 函数用来判断文件内部指针是否指向了文件末尾，它的原型是：

```
int feof (FILE * fp);
```

当指向文件末尾时返回非零值，否则返回零值。

（2）ferror() 函数用来判断文件操作是否出错，它的原型是：

```
int ferror (FILE * fp);
```

出错时返回非零值，否则返回零值。

2. 字符写入函数 fputc()

fputc 的意思是文件输出字符（file output char），表示向指定的文件中写入一个字符。fputc() 的用法为

```
int fputc (int ch, FILE * fp);
```

其中，ch 为要写入的字符，fp 为文件指针。fputc() 写入成功时返回写入的字符，失败时返回 EOF，返回值类型为 int 也是为了容纳这个负数。例如：

```
fputc('a', fp);
```

或者：

```
char ch = 'a';
fputc(ch, fp);
```

表示把字符'a'写入 fp 所指向的文件中。

注意：

（1）被写入的文件可以用写、读写、追加方式打开，用写或读写方式打开一个已存在的文件时将清除原有的文件内容，并将写入的字符放在文件开头。如需保留原有文件内容，并把写入的字符放在文件末尾，就必须以追加方式打开文件。不管以何种方式打开，被写入的文件若不存在时则创建该文件。

（2）每写入一个字符，文件内部位置指针向后移动 1B。

例如：

```
#include <stdio.h>
int main(){
    FILE * fp;
```

```
    char ch;
    //判断文件是否成功打开
    if((fp=fopen("demo.txt","wt+")) == NULL){
        puts("Fail to open file!");
        exit(0);
    }

    printf("Input a string:\n");
    //每次从键盘读取一个字符并写入文件
    while ((ch=getchar()) != '\n'){
        fputc(ch,fp);
    }
    fclose(fp);
    return 0;
}
```

10.3.2 以字符串形式读写文件

1. 读字符串函数 fgets()

fgets()函数用来从指定的文件中读取一个字符串,并保存到字符数组中,它的用法为

```
char * fgets (char * str, int n, FILE * fp);
```

str 为字符数组,n 为要读取的字符数目,fp 为文件指针。当函数读取成功时返回字符数组首地址,也即 str;读取失败时返回 NULL;如果开始读取时文件内部指针已经指向了文件末尾,那么将读取不到任何字符,也返回 NULL。

函数读取到的字符串会在末尾自动添加'\0',n 个字符也包括'\0'。也就是说,实际只读取到了 n−1 个字符,如果希望读取 100 个字符,n 的值应该为 101。例如:

```
#define N 101
char str[N];
FILE * fp =fopen("demo.txt","r");
fgets(str, N, fp);
```

表示从文件 demo.txt 中读取 100 个字符,并保存到字符数组 str 中。

注意:在读取到 n−1 个字符之前如果出现了换行,或者读到了文件末尾,则读取结束。这就意味着,不管 n 的值多大,fgets()函数最多只能读取一行数据,不能跨行。在 C 语言中,没有按行读取文件的函数,但可以借助 fgets()函数,将 n 的值设置得足够大,每次就可以读取一行数据。

例如:

```
#include <stdio.h>
#include <stdlib.h>
#define N 100
int main(){
    FILE * fp;
    char str[N+1];
    if((fp=fopen("demo.txt","rt")) == NULL){
```

```
        puts("Fail to open file!");
        exit(0);
    }

    while(fgets(str, N, fp) != NULL){
        printf("%s", str);
    }

    fclose(fp);
    return 0;
}
```

2. 写字符串函数 fputs()

fputs()函数用来向指定的文件写入一个字符串,它的用法为

```
int fputs(char * str, FILE * fp);
```

str 为要写入的字符串,fp 为文件指针。如果写入成功返回非负数,失败返回 EOF。例如:

```
char * str = "dlut";
FILE * fp = fopen("demo.txt", "at+");
fputs(str, fp);
```

表示把字符串 str 写入 demo.txt 文件中。

例如:

```
#include <stdio.h>
int main(){
    FILE * fp;
    char str[102] = {0}, strTemp[100];
    if((fp=fopen("demo.txt", "at+")) == NULL){
        puts("Fail to open file!");
        exit(0);
    }
    printf("Input a string:");
    gets(strTemp);
    strcat(str, "\n");
    strcat(str, strTemp);
    fputs(str, fp);
    fclose(fp);
    return 0;
}
```

10.3.3　用格式化方式读写文本文件

fscanf()和 fprintf()函数与前面使用的 scanf()和 printf()函数功能相似,都是格式化读写函数,两者的区别在于 fscanf()和 fprintf()函数的读写对象不是键盘和显示器,而是磁

盘文件。

这两个函数的原型为

```
int fscanf (FILE * fp, char * format, …);
int fprintf (FILE * fp, char * format, …);
```

其中,fp 为文件指针,format 为格式控制字符串,…表示参数列表。与 scanf() 和 printf() 函数相比,它们仅多了一个 fp 参数。例如:

```
FILE * fp;
int i, j;
char * str, ch;
fscanf(fp,"%d %s",&i, str);
fprintf(fp, "%d %c", j, ch);
```

fprintf() 函数返回成功写入的字符的个数,失败则返回负数。fscanf() 函数返回参数列表中被成功赋值的参数个数。

10.3.4 以数据块形式读写文件

fgets() 函数有局限性,每次最多只能从文件中读取一行内容,因为 fgets() 函数遇到换行符就结束读取。如果希望读取多行内容,需要使用 fread() 函数;相应地,写入函数为 fwrite()。

fread() 函数用来从指定文件中读取块数据。所谓块数据,也就是若干字节的数据,可以是一个字符,可以是一个字符串,可以是多行数据,并没有什么限制。fread() 函数的原型为

```
size_t fread(void * ptr, size_t size, size_t count, FILE * fp);
```

fwrite() 函数用来向文件中写入块数据,它的原型为

```
size_t fwrite(void * ptr, size_t size, size_t count, FILE * fp);
```

其中,参数 ptr 为内存区块的指针,它可以是数组、变量、结构体等。fread() 函数中的 ptr 用来存放读取到的数据,fwrite() 函数中的 ptr 用来存放要写入的数据。size 表示每个数据块的字节数;count 表示要读写的数据块的块数;fp 表示文件指针。函数 fread、fwrite 每次读写 size×count 字节的数据。size_t 是在 stdio.h 和 stdlib.h 头文件中使用 typedef 定义的数据类型,表示无符号整数,也即非负数,常用来表示数量。

当运行成功时,函数返回成功读写的块数,也即 count。如果返回值小于 count,则:

(1) 对于 fwrite() 函数来说,肯定发生了写入错误,可以用 ferror() 函数检测。

(2) 对于 fread() 函数来说,可能读到了文件末尾,可能发生了错误,可以用 ferror() 函数或 feof() 函数检测。

10.3.5 标准机理

本节研究一个典型的概念模型,分析标准的工作机理。

通常,使用标准 I/O 的第一步是调用 fopen()函数打开文件。fopen()函数不仅打开一个文件,还创建了一个缓冲区(在读写模式下会创建两个缓冲区)以及一个包含文件和缓冲区数据的结构。另外,fopen()函数返回一个指向该结构的指针,以便其他函数知道如何找到该结构。假设把该指针赋给一个指针变量 fp,我们说 fopen()函数"打开一个流"。如果以文本模式打开该文件,就获得一个文本流;如果以二进制模式打开该文件,就获得一个二进制流。

这个结构通常包含一个指定流中当前位置的文件位置指示器。除此之外,它还包含错误和文件结尾的指示器、一个指向缓冲区开始处的指针、一个文件标识符和一个计数(统计实际复制进缓冲区的字节数)。

我们主要考虑文件输入。通常,第二步是调用一个定义在 stdio.h 中的输入函数,如 fscanf()、getc()或 fgets()函数。一调用这些函数,文件中的数据块就被复制到缓冲区中。缓冲区的大小因实现而异,一般是 512B 或是它的倍数,如 4096 或 16 384(随着计算机硬盘容量越来越大,缓冲区的大小也越来越大)。最初调用函数,除了填充缓冲区外,还要设置 fp 所指向的结构中的值。尤其要设置流中的当前位置和复制进缓冲区的字节数。通常,当前位置从字节 0 开始。

在初始化结构和缓冲区后,输入函数按要求从缓冲区中读取数据。在它读取数据时,文件位置指示器被设置为指向刚读取字符的下一个字符。由于 stdio.h 系列的所有输入函数都使用相同的缓冲区,所以调用任何一个函数都将从上一次函数停止调用的位置开始。

当输入函数发现已读完缓冲区中的所有字符时,会请求把下一个缓冲大小的数据块从文件复制到该缓冲区中。以这种方式,输入函数可以读取文件中的所有内容,直到文件结尾。函数在读取缓冲区中的最后一个字符后,把结尾指示器设置为真。于是,下一次被调用的输入函数将返回 EOF。

输出函数以类似的方式把数据写入缓冲区。当缓冲区被填满时,数据将被复制至文件中。

10.3.6　程序举例

示例 1:用 fscanf()和 fprintf()函数来完成对学生信息的读写。
编写程序:

```
#include <stdio.h>
#define N 2

struct stu{
    char name[10];
    int num;
    int age;
    float score;
} boya[N], boyb[N], * pa, * pb;

int main(){
    FILE * fp;
    int i;
```

```
        pa=boya;
        pb=boyb;
        if((fp=fopen("D:\\demo.txt","wt+")) == NULL){
            puts("Fail to open file!");
            exit(0);
        }

        //从键盘读入数据,保存到 boya
        printf("Input data:\n");
        for(i=0; i<N; i++,pa++){
            scanf("%s %d %d %f", pa->name, &pa->num, &pa->age, &pa->score);
        }
        pa = boya;
        //将 boya 中的数据写入文件
        for(i=0; i<N; i++,pa++){
            fprintf(fp,"%s %d %d %f\n", pa->name, pa->num, pa->age, pa->score);
        }
        //重置文件指针
        rewind(fp);
        //从文件中读取数据,保存到 boyb
        for(i=0; i<N; i++,pb++){
            fscanf(fp, "%s %d %d %f\n", pb->name, &pb->num, &pb->age, &pb->score);
        }
        pb=boyb;
        //将 boyb 中的数据输出到显示器
        for(i=0; i<N; i++,pb++){
            printf("%s  %d  %d  %f\n", pb->name, pb->num, pb->age, pb->score);
        }

        fclose(fp);
        return 0;
    }
```

运行结果:

```
Input data:
Jin 2 25 91.5
Zhou 1 24 99
Jin   2   25   91.500000
Zhou  1   24   99.000000
```

说明:如果将 fp 设置为 stdin,那么 fscanf()函数将会从键盘读取数据,与 scanf()函数的作用相同;设置为 stdout,那么 fprintf()函数将会向显示器输出内容,与 printf()函数的作用相同。例如:

```
#include <stdio.h>
int main(){
    int a, b, sum;
```

```
        fprintf(stdout, "Input two numbers: ");
        fscanf(stdin, "%d %d", &a, &b);
        sum = a + b;
        fprintf(stdout, "sum=%d\n", sum);
        return 0;
    }
```

示例 2：已知一个数据文件 f.txt 中保存了 5 个学生的计算机等级考试成绩，包括学号、姓名和分数，文件内容如下，请将文件的内容读出并显示到屏幕中。

301101	张文	91
301102	陈慧	85
301103	王卫东	76
301104	郑伟	69
301105	郭温涛	55

编写程序：

```
#include <stdio.h>
int main(void){
    FILE * fp;                              /*定义文件指针*/
    long num;
    char stname[20];
    int score;
    if((fp = fopen("f.txt", "r")) == NULL){    /*打开文件*/
        printf("File open error!\n");
        exit(0);
    }
    while(!feof(fp)){
    fscanf(fp, "%ld%s%d", &num, stname, &score);
        printf("%ld%s %d\n", num, stname, score);
    };
    if(fclose(fp)){                          /*关闭文件*/
    printf("Can not close the file!\n");
    exit(0);
    }
}
```

节后练习

1. 简述文本文件和二进制文件之间的区别。

2. 如何对一个字符、一个字符串进行读写？

3. 在 C 中，假设文件型指针 fp 已经指向可写的磁盘文件，并且正确执行了函数调用 fputc('A',fp)，则该次调用后函数返回的值是（　　）。

　　A. 字符'A'或整数 65　　　　B. 符号常量 EOF　　　　C. 整数 1　　　D. 整数−1

4. 如果要将存放在双精度数组 a[10]中的 10 个双精度型实数写入文件型指针 fp1 指向

的文件中,正确的语句是(　　)。

  A. for(i=0;i<80;i++) fputc(a[i],fp1);

  B. for(i=0;i<10;i++) fputc(&a[i],fp1);

  C. for(i=0;i<10;i++) fwrite(&a[i],8,1,fp1);

  D. fwrite(fp1,8,10,a);

◈ 10.4　随机读写数据文件

  前面介绍的文件读写函数都是顺序读写,即读写文件只能从头开始,依次读写各个数据。但在实际开发中经常需要读写文件的中间部分,要解决这个问题,就得先移动文件内部的位置指针,再进行读写。这种读写方式称为随机读写,也就是说,从文件的任意位置开始读写。

  实现随机读写的关键是要按要求移动位置指针,这称为文件的定位。

  可以强制使文件位置标记指向人们指定的位置,可以用以下函数实现。

1. 用 rewind()函数使文件位置标记指向文件开头

```
void rewind (FILE * fp);
```

rewind()函数的作用是使文件位置标记指向文件开头。

2. 用 fseek()函数改变文件位置标记

fseek()函数的调用形式为

```
int fseek (FILE * fp, long offset, int origin);
```

其中,fp 为文件指针,即被移动的文件;offset 为偏移量,即要移动的字节数,offset 为正时,向后移动,offset 为负时,向前移动;origin 为起始位置,即从何处开始计算偏移量。C 语言规定的起始位置有三种,分别为文件开头、当前位置和文件末尾,每个位置都用对应的常量来表示(表 10-2)。

表 10-2　C 标准指定的名字

起 始 点	常 量 名	常 量 值
文件开始位置	SEEK_SET	0
文件当前位置	SEEK_CUR	1
文件末尾位置	SEEK_END	2

  “位移量”指以“起始点”为基点,向前移动的字节数。位移量应是 long 型数据(在数字的末尾加一个字母 L,就表示是 long 型)。若成功,fseek()函数的返回值为 0;如果出现错误(如试图移动的距离超过文件的范围),其返回值为−1。

  fseek()函数一般用于二进制文件。例如,把文件指针移动到离文件开头 100B 处:

```
fseek(fp,100,0);
```

3. 用 ftell( )函数测定文件位置标记的当前位置

ftell( )函数的作用是得到流式文件中文件位置标记的当前位置。

```
long int ftell(FILE * fp)
```

常用 ftell( )函数得到当前位置,用相对于文件开头的位移量来表示。如果调用函数时出错(如不存在 fp 指向的文件),ftell( )函数返回值为-1。

4. fgetpos( )和 fsetpos( )函数

fseek( )和 ftell( )函数潜在的问题是,它们都把文件大小限制在 long 类型能表示的范围内。也许 20 亿字节看起来相当大,但是随着存储设备的容量迅猛增长,文件也越来越大。鉴于此,ANSI C 新增了两个处理较大文件的新定位函数 fgetpos( )和 fsetpos( )。这两个函数不使用 long 类型的值表示位置,它们使用一种新类型 fpos_t(代表 file position type,文件定位类型)。fpos_t 类型不是基本类型,它根据其他类型来定义。fpos_t 类型的变量或数据对象可以在文件中指定一个位置,它不能是数组类型,除此之外,没有其他限制。实现可以提供一个满足特殊平台要求的类型,例如,fpos_t 可以实现为结构。

ANSI C 定义了如何使用 fpos_t 类型。fgetpos( )函数的原型如下。

```
int fgetpos(FILE * restrict stream, fpos_t * restrict pos);
```

调用该函数时,它把 fpos_t 类型的值放在 pos 指向的位置上,该值描述了文件中的一个位置。如果成功,fgetpos( )函数返回 0;如果失败,返回非 0。

fsetpos( )函数的原型如下。

```
int fsetpos(FILE * stream, const fpos_t * pos);
```

调用该函数时,使用 pos 指向位置上的 fpos_t 类型值来设置文件指针指向该值指定的位置。如果成功,fsetpos( )函数返回 0;如果失败,则返回非 0。fpos_t 类型的值应通过之前调用 fgetpos( )函数获得。

◇ 10.5　文件读写的出错检测

C 提供一些函数用来检查输入输出函数调用时可能出现的错误。

1. ferror( )函数

ferror( )函数用来检查文件在用各种输入输出函数进行读写操作时是否出错,若返回值为 0,表示未出错,否则表示出现错误。其格式为

```
ferror(fp);
```

如果 ferror 返回值为 0(假),表示未出错;如果返回一个非零值,表示出错。

对同一个文件每一次调用输入输出函数,都会产生一个新的 ferror( )函数值。因此,应当在调用一个输入输出函数后立即检查 ferror( )函数的值,否则信息会丢失。

在执行 fopen( )函数时,ferror( )函数的初始值自动置为 0。

2. clearerr()函数

clearerr()函数用来清除出错标志和文件结束标志,使它们为 0。其格式为

```
void clearerr(FILE * stream)
```

10.6 其 他 函 数

1. int ungetc()函数

ungetc()函数的原型如下。

```
int ungetc(int c,FILE * fp);
```

int ungetc()函数把 c 指定的字符放回输入流中。如果把一个字符放回输入流,下次调用标准输入函数时将读取该字符。例如,假设要读取下一个冒号之前的所有字符,但是不包括冒号本身,可以使用 getchar()或 getc()函数读取字符到冒号,然后使用 ungetc()函数把冒号放回输入流中。ANSI C 标准保证每次只会放回一个字符。如果实现允许把一行中的多个字符放回输入流,那么下一次输入函数读入的字符顺序与放回时的顺序相反。

2. int fflush()函数

fflush()函数的原型如下。

```
int fflush(FILE * fp);
```

调用 fflush()函数引起输出缓冲区中所有的未写入数据被发送到 fp 指定的输出文件,这个过程称为刷新缓冲区。如果 fp 是空指针,所有输出缓冲区都被刷新。在输入流中使用fflush()函数的效果是未定义的。只要最近一次操作不是输入操作,就可以用该函数来更新流(任何读写模式)。

3. int setvbuf()函数

setvbuf()函数的原型如下。

```
int setvbuf(FILE * restrict fp, char * restrict buf, int mode, size_t size);
```

setvbuf()函数创建了一个供标准 I/O 函数替换使用的缓冲区。在打开文件后且未对流进行其他操作之前,调用该函数。指针 fp 识别待处理的流,buf 指向待使用的存储区。如果 buf 的值不是 NULL,则必须创建一个缓冲区。例如,声明一个内含 1024 个字符的数组,并传递该数组的地址。然而,如果把 NULL 作为 buf 的值,该函数会为自己分配一个缓冲区。变量 size 告诉 setvbuf()数组的大小(size_t 是一种派生的整数类型)。mode 的选择如下:_IOFBF 表示完全缓冲(在缓冲区满时刷新);_IOLBF 表示行缓冲(在缓冲区满时或写入一个换行符时);_IONBF 表示无缓冲。如果操作成功,函数返回 0,否则返回一个非零值。

假设一个程序要存储一种数据对象,每个数据对象的大小是 3000B,可以使用 setvbuf()函数创建一个缓冲区,其大小是该数据对象大小的倍数。

场景案例

我们根据加密过的名单解密获得最后的伤员名单。试使用本章所学知识,将最终得到的伤员名单保存到计算机中的 qbozbp.txt 文件中以备份。

企业案例

华为是全球领先的信息与通信基础设施和智能终端提供商,致力于把数字世界带入每个人、每个家庭、每个组织,构建万物互联的智能世界。任正非将公司起名"华为",寓意"中华有为",并愿为中华的崛起而为之。近几年,华为致力于打造中国品牌,创新助力,引领标准。

在上海交通大学发表的《任正非座谈纪要》中,华为已经制定了自己的战略计划,开始重视国内人才的培养,希望以人才培养为主要方向,继续走自主创新路线。2021 年 10 月,华为举行主题为"没有退路就是胜利之路"的军团组建大会。智慧公路军团、海关和港口军团、智能光伏军团、数据中心能源军团,再加上 2021 年 2 月已经组建的煤矿军团,共同组成了华为的五大"军团"。大会上,任正非发表讲话:"我认为和平是打出来的,我们要艰苦奋斗,英勇牺牲,打出一个未来 30 年的和平环境……让任何人都不敢再欺负我们……历史会记住你们的,等我们同饮庆功酒那一天,于无声处听惊雷!"华为五大军团的员工则高声回应:"华为必胜,必胜,必胜!"

"关键核心技术必须牢牢掌握在我们自己手中。"2020 年 9 月 17 日,习近平总书记在湖南长沙考察调研时,再次强调了一个国家、一个民族掌握关键核心技术的重要性。"卡脖子"让人难受,却也是绝地反击的强大驱动力。北斗三号全球卫星导航系统正式开通,多款新冠疫苗研发取得重大突破,5G 商用率先大规模铺开……我国在掌握关键核心技术、开启科技事业新局面的征程上,已迈出了坚实的步伐。既然选择了前行,就唯有风雨兼程!

华为云是华为公司旗下专注于云计算中公有云领域的技术研究与生态拓展,致力于为用户提供一站式云计算基础设施服务。它立足于互联网领域,提供包括云主机、云托管、云存储等基础云服务、超算、内容分发与加速、视频托管与发布、企业 IT、云计算机、云会议、游戏托管、应用托管等服务和解决方案。用户可以通过注册用户及登录并按量付费使用华为云服务。

其中,基础的功能是用户注册和登录功能。这两个功能的实现,本质上是与数据库的连接。用户注册功能,将新建用户的用户名和密码保存在数据库中;用户登录功能,将用户输入的用户名和密码与数据库中的用户名和密码进行匹配,若相同,则登录成功,否则登录失败。

本章所学习到的知识可以简单实现该功能。编写一程序,新建用户输入用户名和密码保存到文件中。当用户进行登录时,在文件中搜索用户名,若不存在该用户名,显示"用户名不存在"。用户名存在,继续比较密码,若相同,则显示"登录成功",否则显示"密码错误"。

前沿案例

深度学习是学习样本数据的内在规律和表示层次,这些学习过程中获得的信息对诸如文字、图像和声音等数据的解释有很大的帮助。它的最终目标是让机器能够像人一样具有分析学习能力,能够识别文字、图像和声音等数据。

深度学习在搜索技术、数据挖掘、机器学习、机器翻译、自然语言处理、多媒体学习、语音、推荐和个性化技术,以及其他相关领域都取得了很多成果。深度学习使机器模仿视听和思考等人类的活动,解决了很多复杂的模式识别难题,使得人工智能相关技术取得了很大进步。

在深度学习训练模型之前,应该先获得要用的数据集,数据集通常需要保存到文本文件之中(例如 CSV、TXT、JSON 等),这要求我们对数据集实现读取。

编写一程序,输入字符串即文件名,输出 CSV 文件的行数、列数及数据的二维数组,以此实现对 CSV 文件的读取。

易错盘点

(1) C 语言把文件看作一个字符(或字节)的序列,即由一个一个字符(或字节)的数据顺序组成。一个输入输出流就是一个字符流或字节(内容为二进制数据)流。

(2) 标准库的流分为两类:正文流(或称为字符流)和二进制流。正文流把文件看作行的序列,每行包含 0 个或多个字符,一行的最后有换行符号'\n'。二进制流操作保证,在写入文件后再以同样方式读回,信息的形式和内容都不改变。

(3) 文件分类:根据数据的组织形式,数据文件可分为 ASCII 文件和二进制文件。数据在内存中是以二进制形式存储的,如果不加转换地输出到外存,就是二进制文件,可以认为它就是存储在内存的数据的映像,所以也称之为映像文件。如果要求在外存上以 ASCII 代码形式存储,则需要在存储前进行转换。ASCII 文件又称文本文件,每字节存放一个字符的 ASCII 代码。

(4) 缓冲文件系统:是指系统自动地在内存区为程序中每一个正在使用的文件开辟一个文件缓冲区。每一个文件在内存中只有一个缓冲区,在向文件输出数据时,它就作为输出缓冲区,在从文件输入数据时,它就作为输入缓冲区。

(5) 文件类型指针:每个被使用的文件都在内存中开辟一个相应的文件信息区,用来存放文件的有关信息(如文件的名字、文件状态及文件当前位置等)。这些信息是保存在一个结构体变量中的。该结构体类型是由系统声明的,取名为 FILE。指向文件的指针变量并不是指向外部介质上的数据文件的开头,而是指向内存中的文件信息区的开头。

(6) 打开与关闭文件:"打开"是指为文件建立相应的信息区(用来存放有关文件的信息)和文件缓冲区(用来暂时存放输入输出的数据);"关闭"是指撤销文件信息区和文件缓冲区,使文件指针变量不再指向该文件。

(7) 用 fopen()函数打开数据文件,文件可按只读、只写、读写、追加 4 种操作方式打开,同时还必须指定文件的类型是二进制文件还是文本文件;用 fclose()函数关闭数据文件。

(8) 顺序读写:文件可按字符(fgetc()、fputc())、字符串(fgets()、fputs())、数据块(fread()、fwrite())为单位读写,文件也可按指定的格式(fscanf()、fprintf())进行读写。

(9) 随机读写:rewind()函数使文件位置标记指向文件开头;fseek()函数改变文件位置标记;ftell()函数测定文件位置标记的当前位置。

(10) 文件读写的出错检测:ferror()函数对输入输出函数检查是否出错;clearerr()函数的作用是使文件出错标志和文件结束标志置为 0。

知识拓展

实际开发中,有时候需要先获取文件大小再进行下一步操作。C 语言没有提供获取文件大小的函数,要想实现该功能,必须自己编写 ftell() 函数。

ftell() 函数用来获取文件内部指针(位置指针)距离文件开头的字节数,它的原型为

```
long int ftell(TILE * fp);
```

注意:fp 要以二进制方式打开,如果以文本方式打开,函数的返回值可能没有意义。先使用 fseek() 函数将文件内部指针定位到文件末尾,再使用 ftell() 函数返回内部指针距离文件开头的字节数,这个返回值就等于文件的大小。请看下面的代码。

```
long fsize(FILE * fp)
{
    fseek(fp,0,SEEK_END);
    return ftell(fp);
}
```

这段代码并不健壮,它移动了文件内部指针,可能会导致接下来的文件操作错误。
例如:

```
long size=fsize(fp);
fread(buffer,1,1,fp);
```

fread() 函数将永远取不到内容。所以,获取到文件大小后还需要恢复文件内部指针,请看下面的代码。

```
long fsize(FILE * fp)
{
    long n;
    fpos_t fpos;                //当前位置
    fgetpos(fp, &fpos);         //获取当前位置
    fseek(fp, 0, SEEK_END);
    n = ftell(fp);
    fsetpos(fp,&fpos);          //恢复之前的位置
    return n;
}
```

完整的示例如下。

```
#include <stdio.h>
#include <stdlib.h>
#include <conio.h>

long fsize(FILE * fp);

int main()
{
    long size = 0;
```

```
    FILE * fp = NULL;
    char filename[30] = "D:\\demo.mp4";
    if((fp = fopen(filename, "rb")) == NULL)
    {   //以二进制方式打开文件
        printf("Failed to open %s...", filename);
        getch();
        exit(EXIT_SUCCESS);
    }

    printf("%ld\n", fsize(fp));
      return 0;
}

long fsize(FILE * fp)
{
    long n;
    fpos_t fpos;                 //当前位置
    fgetpos(fp, &fpos);          //获取当前位置
    fseek(fp, 0, SEEK_END);
    n = ftell(fp);
    fsetpos(fp,&fpos);           //恢复之前的位置
    return n;
}
```

翻转课堂

背景与思考

几年前,卡耐基·梅隆大学的计算机科学系有一个常规性的小型编程竞赛,参赛对象是刚入学的研究生。竞赛的目的是让这些新的研究人员得到一些关于计算机科学系的直接经验,并让他们展现自己的强大潜力。卡耐基·梅隆大学在计算机领域的研究历史悠久,可以追溯到计算机的先驱时代,它在这个领域所取得的成就可以说是非同凡响。所以,卡耐基·梅隆大学举办的编程竞赛,其水准可想而知。

比赛的形式每年都不一样,其中有一年非常简单。参赛者必须读入一个文件(文件的内容是一些数值),并打印这些数值的平均数。只有下面这两个规则。

(1) 程序的运行速度要尽可能快。

(2) 程序必须用 Pascal 或 C 编写。

参赛选手的程序集中之后由计算机科学系的一名工作人员分批上交。学生可以自愿上交尽可能多的作品,这可以鼓励非确定随机算法(就是猜测某些数据集的特征,利用猜测结果获得尽可能快的效率)的使用。决定性的规则是:运行时间最短的程序将获胜。

在此,请同学们积极思考,开动脑筋,想一想有什么样的技巧可以使程序运行得更快?

有趣的结果

标准的代码优化技巧包括消除循环、函数代码就地扩展、公共子表达式消除、改进寄存器分配、省略运行时对数组边界的检查、循环不变量代码移动、操作符长度削减(把指数操作转变为乘法操作,把乘法操作转变为移位操作或加法操作等)等。

实际结果非常令人吃惊。其中最快的一个程序,操作系统报告用时为 $-3s$。确实如此——获胜程序的运行时间是负数!第二快的程序用了几毫秒,而排名第三的作品恰好比预期的 10s 稍微少一点。显然,获胜者在编程中作了弊,但他是怎样作弊的呢?评委们在对获胜程序进行仔细审查后,答案揭晓了。

这个运行时间为负的程序充分利用了操作系统。程序员知道进程控制块相对于堆栈底部的存储位置,他用一个指针来访问进程控制块,并用一个非常大的值覆盖"CPU 已使用时间"字段。操作系统未曾想到 CPU 时间会有如此之大,因此错误地以二进制补码方案把这个非常大的数解释为负数。

至于那个费时仅几毫秒的亚军程序得主同样狡猾,他用的方法有所不同。他使用的是竞争规则,而不是怪异的编码。他提交了两个不同的程序,其中一个读入数据,用正常的方法计算平均值,并将答案写入一个文件。第二个程序绝大部分时间都处于睡眠状态,它每隔几秒醒来一次检查答案文件是否已经存在,如果已存在,就打印其结果。第二个程序总共只占用了几毫秒的 CPU 时间。由于参赛者允许递交多个作品,所以这个用时极少的程序就把他推到了亚军的位置。

季军作品所花的时间比预想的最小时间还要稍少一些。该程序的构思最为周详。程序员通过优化机器代码来解决问题,并把指令作为整数数组存储到程序中。由于在程序中覆盖堆栈上的返回地址是非常容易的,所以程序可以跳转到这个整型数组并逐条执行这些指令。所记录的时间如实反映了这些指令解决问题的时间。

章末习题

1. 写一个程序打印九九乘法表。利用格式控制保证表中的各项能很好地对齐。

2. 从键盘输入一个字符串"CLanguage",将其中的小写字母和大写字母互相转换,然后输出到一个文件 test 中保存,输入的字符串以"!"结束。

3. 如果将文件型指针 fp 指向的文件内部指针置于文件尾,正确的语句是( )。

    A. feof(fp);   B. rewind(fp);

    C. fseek(fp,0L,0);   D. fseek(fp,0L,2);

4. 在 C 中,系统自动定义了三个文件指针:标准输入设备文件指针 stdin,默认为键盘;标准输出设备文件指针 stdout,默认为显示器;标准错误输出设备文件指针 stderr,默认为显示器,则函数 fputc(ch,stdout)的功能是( )。

    A. 从键盘输入一个字符给字符变量 ch

    B. 在屏幕上输出字符变量 ch 的值

    C. 将字符变量的值写入文件 stdout 中

    D. 将字符变量 ch 的值赋给 stdout

5. 从 fp 所指向的文件中读取两个整数并分别赋给两个整型变量 a 和 b,正确的形式是( )。

    A. fscanf("%d%d",&a,&b,fp);   B. fscanf(fp,"%d%d",&a,&b);

    C. fscanf("%d%d",a,b,fp);   D. fscanf(fp,"%d%d",a,b);

6. 有 5 个学生,每个学生有 3 门课程的成绩,从键盘输入学生数据(包括学号、姓名、三门课程成绩),计算出平均成绩,将原有数据和计算出的平均分数存放在文件 stud 中。

7. 将第 6 题 stud 文件中的学生数据，按平均分进行排序处理，将已排序的学生数据存入一个新文件 stu_sort 中。

8. 将第 7 题已排序的学生成绩文件进行插入处理。插入一个学生的三门课程成绩，程序先计算新插入学生的平均成绩，然后将它按成绩高低顺序插入，插入后建立一个新文件。

9. 从键盘输入两个学生数据，写入一个文件中，再读出这两个学生的数据显示在屏幕上。

10. 从键盘输入三组学生信息，保存到文件中，然后读取第二个学生的信息。

第11章

程序设计创新实践

◇ 11.1　高校学生健康信息管理系统

11.1.1　题目背景

大学生作为国家高等教育的培养对象和未来社会的建设者,其身体素质和健康状况一直备受关注。近年来,随着全国高校人数的不断增加,国家日益重视大学生群体中存在的健康问题,希望能够建立起完善的高校学生健康监测系统,及时预防某些群体性健康隐患,切实保障同学们的身体健康。

高校人员密集,人员结构复杂,师生来自全国各地,人员流动性大,定期为高校学生提供科学完整的体检服务,有助于建立起一个有效的健康监测和信息管理系统。得益于信息技术的发展和普及,高校可以自行设计并建立符合自身需求和实际情况的健康信息管理系统,及时、精准和全面掌握学生健康状况。通过信息化手段定期掌握校内学生的身体状况,可以给高校的疾病预防工作带来极大的便利。

11.1.2　设计任务

(1) 任务选项功能:界面尽可能的友好,实现人机交互(如文本菜单或图形用户界面)。

(2) 数据输入功能:数据存储采用结构体数组;具有输入提示、分隔符说明、强壮输入等可靠性处理。

(3) 文件操作功能:数据采用文件保存,能够进行文件读/写,并具有读/写失败的处理。

(4) 算法与统计:根据系统设计,实现排序、查找、插入/删除、修改等功能,以及各种分类统计功能。

(5) 数据输出功能:数据采用多种格式输出,如文本显示、表格显示等;或采用图形显示(如 MFC、图形模式 graphics.h 等)。

图 11-1 是一种关系数据模型,可作为参考。

11.1.3　设计要求

(1) 模块化设计结构。

主函数:程序总体框架,输入/输出、调用函数,实现信息传递与流程控制。

管理员信息登录：

ID	登录密码

学生信息记录：

ID 学号	姓名	性别	电话	院系	班级	籍贯	照片 /选作

内科信息记录：

ID	日期：yyyy-mm-dd	血压	心率	心肺呼吸道	腹部

外科信息记录：

ID	日期：yyyy-mm-dd	身高	体重	四肢	关节	甲状腺

五官信息记录：

ID	日期：yyyy-mm-dd	视力	眼部疾病	色觉	听力	嗅觉	咽喉	口腔

图 11-1　数据结构设计

子函数：完成特定功能。

(2) 根据需要,文件较大时,建立自己的头文件。

(3) 有独到之处,有个性。

(4) 采用规范的编程风格,使用锯齿型书写格式,给出适当的注释。

(5) 全部程序必须调试通过,源程序为.c 文件或.cpp 文件。

图 11-2 为参考系统的功能设计。

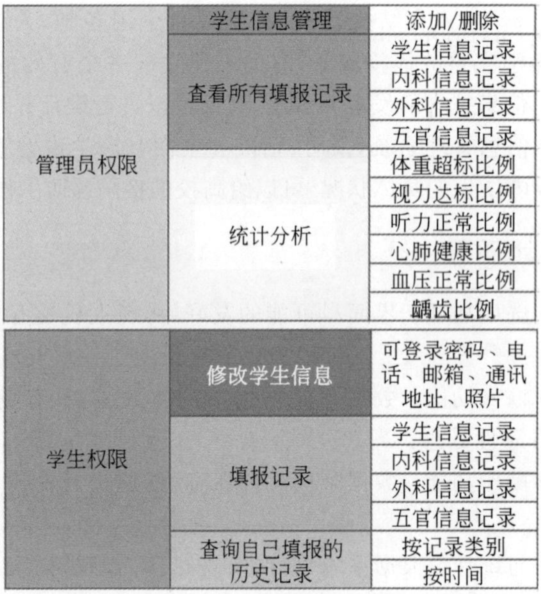

管理员权限	学生信息管理	添加/删除
	查看所有填报记录	学生信息记录
		内科信息记录
		外科信息记录
		五官信息记录
	统计分析	体重超标比例
		视力达标比例
		听力正常比例
		心肺健康比例
		血压正常比例
		龋齿比例
学生权限	修改学生信息	可登录密码、电话、邮箱、通讯地址、照片
	填报记录	学生信息记录
		内科信息记录
		外科信息记录
		五官信息记录
	查询自己填报的历史记录	按记录类别
		按时间

图 11-2　系统功能设计

◆ 11.2　工业数据分析与文件信息管理系统

11.2.1　题目背景

智能制造是以工业生产数据分析、自动化技术为基础,具有信息深度自感知、智慧优化自决策、精准控制自执行等功能,使制造活动达到安全、高效、低损耗、高产出的业务目标。

工业大数据的技术及应用是提升制造业生产效率与竞争力的关键要素。工业大数据技术的目标就是从复杂的数据集中挖掘出有价值的信息,发现新的规律与模式,提高工业生产的效率,从而促进工业生产模式的创新与发展。

该课程设计的目标是设计一个面向工业数据的分析、处理、管理系统,系统可以实现数据文件的读取、数据预处理、数据分析、数据可视化、数据文件管理、文件信息统计等功能。并通过课程设计,对数据处理和管理流程有一个初步了解。

11.2.2　系统操作流程

对系统操作流程的分析如图 11-3 所示。

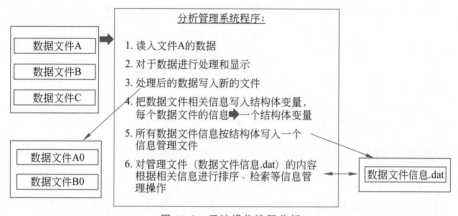

图 11-3　系统操作流程分析

其中,文件信息的结构体定义如下。

```c
typedef struct
{
    char filename[20];
    int col;
    int row;
    float mean;
    float variance;
    char status;
}FILEINFO;
```

11.2.3　设计任务

(1) 任务选项功能:界面尽可能友好,实现人机交互(如文本菜单或图形用户界面)。

(2) 数据输入功能:文件相关信息存储采用结构体数组;具有输入提示、分隔符说明、强壮输入等可靠性处理。

(3) 文件操作功能:数据采用文件保存,能够进行文件读/写,并具有读/写失败的处理。

(4) 算法与统计:数据处理相关算法,实现数据文件相对应的管理信息的排序、检索、删除、修改等功能,以及分类统计功能等。

（5）数据输出功能：数据采用多种格式输出，如文本显示、表格显示等；或采用图形显示（如图形模式 graphics.h 等）。

11.2.4　参考数据结构/功能设计

（1）通过交互，打开数据文件加载新数据。

（2）对于数据进行显示，进行初步分析（如均值、方差等）。

（3）对于数据进行处理（如平滑、去除离群值、数据填补等）。

（4）将处理后的数据进行分析，对处理后的数据进行保存。

（5）对于已有的数据文件进行管理（如信息管理、统计）。

鼓励设计新颖、实用的功能（不限于表 11-1 中的各项功能）。

表 11-1　功能设计

菜单方式工作	数据文件信息查询	……（自行设计）
数据<->文件	数据文件信息排序	表格/图形化输出
添加数据信息	数据集信息统计	退出系统

11.2.5　设计要求

（1）模块化设计结构。

主函数：程序总体框架，输入/输出、调用函数，实现信息传递与流程控制。

子函数：完成特定功能。

（2）根据需要，文件较大时，建立自己的头文件。图 11-4 为系统程序结构示意图。

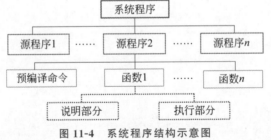

图 11-4　系统程序结构示意图

（3）有独到之处，有个性。

（4）采用规范的编程风格，使用锯齿型书写格式，给出适当的注释。

（5）全部程序必须调试通过，源程序为.c 文件或.cpp 文件。

11.3　机器人应用开发

11.3.1　Arduino 概述

1. Arduino 介绍

Arduino 是一个基于易用硬件和软件的原型平台，它由两部分组成，即 Arduino 开源板和 Arduino 开发环境。

其中,开源板包括 MCU 主板和外设功能板,如电机驱动模块、传感器模块、通信模块等。

Arduino 开发环境是一个跨平台的开发环境,软件内集成代码编辑、编译、调试、下载、监控等几个主要功能。该环境还集成了底层驱动代码和例程,方便开发者使用。

2. Arduino 的主要特点

(1) 硬件开源:硬件标准化,在不同的厂家都可以买到同一种部件,甚至可以制作。核心板即外设部件可以像搭积木一样拼装。

(2) 软件开源:标准的驱动代码,公开的例程。

(3) 调试方便:仅需一个 USB 线即可调试,可通过串口调试窗查看关键数据。

3. 为什么选择 Arduino

(1) 硬件板卡价格低廉。

(2) 可以跨平台使用。

(3) 编程环境简单易用。

(4) 软件代码开源,并可扩展。

(5) 硬件板卡开源,并可扩展。

4. Arduino 的应用

Arduino 可以用来开发交互产品,例如,它可以读取大量的开关和传感器信号,并且可以控制各式各样的 LED、电机和其他物理设备,所以广泛应用在机器人、物联网等领域。

传感器:超声波、温度、湿度、水位等。

电机:直流电机、伺服电机、舵机。

物理设备:LED、开关、显示屏、数码管等。

5. Arduino 在机器人上的应用

应用在轮式机器人上,如全向轮、麦克纳姆轮、差动轮,如图 11-5 所示。

应用在人形机器人上,如双足行走机器人,如图 11-6 所示。

图 11-5　轮式机器人

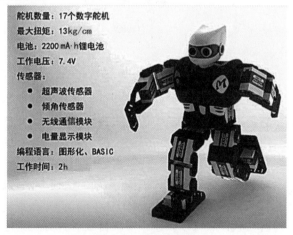

图 11-6　人形机器人

11.3.2 Arduino 开发环境的搭建

1. Arduino 开发准备工作

除必要的开发板、外设功能部件,仅需准备一台计算机和一个调试线,如图 11-7 所示。

图 11-7 开发所需设备

2. 认识 VKESRC 开发板

VKESRC 应用于 MBot 系列轮式机器人,主要包括电源模块、按键输入、LED 输出、串口、485、CAN、GPIO 接口,如图 11-8 所示。

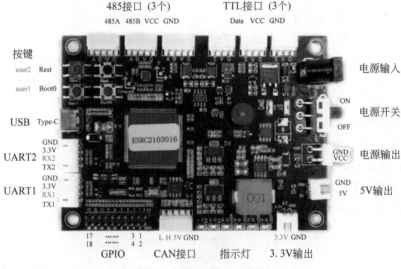

图 11-8 VKESRC 开发板

3. Arduino IDE 下载与安装

从 Arduino 官方网站的下载页面获得不同版本的 Arduino IDE,下载页面如图 11-9 所示。必须选择与自己的操作系统兼容的软件。文件下载完成后根据提示安装即可。

用 USB 线连接 Arduino 开发板和计算机,有的计算机会自动安装驱动,有的会提示要不要安装此驱动,安装即可。

安装完成后,直接双击打开桌面的快捷方式,或者在"开始"菜单中寻找。

4. 打开第一个项目

启动软件后可以新建一个项目或者打开一个已有的项目。

若要新建一个项目,选择"文件"→"新建";若要打开已有的项目,选择"文件"→"打开",或者"文件"→"示例"(示例中许多有内置的示例代码)。

图 11-9　Arduino IDE 下载页面

现选择名为 Blink(它打开和关闭 LED 有一些时间延迟)的示例,打开 Blink,示例位置如图 11-10 所示。

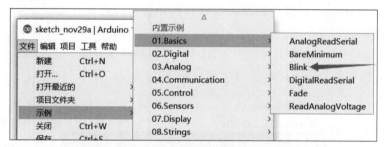

图 11-10　Blink 示例位置

用 USB 线连接主板与计算机,计算机会自动下载端口驱动,在"工具"→"端口"中选择 Arduino 端口,即表示连接到自己的主板。主板设置完成,如图 11-11 所示。

图 11-11　主板设置

图 11-12 为 Arduino IDE 工具栏。

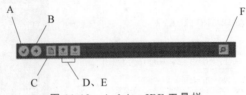

图 11-12　Arduino IDE 工具栏

A：验证,用于检查是否存在任何编译错误。

B：下载,用于将编译好的代码烧录进开发板。

C：新建,新建一个新的程序。

D：打开,打开一个程序。

E：保存,保存程序。

F：串口监视器,用于从开发板接收串行数据并将串行数据发送到开发板的串行监视器,可将输出打印到串口。

上传程序到开发板,单击工具栏中的"上传"按钮即可上传程序到 Arduino 开发板,如图 11-13 所示(将程序写入 Arduino,这个过程称为"烧录"或"烧写")。

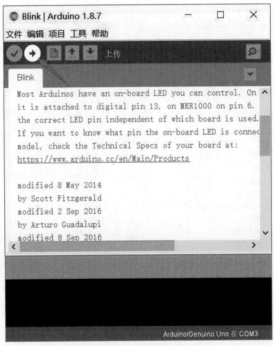

图 11-13　程序上传

11.3.3　课程实验

1. 串口打印输出"HelloWorld!"

1) 实验要求

熟悉 Arduino 开发环境,掌握开发、编译、调试等流程。

2）C 语言知识点

C 语言基本语句格式,每句以分号结尾,以"/ * "" * /"或"//"注释。

3）实验步骤

（1）打开 Arduino 开发环境,建立第一个软件工程。

（2）在编辑界面编辑代码。

（3）编译查看错误并反复修改代码。

（4）连接硬件板卡到主机 USB 接口。

（5）下载程序并查看串口监视窗。

4）预期目标

在串口监视窗内会看到连续重复字符串输出,如"HelloWorld!""nCount 1"。

2. 变量常量和表达式

1）实验要求

学习常量和变量的定义、加减乘除运算符的应用,不同类型数据直接赋值。

2）C 语言知识点

（1）数据类型:整型,用 int 表示。浮点型,用 float 表示。

（2）运算符:＋、－、* 、/、＝。

（3）常量:表示一个不变的量。例如,定义常量 const float pi＝3.14,尝试更改 pi 的值会导致错误,因为常量的值不能被修改。常量可以是自定义的,也可以是 Arduino 核心代码中预定义的,例如:

① 逻辑常量（布尔常量）:false 和 true。

② 数字引脚常量:INPUT 和 OUTPUT。

③ 引脚电压常量:HIGH 和 LOW。

④ 自定义常量。

（4）变量:在程序运行过程中其值可以改变的量。变量名必须以字母或下画线开头,可以由字母、数字和下画线组成。根据作用域,变量可以分为全局变量和局部变量:

① 局部变量:在大括号内声明的变量,其作用域仅限于大括号内。

② 全局变量:在程序开头或没有大括号限制的区域声明的变量,其作用域为整个程序。

3）实验步骤

（1）在编辑界面编辑代码。

（2）编译查看错误并反复修改代码。

（3）连接硬件板卡到主机 USB 接口。

（4）下载程序并查看串口监视窗。

4）预期目标

（1）通过运算符实现变量间的混合运算。

（2）学习整型、浮点数据类型。

（3）学习不同类型数据赋值。

3. 串口交互输入与打印输出（1）

1）实验要求

掌握在 Arduino 环境下,数据的基本输入与输出的方法。

2）C 语言知识点

（1）数据交互式输入。

（2）单个字符的输入输出。交互式输入输出即查询或等待输入,响应输出。该种方式常被应用于主机和从机总线通信,平时从机静默,当查询到主机询问报文时,从机马上做出响应报文,即完成一次交互通信,可以是一主一从或一主多从的情况。

3）实验步骤

（1）在编辑界面编辑代码。

（2）编译查看错误并反复修改代码。

（3）连接硬件板卡到主机 USB 接口。

（4）下载程序并查看串口监视窗。

（5）在监视窗输入字符,查看输出区字符内容。

4）预期目标

（1）查收串口监视窗的字符。

（2）串口自动输出应答,实现一次通信交互过程。

4. 串口交互输入与打印输出（2）

1）实验要求

掌握数据基本输入与输出的方法和顺序结构的概念。

2）C 语言知识点

（1）数据格式化输出。格式化输出即将变量按照一定的格式进行输出,如整型、浮点型。

（2）顺序结构程序设计。顺序结构是 C 语言中最基本的结构,即从第一条语句开始按顺序一条一条地执行。

3）实验步骤

（1）在编辑界面编辑代码。

（2）编译查看错误并反复修改代码。

（3）连接硬件板卡到主机 USB 接口。

（4）下载程序并查看串口监视窗。

（5）在监视窗输入字符,查看输出区字符内容。

4）预期目标

（1）在串口监视窗实现手动输入与自动应答。

（2）顺序输出格式化数据。

5. 比较两数大小,LED 指示输出

1）实验要求

掌握关系运算符、逻辑运算符、条件运算符的使用。

2）C 语言知识点

（1）关系运算符。

假设变量 A 为 10,B 为 20。关系运算符及 A 和 B 的操作结果如表 2-4 所示。

（2）通过 if…else 控制语句实现分支结构。

```
if(表达式) {
    执行语句或语句块;
}
```

先判断表达式是 true 还是 false,如果是 true,则执行下面的语句或者语句块;如果是 false,则跳过不执行。

```
if(表达式){
    执行语句或语句块 1;
}
else{
    执行语句或语句块 2;
}
```

先判断表达式是 true 还是 false,如果是 true,则执行下面的语句或者语句块 1;如果是 false,则执行 else 后面的语句或语句块 2。

3) 实验步骤

(1) 在编辑界面编辑代码。

(2) 编译查看错误并反复修改代码。

(3) 连接硬件板卡到主机 USB 接口。

(4) 下载程序并查看串口监视窗。

(5) 在监视窗输入数字字符,查看 LED 灯的状态。

4) 预期目标

(1) 定义两个整型变量并赋值。

(2) 通过 LED 状态指示比较结果。

6. 多重分支框架设计及分支处理

1) 实验要求

掌握多重分支结构设计。

2) C 语言知识点

(1) 通过 switch 语句设计多重分支结构。

(2) 在 case 内处理分支。

switch…case 通过允许程序员指定应在各种条件下执行的不同代码来控制程序的流程。特别是,switch 语句将变量的值与 case 语句中指定的值进行比较。当发现一个 case 语句的值与变量的值匹配时,运行 case 语句中的代码。

switch 语句使用 break 关键字退出执行,通常在每个 case 语句的结尾使用。如果没有 break 语句,switch 语句将继续执行后续的表达式,直到到达 break 语句或达到 switch 语句的结尾。

例如:

```
switch (phase) {
    case 0: Lo(); break;
    case 1: Mid(); break;
```

```
case 2: Hi(); break;
default: Message("Invalid state!");
}
```

3) 实验步骤

(1) 在编辑界面编辑代码。

(2) 编译查看错误并反复修改代码。

(3) 连接硬件板卡到主机 USB 接口。

(4) 下载程序并查看串口监视窗。

(5) 在监视窗分别输入'1"2"3"4',查看哪只 LED 被点亮。

4) 预期目标

(1) 通过串口输入数字字符。

(2) 在分支结构判断接收的字符,点亮不同的指示灯。

7. 循环跑马灯一,基本 while 循环

1) 实验要求

掌握基本循环结构的设计。

2) C 语言知识点

while 循环将会连续、无限循环,直到圆括号()内的表达式变为 false。必须用一些东西改变被测试的变量,否则 while 循环永远不会退出。

```
while(表达式){
执行语句或语句块;
}
```

3) 实验步骤

(1) 在编辑界面编辑代码。

(2) 编译查看错误并反复修改代码。

(3) 连接硬件板卡到主机 USB 接口。

(4) 下载程序并查看串口监视窗。

(5) 查 LED 被点亮效果。

4) 预期目标

(1) 初始化 LED 指示灯为输出。

(2) 循环间隔 500ms 分别点亮 4 支 LED 指示灯。

8. 循环跑马灯二,break 和 continue 条件跳出

1) 实验要求

掌握基本循环结构的设计。

2) C 语言知识点

(1) continue 语句。

(2) break 语句。

① break 跳出 while 循环,不再继续执行。

② continue 则跳出本次 while 循环,并重新执行循环。

```
while(表达式){
    执行语句或语句块;
    break;
    执行语句或语句块;
    continue;
}
```

3）实验步骤

（1）在编辑界面编辑代码。

（2）编译查看错误并反复修改代码。

（3）连接硬件板卡到主机 USB 接口。

（4）下载程序并查看串口监视窗。

（5）分别输入'c'和'b'，查 LED 被点亮效果。

4）预期目标

（1）初始化 LED 指示灯为输出。

（2）循环间隔 500ms 分别点亮 4 支 LED 指示灯。

（3）输入'c'重新执行跑马灯。

（4）输入'b'停止执行跑马灯。

9. 通过穷举法扫描 GPIO 的输入

1）实验要求

了解常见的循环方法，掌握穷举法的使用。

2）C 语言知识点

（1）for 循环。

```
for(表达式 1;表达式 2;表达式 3){表达式 4;}
```

执行的顺序如下。

第一次循环，即初始化循环。首先执行表达式 1（一般为初始化语句），再执行表达式 2（一般为条件判断语句），判断表达式 1 是否符合表达式 2 的条件，如果符合，则执行表达式 4，否则停止执行，最后执行表达式 3。

下次循环：首先执行表达式 2，判断表达式 3 是否符合表达式 2 的条件；如果符合，继续执行表达式 4，否则停止执行，最后执行表达式 3。循环往复，直到表达式 3 不再满足表达式 2 的条件。

例如：

```
for(a = 0;a <= 9;a++){
    执行语句;              //执行语句将会被执行 10 次
}
```

（2）穷举法。

穷举法的应用根本在于利用计算机的计算速度，在短时间内历遍所有的可能，以筛选出目标的过程。然而在此过程中并不会用什么科学的方法或者推导的公式。

3) 实验步骤

(1) 在编辑界面编辑代码。

(2) 编译查看错误并反复修改代码。

(3) 连接硬件板卡到主机 USB 接口

(4) 下载程序并查看串口监视窗。

(5) 分别按下控制器上的按键,查看哪只 LED 被点亮。

4) 预期目标

(1) 利用基本循环遍历所有可能。

(2) 在循环中分别扫描按键输入。

(3) 每个按键被按下对应不同的指示灯点亮。

10. 迭代法计算 PWM 阈值,并控制 LED 的亮度

1) 实验要求

了解常见的循环方法,掌握迭代法的使用。

2) C 语言知识点

迭代法也称辗转法,是一种不断用变量的旧值递推新值的过程,跟迭代法相对应的是直接法(或者称为一次解法),即一次性解决问题。

例如,计算从 1 加到 100 的和。

```
int i;
int sum = 0;
for(i=1;i<=100; i++)
    sum = sum + i;
```

在本例中,和 sum 既是本次的计算结果,又是下次的加数,也就是通过迭代 sum 值计算最终结果。

迭代法在实际工程设计中很常用,如数字 PID 算法中,迭代每次积分变量的累积,作为下次积分的初始值。

3) 实验步骤

(1) 在编辑界面编辑代码。

(2) 编译查看错误并反复修改代码。

(3) 连接硬件板卡到主机 USB 接口。

(4) 下载程序并观察 LED 的亮度变化。

4) 预期目标

(1) 利用迭代法计算出每一时间段的阈值。

(2) 定时器中计数并与阈值比较,控制 LED 等翻转。

11. 通过一维数组暂存电源电压采样值

1) 实验要求

掌握一维数组定义、引用及使用的方法。

2) C 语言知识点

数组是由一组相同数据类型的数据构成的集合。数组概念的引入,使得在处理多个相同类型的数据时,程序更加清晰和简洁。Arduino 的数组是基于 C 语言的,实现起来虽然有些复杂,但使用起来却很简单。

定义方式:

```
数据类型　数组名称[数组元素个数];
```

例如:

```
int arrayInts[6];
int arrayNums[]={1,2,3,4,5};
int arrayVals[5]={1,3,5,7,9};
char arrayString[7]="Arduino";
```

3) 实验步骤

(1) 在编辑界面编辑代码。

(2) 编译查看错误并反复修改代码。

(3) 连接硬件板卡到主机 USB 接口。

(4) 下载程序并观察输出。

4) 预期目标

(1) 建立一维数组。

(2) 一维数组的赋值和应用。

12. 通过一维数组定义音阶,控制蜂鸣器发音

1) 实验要求

掌握一维数组定义、引用及使用的方法。

2) C 语言知识点

数组的索引是通过数组名配合索引号来指定某一个数组的元素。

数组元素索引的格式如下。

```
Array[i]
```

其中,Array 是数组名,i 是索引号,i 可以是 0~n−1)范围整数,n 是数组的长度。

3) 实验步骤

(1) 在编辑界面编辑代码。

(2) 编译查看错误并反复修改代码。

(3) 连接硬件板卡到主机 USB 接口。

(4) 下载程序并观察输出。

4) 预期目标

(1) 建立一维数组,分别存储声调和节拍。

(2) 顺序引用一位数组,控制蜂鸣器发出不同频率的声音。

13. 通过二维数组定义音阶,采用陀螺仪加速度计数

1) 实验要求

掌握二维数组定义、引用及使用的方法。

2) C 语言知识点

二维数组是数组的数组。数组中的每个元素是一个一维数组。

定义方式:

数据类型　数组名称[数组元素个数][数组元素个数];

例如:

int arrayInts[6][3];

即定义 6 行 3 列的 int 型的二维数组。

3) 实验步骤

(1) 在编辑界面编辑代码。

(2) 编译查看错误并反复修改代码。

(3) 连接硬件板卡到主机 USB 接口。

(4) 下载程序并观察输出。

4) 预期目标

(1) 建立二维数组。

(2) 将采集的陀螺仪和加速度计数据存入二维数组。

(3) 串口监视窗打印输出。

14. 定义字符串数组,赋值并打印输

1) 实验要求

掌握字符数组与字符串。

2) C 语言知识点

字符串数组是字节的数组,数组中每个元素是一个字节。

定义方式:

char　数组名称[数组元素个数];

例如:

char arrays[10];

即定义 10 字节的 char 型的数组。

3) 实验步骤

(1) 在编辑界面编辑代码。

(2) 编译查看错误并反复修改代码。

(3) 连接硬件板卡到主机 USB 接口。

(4) 下载程序并观察输出。

4) 预期目标

(1) 建立字符串数组。

(2) 初始化字符串数组。

（3）串口监视窗打印输出。

15. 通过函数封装跑马灯程序

1）实验要求

掌握函数的定义、调用及使用的方法。

2）C 语言知识点

函数允许在代码段中构造程序来执行单独的任务。创建函数的典型情况是在程序需要多次执行相同的动作时，将代码片段标准化为函数。

一个函数的例子：

```
int sum_func (int x, int y)        //函数声明,x,y为整型形式参数
{
    int z = 0;
    z = x + y;
    return z;                      //函数返回值
}
```

此段代码定义了一个名为 sum_func 的函数，函数接收两个整型参数，其功能为把这两个函数相加，返回 x 与 y 的和。这个函数实际上就是一个求和函数。Arduino 库中集成了大量函数给人们使用，直接在程序中调用即可，也可以自己定义函数。

3）实验步骤

（1）在编辑界面编辑代码。

（2）编译查看错误并反复修改代码。

（3）连接硬件板卡到主机 USB 接口。

（4）下载程序并观察输出。

4）预期目标

（1）封装跑马灯函数。

（2）调用跑马灯函数。

16. 通过传值传递方式控制指定 LED 的点亮

1）实验要求

了解函数参数传递规则。

2）C 语言知识点

函数的传值传递是单向传递，即主调函数被调用时给形参分配存储单元，把实参的值传递给形参，在调用结束后，形参的存储单元被释放，而形参值的任何变化都不会影响到实参的值。

前面提到的函数 sum_Func(int x,int y)，其中，x 和 y 两个参数即传值传递，使用结束后，函数并不会影响原 x 和 y 的值。

3）实验步骤

（1）在编辑界面编辑代码。

（2）编译查看错误并反复修改代码。

（3）连接硬件板卡到主机 USB 接口。

（4）下载程序并观察输出。

4）预期目标

（1）封装跑马灯函数。

（2）调用跑马灯函数。

17. 通过递归方式控制序号递增，嵌套调用 LED 点亮函数

1）实验要求

了解函数的嵌套调用和递归调用。

2）C 语言知识点

函数的嵌套调用是指在一个 C 语言函数里面再执行另一个函数。

而函数的递归调用一般指的是这个 C 语言函数调用自己本身的函数，也就是说，调用函数的函数体是一样的。如图 11-14 所示，即嵌套和递归调用的复合应用。

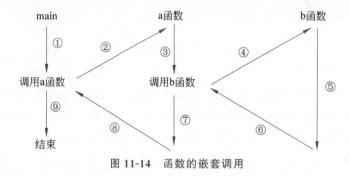

图 11-14　函数的嵌套调用

3）实验步骤

（1）在编辑界面编辑代码。

（2）编译查看错误并反复修改代码。

（3）连接硬件板卡到主机 USB 接口。

（4）下载程序并观察输出。

4）预期目标

（1）封装跑马灯函数。

（2）调用跑马灯函数。

18. 通过外部函数封装算术平均值计算过程，调用计算电源电压算术平均值

1）实验要求

了解内部函数与外部函数。

2）C 语言知识点

外部函数是一种可在自身所处的源文件及其他源文件中都能被调用的函数。

外部函数的作用域是整个源程序。若要使用外部函数，需要先声明该函数，才可以调用。

外部函数的方式可以将不同的函数封装在不同的.C 文件中，通过在头文件中声明，实现不同文件之间的相互调用。

3）实验步骤

（1）在编辑界面编辑代码。

（2）编译查看错误并反复修改代码。

（3）连接硬件板卡到主机 USB 接口。

（4）下载程序并观察输出。

4）预期目标

（1）采集模拟量数据。

（2）调用外部函数，计算平均值。

19. 通过宏定义和条件编译选择代码段执行

1）实验要求

了解编译预处理。

2）C 语言知识点

宏定义就是用一个标识符来表示一个字符串。如果在后面的代码中出现了该标识符，那么就全部替换成指定的字符串。

```
#define N 100
```

就是宏定义，N 为宏名，100 是宏的内容（宏所表示的字符串）。在预处理阶段，对程序中所有出现的"宏名"，预处理器都会用宏定义中的字符串区代换，这称为"宏替换"或"宏展开"。

条件编译是指预处理器根据条件编译指令，有条件地选择源程序代码中的一部分代码作为输出，送给编译器进行编译。

```
#if 条件表达式
    程序段 1
 #else
    程序段 2
 #endif
```

功能为：如果#if 后的条件表达式为真，则程序段 1 被选中，否则程序段 2 被选中。

3）实验步骤

（1）在编辑界面编辑代码。

（2）编译查看错误并反复修改代码。

（3）连接硬件板卡到主机 USB 接口。

（4）下载程序并观察输出。

（5）改变宏定义值，重新下载程序，查看监视窗结果。

4）预期目标

（1）采集模拟量数据。

（2）条件编译控制是否执行调用外部函数。

20. 定义 char 型数组，将指针指向 char 型数组首地址，通过指针运算符输出数组某个元素

1）实验要求

掌握指针的基本使用方法。

2）C 语言知识点

指针相对于一个内存单元来说，指的是单元的地址，该单元的内容里面存放的是数据。在 C 语言中，允许用指针变量来存放指针，因此，一个指针变量的值就是某个内存单元的地址或称为某内存单元的指针。例如：

```
int temp[100];          //定义数组
int * p;                //定义指针
p = &temp[0];           //取数组首元素取址赋值指针
```

3) 实验步骤

(1) 在编辑界面编辑代码。

(2) 编译查看错误并反复修改代码。

(3) 连接硬件板卡到主机 USB 接口。

(4) 下载程序并观察输出。

4) 预期目标

(1) 定义字符串数组。

(2) 定义指针指向数组。

(3) 通过指针运算符输出数组数据。

21. 通过指针数组读写 E2PROM 连续地址空间

1) 实验要求

掌握指针的基本使用方法。

2) C 语言知识点

指针的运算示例:

```
int temp[100];          //定义数组
int * p = &temp[0];     //取数组首元素取址赋值指针
指针递增: p++;
指针取值: * p
指针取址: &temp[0]
```

3) 实验步骤

(1) 在编辑界面编辑代码。

(2) 编译查看错误并反复修改代码。

(3) 连接硬件板卡到主机 USB 接口。

(4) 下载程序并观察输出。

4) 预期目标

(1) 定义字符串数组。

(2) 定义指针指向数组。

(3) 通过指针操作存储空间,读写字符串数组。

22. 封装 E2PROM 读写函数,参数为指针形参

1) 实验要求

了解指针在函数、数组中的应用。

2) C 语言知识点

函数的传址传递即将地址传递给形参,不需要额外分配地址,形参与实参指向同一地址。

```
void swap(int * x, int * y) {
    //交换操作
}
Loop{
    int a, b;
    swap(&a, &b);        //传递地址参数并调用
}
```

3）实验步骤

（1）在编辑界面编辑代码。

（2）编译查看错误并反复修改代码。

（3）连接硬件板卡到主机 USB 接口。

（4）下载程序并观察输出。

4）预期目标

（1）定义以指针为形参的函数。

（2）调用函数，传递地址作为形参。

23.利用结构体封装陀螺仪数据，定义结构体数组循环采集

1）实验要求

了解结构体相关概念。

2）C 语言知识点

结构体是一个新的数据类型，因此结构变量也可以像其他类型的变量一样赋值、运算，不同的是，结构变量以成员作为基本变量。一般格式为

```
struct 结构名
{
    类型   变量名;
    类型   变量名;
          ...
} 结构变量;
```

3）实验步骤

（1）在编辑界面编辑代码。

（2）编译查看错误并反复修改代码。

（3）连接硬件板卡到主机 USB 接口。

（4）下载程序并观察输出。

4）预期目标

（1）定义结构体数据类型。

（2）定义结构体数组。

（3）使用结构体数组存储变量。

24.利用共用体封装实验 23 中的结构体，通过共用体其他成员输出陀螺仪数据

1）实验要求

了解共用体相关概念。

2）C 语言知识点

共用体是一种特殊的数据类型,允许在相同的内存中存储不同的数据类型。一般格式为

```
union 结构名 {
    成员列表
    ...
}共用体变量;
```

3）实验步骤

（1）在编辑界面编辑代码。

（2）编译查看错误并反复修改代码。

（3）连接硬件板卡到主机 USB 接口。

（4）下载程序并观察输出。

4）预期目标

（1）定义公用体数据类型。

（2）使用结构体存数据。

（3）使用共用体输出数据。

11.3.4　综合实训

1. 差动轮小车

1）认识差动轮小车

差动轮小车底盘由差动双轮、随动万向轮及连接件构成,如图 11-15 所示。

图 11-15　差动轮小车

2）差动轮底盘驱动原理

MBOT 差速底盘采用的是两轮差速驱动方式。两轮差速底盘由两个动力轮位于底盘左右两侧,两轮可独立控制速度,通过给定不同速度实现底盘转向控制。一般会配有一两个辅助支撑的万向轮,如图 11-16 所示。

差速底盘的两个轮子可独立控制速度,两轮通过速度配合可实现前进、后退、转弯等运动,两轮速度与差速底盘运动关系如图 11-17 所示。

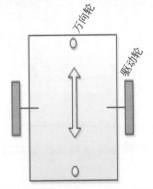

图 11-16　常见两轮差速底盘模型

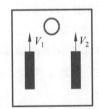

图 11-17　两轮差速运动示意图

图 11-17 中,用 V_1 和 V_2 来表示差速底盘的左右轮速度。速度是矢量,有大小也有方向。当 V_1 和 V_2 大小相等方向一致向前时则机器人向前运动;当 V_1 和 V_2 大小相等方向相反时则机器人原地转动;当 $V_1 > V_2$ 且方向均向前时则机器人向右转做曲线运动;当 $V_1 < V_2$ 且方向均向前时则机器人向左转做曲线运动。通过上面的分析,可知两轮差速底盘只有 X 轴方向上的移动(前进和后退)和 Z 轴方向上的转动(旋转)两个自由度。

2. 走迷宫实训

1)实验要求

设计差动轮驱动和路径规划代码,使小车按照迷宫路径从入口自动行走到出口。

2)C 语言知识点

(1)结构体数组的定义、初始化和调用。

(2)基本 for 循环的应用。

(3)if 判断结构的应用。

3)实验步骤

(1)测试基本行走和转弯程序。

(2)规划行走路径。

(3)测试并调整每步的速度和延时,顺序调用路径。

(4)逐渐优化路径,直至走完整个迷宫。

4)预期目标

(1)灵活运用 C 语言知识点,编写一整套工程代码。

(2)体验软件工程的调试过程。

(3)理解差动轮方式机器人行业的应用。

(4)实现小车走迷宫路径的目标。

3. 智慧分拣实践

1)实验要求

设计灰度巡线和机械臂抓取代码,使小车识别二维码抓取货物、巡线到指定位置后识别二维码放下货物。

2)C 语言知识点

(1)结构体数组的定义、初始化和调用。

(2)函数的定义和调用。

(3)if 判断结构的应用。

3)实验步骤

(1)进行标签码检测和小车位置调整。

(2)测试机械臂抓取程序。

(3)使用 7 个灰度传感器设计灰度巡线程序。

(4)编写程序实现目标标签码的寻找和物块的放置。

4)预期目标

(1)灵活运用 C 语言知识点,编写一整套工程代码。

(2)体验软件工程的调试过程。

(3)理解差动轮方式机器人行业的应用。

（4）实现小车智能分拣的目标。

4. 扩展实践

1）实验要求

利用智能车配备的 RGB 摄像头、激光雷达、灰度传感器、扬声器、机械夹爪等硬件及已学习的 C 语言知识,自行开发一套具有特定功能的系统。

2）预期目标

（1）灵活运用 C 语言知识点,编写一整套工程代码。

（2）体验软件工程的调试过程。

（3）理解差动轮方式机器人行业的应用。

（4）开发的系统具有明确功能,如语音识别、自动避障、人像追踪等功能。

◈ 参考文献

［1］ 谭浩强.中国高等院校计算机基础教育课程体系规划教材 C 程序设计［M］.5 版.北京：清华大学出版社，2017.

［2］ 杨素英.基于 Visual C++ 的标准 C 实用程序设计教程［M］.北京：清华大学出版社，2010.

［3］ 朱鸣华，罗晓芳，董明，等.C 语言程序设计教程［M］.4 版.北京：机械工业出版社，2019.

［4］ 朱鸣华，罗晓芳，董明，等.C 语言程序设计习题解析与上机指导［M］.3 版.北京：机械工业出版社，2019.

［5］ Kernighan B W，Ritchie D M.C 程序设计语言［M］.徐宝文，李志译，尤晋元，译.2 版.北京：机械工业出版社，2004.

［6］ Peter van der linden.C 专家编程［M］.徐波，译.北京：人民邮电出版社，2020.

［7］ 裴宗燕.从问题到程序：程序设计与 C 语言引论［M］.北京：机械工业出版社，2011.

图 书 资 源 支 持

感谢您一直以来对清华版图书的支持和爱护。为了配合本书的使用，本书提供配套的资源，有需求的读者请扫描下方的"书圈"微信公众号二维码，在图书专区下载，也可以拨打电话或发送电子邮件咨询。

如果您在使用本书的过程中遇到了什么问题，或者有相关图书出版计划，也请您发邮件告诉我们，以便我们更好地为您服务。

我们的联系方式：

清华大学出版社计算机与信息分社网站：https://www.shuimushuhui.com/

地　　　址：北京市海淀区双清路学研大厦 A 座 714

邮　　　编：100084

电　　　话：010-83470236　010-83470237

客服邮箱：2301891038@qq.com

QQ：2301891038（请写明您的单位和姓名）

资源下载：关注公众号"书圈"下载配套资源。

资源下载、样书申请
书圈

图书案例
清华计算机学堂

观看课程直播